KB040365

김홍표의 크리스퍼 혁명

김홍표의 크리스퍼 혁명

CRISPR

Clustered Regularly Interspaced Short Palindromic Repeats

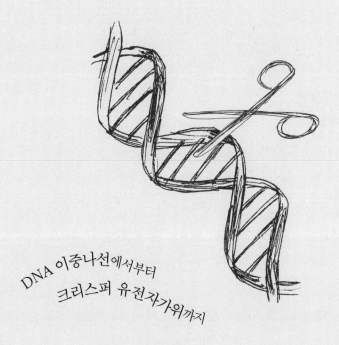

DNA 이중나선에서부터
크리스퍼 유전자가위까지

김
홍
표
지음

동아시아

들어가며

2001년에 시작된 위키피디아^{wikipedia}는 2017년 현재 500만이 넘는 항목의 설명글이 있다. 한국판은 약 40만 항목의 설명글이 있다. 이 백과사전은 접근성이 좋아서 수업시간에도 자주 사용하며 참고문헌도 쓸 만하다.

동물이면서도 태어나고 죽은 연도가 기록된 생명체가 이 위키피디아에 소개되어 있다. 속속들이 찾아보지는 않았지만 거의 유일하지 않을까 생각하는 동물이다. 짐작이 가는가? 바로 복제양 돌리다. 위키피디아 한국판에서 내 이름을 치면 동명의 텔런트 항목만 줄줄이 등장한다. 예전 텔레비전 드라마 〈임꺽정〉에서 하루 사오백 리는 거뜬히 걷는다는 황천왕동이 역할을 했던 배우다. 보통 사람들이 하루 100리 걷고 다리쉼을 했던 사실을 떠올리면 백두산에서 자란 임꺽정의 처남은 마땅히 축지법을 쓴다는 소문을 들었을 성싶다. 어쨌거나 돌리는 1996년 7월 5일 태어났고 2003년 2월 14일에 죽었다. 우리 식으로 치면 대충 여덟 살까지 살았고 폐암으로 죽었다.

양의 평균 수명이 11세 정도라니까 그리 오래 산 편이 아니다.

그러나 정작 재미있는 사실은 돌리가 '암컷들만의 리그' 작품이라는 점이다. 수컷의 기여 없이 돌리가 태어났다, 이것이 무슨 일인지 궁금하지 않은가?

돌리의 탄생 과정을 간단히 살펴보자. 우선 검은 털을 가진 암컷 양의 난자를 얻는다. 다음 난자의 핵nucleus을 제거한다. 그 다음 털빛이 흰 공여자의 젖샘 세포에서 뽑은 핵을 난자에 집어넣어 수정란을 만든다. 그 다음 전기 충격을 주어 분열을 유도하고 분열하기 시작한 수정란을 대리모에 착상시킨다. 검은 털의 대리모는 흰색 털을 가진 돌리를 낳는다.

이 실험이 세계를 떠들썩하게 만들었던 이유는 인류 역사 최초로 체세포 복제를 통해 젖먹이동물이 태어났기 때문이다. 그게 무슨 대수란 말인가? 생명체가 탄생하기 위해서는 생식세포인 정자와 난자가 필요하다. 성세포가 아닌 체세포를 이용해서 생명체가 탄생하기 쉽지 않다는 의미다. 굳이 복제를 하지 않아도 지구 행성을 살아가는 동물과 인간 모두 비교적 손쉽게 해치우는 생식 과정을 실험실에서 재현하는 것은 결코 쉽지 않다. 그런데 이제 그 일을 쉽게 할 수 있을 것 같다. 요즘의 과학계에서 일어나는 세상사에 조금만 관심을 기울이면 다음과 같은 뉴스를 일상적으로 접할 수 있다.

'크리스퍼CRISPR 혁명'
'신기원을 열 획기적인 혁신기술Breakthrough of the year 2015'

2016년 '세상을 바꿀 10대 기술'로 선정

'슈퍼 근육 돼지' 탄생할까? 〈옥자〉(2017년 개봉)

유전자가위로 혈우병 치료 가능성 열어

엄청난 감도를 지닌 크리스퍼 진단 키트

크리스퍼라는 말이 요즘 유행어처럼 회자된다. 이들 뉴스를 얼핏 살펴보면 크리스퍼가 무언지는 확실히 몰라도 이 기술이면 돌리쯤은 떡 먹듯 쉽게 만들 수도 있겠다는 느낌이 들고, 그 파급력이 엄청나게 커 보인다. 이 책은 크리스퍼를 다룬다. 본격적으로 들어가기에 앞서 나는 과자가 바삭바삭하다는 뜻인 크리스피^{crispy} 말고 크리스퍼를 떠올릴 만한 뭔가가 없을까 한참을 생각했다. 그러다가 바퀴, 그중에서도 승용차 바퀴라면 크리스퍼에 비견될 수 있지 않을까 하는 생각도 들었다. 바퀴는 메소포타미아 문명권 사람들이 기원전 3,000년경부터 사용했다고 한다. 소가 끄는 달구지의 나무 바퀴, 자전거 바퀴, 그리고 자동차 바퀴의 성능을 비교한다면 아마 크리스퍼 유선사사위의 위력은 1시간에 100킬로미터를 능히 죽지하는 자동차 바퀴로 비견될 수 있다. 다시 말하면 지금껏 사용했던 유전자가위는 음풍농월하던 달구지나 자전거 바퀴에 불과하다고 느낄 정도로 빠르게 뒷걸음질 치며 시야에서 사라지는 느낌이 든다.

그렇다면 메소포타미아 사람들은 어디에서 영감을 얻어 바퀴를 발명하게 되었을까? 혼자 꿈꾸듯 궁리하다 나는 아마 쇠똥구리 같은 곤충이 공을 굴리는 모습에서 바퀴에 관한 암시를 얻지 않았을까 하는 엉뚱한 생각도 들었다. 바퀴의 발명이 인간 고유의 통찰력이라고 믿고 싶겠지만 사실 나는 하늘 아래 새로운 것은 '거의' 없다는 사실을 알아가는 중이다. 조금 이따 우리가 살펴볼 세포 내부의 포도당 발전소[01]인 미토콘드리아mitochondria에도 바퀴로 회전운동을 하는 단백질 복합체가 있다. 단백질 바퀴는 눈에 보이지도 않는 소기관 안에서 아주 오래전부터 돌아가고 있었다. 크리스퍼도 마찬가지다. 이 체계는 세균이 오래전부터 지니고 있던 시스템이고 인간은 이제야 그런 게 있다는 것을 알게 되었다는 머쓱함을 시끄러운 '호들갑'으로 둔갑시키고 있다. 하지만 크리스퍼는 바퀴가 처음 등장했던 상황과 비슷하게 과학계의 호들갑을 배경으로 약진하고 있는 것처럼 보인다. 동조라도 하듯 크리스퍼 관련 기사들이 하루가 멀다 하고 등장한다.

그렇지만 크리스퍼의 면모를 제대로 이해하기 위해서는 자못 먼 길을 돌아가야 한다. 사실 크리스퍼는 인간의 창작품이 아니라 세균을 모방한 짝퉁이다. 그렇기에 세균은 왜 이런 기제를 마련했고, 어떻게 작동하는가 알아야 크리스퍼를 어떻게 사용하는지, 윤리적인 문제는 어찌 해결해야 하는지 단서가 얼마간 드러날 것이다.

자, 이제 길을 떠나보자. 하지만 먼저 간단한 괴나리봇짐을 챙기

---

01 포도당을 원료로 사용한다는 의미다. 그러나 정확히 말하면 포도당의 반토막에 해당하는 피루브산 발전소가 맞다. 미토콘드리아에 대해서는 차차 자세히 설명할 것이다.

고 패랭이에 목화솜 채워 넣기도 잊지 말아야 한다. 다시 돌리로 돌아가보자.

인간의 몸을 구성하는 세포가 200종이 넘는다. 이 세포들을 역할에 따라 크게 두 종류로 구분한다. 생식세포와 체세포이다. 간세포, 신경세포, 근육세포 다 뭉뚱그려 체세포라 한다. 세포를 두 종류로 나눈 것은 그 역할이 다르기 때문이다. 생식세포는 유전자를 후대에 전달하는 일 말고는 다른 어떤 일도 하지 않는다. 여성의 난자와 남성의 정자가 여기에 속한다. 체세포는 신경을 전달하고, 듣고, 보고, 먹는 일을 담당한다. 또 체세포는 후세에 자신의 정보를 결코 전달하지 않는다. 리처드 도킨스Richard Dawkins가 『이기적 유전자』에서 생명체는 '유전자를 전달하는 도구에 불과하다'라고 했을 때 그 '생명체'는 곧 생식세포를 의미한다. 그러므로 복제양 돌리는 본디 역할을 벗어난 방식으로 생명체가 만들어졌음이 여실히 드러난다.

체세포는 순간을 살지만 유전자는 불멸이다.[02] 바로 이 점이 생물학의 첫 번째 법칙이다. 생물학 제1법칙은 '부모 없는 자식은 없다'로 금방 환치換置된다. 내 유전자는 부모 양쪽으로부터 한 벌씩 받아 조립된 것이다. 그 부모들도 자신들의 부모들로부터 유전자를 물

---

02 유전자를 지닌 세포는 난자와 정자이다. 이들이 만나서 '한 개'의 수정란이 되면 세대를 통한 유전자의 전달이 개시된다. 그렇지만 세포막이나 핵막은 모두 수정란이 갖고 있던 막을 주형으로 해서 만들어진다. 이런 내용을 담아 '세포 유전'이라는 말이 등장했다. 유전자 말고 다른 부위도 명백히 자손에게 전달되어야 한다. 그러나 이쪽은 아직 연구가 거의 되지 않은 분야이고 발생학이 열역학 및 복잡계 구조와 연결되는 부분이다. 2017년 경향신문 1월 11일자에 〈생물학 제1법칙, 고귀함〉, 4월 5일자 〈모든 세포는 세포로부터〉라는 제목으로 실린 칼럼에도 이런 설명을 하고 있다.

려받는다. 이렇게 계속 위로 올라가면 인간의 유전자는 어디까지 소급될 수 있을까?

이 책은 유전자를 다룬다. 그렇지만 어려운 용어는 되도록 사용하지 않으려 한다. 그렇기 때문에 다소 억지스러운 비유가 등장할지도 모르겠다. 그래도 아예 학술 용어가 없는 책이 되기는 힘들 것이다. 생식세포인 난자의 핵을 제거했다는 말은 암컷 어미의 유전자를 없앴다는 뜻이다. 여기에 젖샘의 세포에서 끄집어낸 핵을 집어넣었으니 암컷의 핵이 다른 것으로 치환된 셈이다. 가만있어보자. 여기에 수컷에서 비롯된 유전자가 전혀 끼어들지 않았다는 점을 알아차렸는가? 그뿐만이 아니다. 젖샘은 암컷의 젖을 생산하는 세포이며 따라서 체세포이다. 생식세포의 핵이 아니라도 조건이 적절히 갖춰지면 후대에 유전자를 전달할 수 있다는 의미가 여기에 숨어 있다.

잠깐, 앞에서 부모로부터 한 벌씩 유전자를 물려받는다고 한 것을 상기하면 체세포인 젖샘세포는 이미 자신의 부모로부터 물려받은 두 벌의 유전자를 고스란히 지니고 있으리라 짐작할 수 있다. 돌리는 흰 빛깔의 털을 가진 암컷의 핵을 통째로 물려받은 것이다. 키메라[03] 비슷한 이 수정란은 이제 대리모의 자궁에 자리를 잡고 성장하면 된다. 돌리가 태어나려고 세 암컷 양이 들러리를 선 셈이다.

---

03 머리는 사자, 꼬리는 뱀처럼 여러 동물이 하나로 뭉쳐 있다는 신화 때문에 키메라는 두 가지 이상의 유전자를 합쳐 만든 새로운 생명체를 가리킨다.

그게 다일까? 지금까지 우리는 핵 안에 유전자가 있다고 말해왔다. 유전자는 세포의 일꾼인 단백질을 만드는 정보를 품고 있다. 그렇기에 여러 가지의 기능을 수행하는 복잡한 생명체는 여러 종류의 단백질과 그것을 암호화하는 유전자를 상당히 많이 지니고 있다. 단백질을 암호화하는 부위 말고도 다른 역할을 하거나, 혹은 아무런 역할도 하지 않는 부위 전부를 통틀어 우리는 유전체라는 이름을 붙였다. 세균과 인간을 포함하는 대부분의 생명체는 네 가지 알파벳 대문자 유전암호를 공통으로 사용한다. 화학구조를 이야기하면 장황해지겠지만, 문자로 간략하게 표기하면 그 네 가지는 A, T, G, C(아데닌Adenine, 티민Thymine, 구아닌Guanine, 시토신Cytosine의 약자)이다. 유전체란 이네 알파벳 문자가 쌍을 이루며 무작위로 나열된 것이다.

인간 유전체에는 이 알파벳이 약 32억 쌍이 있다. 실제 알파벳 화합물의 크기를 적용하면 32억 개의 암호는 약 1미터 높이가 된다. 그게 두 벌이니까 세포 하나에는 2미터에 이르는 유전체가 들어 있는 셈이다. 이 중 암호를 풀어 단백질이 될 부분은 유전체 전체의 2퍼센트도 안 된다. 우리말로 염기base라 부르는 알파벳 암호 수천만 개가 단백질 요리를 만드는 레서피이다. 그렇다면 98퍼센트의 들러리 염기서열은 과연 무엇을 하는 것일까?

유전암호를 풀고 단백질을 만드는 과정에는 에너지가 필요하다. ATP라는 화합물이 바로 생명체가 사용하는 에너지원이다. 우리가 먹은 음식을 눈에 보이지 않을 때까지 잘게 부순 탄수화물과 지방, 단백질을 변형시키고 궁극적으로 세포는 ATP를 만든다. 이 에너지원이 생성되는 세포 안의 발전소가 미토콘드리아다. 지금까지 우리는 세포 안에 들어 있는 기관을 두 가지 알아보았다. 핵과 미토콘드리아이다. 이 책에서 주로 다룰 세포 내 소기관은 핵과 미토콘드리아, 그리고 단백질을 만드는 소포체小胞體, endoplasmic reticulum 정도이지만 그것 말고도 골지체Golgi Apparatus, 세포막, 섬모 같은 것들이 세포를 구성하는 작은 기관들이다.

　세포 내 소기관들 가운데 미토콘드리아만이 갖는 고유한 특성이 있다. 미토콘드리아는 자신만의 유전체를 가지고 있다. 과거 미토콘드리아가 하나의 독특한 생명체로 자유롭게 살았다는 흔적이 고스란히 남아 있는 결정적 증거이다. 사실 미토콘드리아는 현존하는 리케차 속rickettsia屬04의 알파프로테오박테리아Alphaproteobacteria와 매우 비슷한 유전체를 지니고 있다. 따라서 이들을 미토콘드리아의 먼 조상이라고 간주한다.『코스모스』를 쓴 칼 세이건Carl Sagan의 첫째 부인인 린 마굴리스Lynn Margulis가 주창한 이른바 '세포공생설'의 주된 내용이다. 동물은 두 종류의 유전체를 가지고 있지만 식물은 세 종류

04　알파프로테오박테리아 강class에 속하는 리케차는 보통 세균보다 크기가 작지만 바이러스보다는 크다. 살아 있는 세포 밖에서 증식하지 못하는 리케차는 유전자를 합성할 때 숙주의 기제를 이용한다. 리케차는 일부 곤충이나 진드기와 같은 절지동물의 세포 안에 살면서 사람을 감염시켜 발진티푸스, 스스가무시병 같은 질병을 일으키기도 한다. 유전체 분석 결과 미토콘드리아가 리케차에서 유래했음을 확신하게 되었다. 유전자 싹쓸이를 이야기할 때 등장할 월바키아도 알파프로테오박테리아 강에 속한다.

나 된다. 핵, 미토콘드리아, 그리고 광합성을 하는 엽록체가 각기 고유한 유전체를 갖는다. 엽록체도 과거에는 자유롭게 살던 남세균藍細菌, cyanobacteria이었다. 그렇지만 숙주세포宿主細胞, host cell 안으로 들어온 이들 세균은 오랜 세월이 지나는 동안 자신이 가지고 있던 유전체 대부분을 자신이 깃들어 살던 세포의 핵에 고스란히 헌납했고, 다만 신주단지 모시듯 몇 개의 유전자만을 지니고 있을 뿐이다.

인간 미토콘드리아 유전체는 고작 13개의 유전자와 22개의 운반 RNA, 두 개의 리보솜ribosome RNA를 가지고 있다. 리케차 단백질을 암호화하는 유전자가 834개라는 점을 감안하면 미토콘드리아는 전체 유전체의 95퍼센트 이상을 잃어버린 꼴이 된다. 운반 RNA와 리보솜 RNA는 반복해서 계속 등장할 것이다.

이제 인간의 세포는 핵 유전체와 미토콘드리아 유전체 두 가지를 가지고 있다고 수긍할 수 있을 것이다. 여기에 약간의 조미료를 쳐보자. 최근 논문을 참고하면 인간은 약 46조 개의 세포를 가지고 있다. 약간의 재치를 동원해서 인간의 몸 안에 있는 전체 미토콘드리아의 무게를 계산해보자.

1. 인체에 상주하는 세균은 인간 세포의 10배에 이른다.
2. 상주 세균의 무게는 1.5킬로그램이다.
3. 미토콘드리아가 없는 적혈구 수를 제외하면 인간의 세포는 20조 개 정도이다.

4. 인간의 세포 하나에는 평균 200개의 미토콘드리아가 있다.

5. 미토콘드리아의 무게는 세균의 무게와 같다.

인간의 세포를 50조 개라고 어림잡아 계산하면 세균의 수는 500조 개가 되고 이들 세균의 총 무게는 1.5킬로그램이다. 그렇다면 4,000조 개에 이르는 미토콘드리아의 무게는 얼추 10킬로그램이다. 몸무게가 70킬로그램인 성인의 7할 정도가 물이다. 약 50킬로그램이 물인 셈이다. 미토콘드리아의 무게가 10킬로그램이라면 나머지 10킬로그램은 주로 단백질일 것이다. 이것이 인간의 생물학적 밑천이다. 앞에서 언급한 돌리를 미토콘드리아 입장에서 생각해보자. 돌리가 어미, 아비로부터 얻어야 했을 유전체 각각 한 벌은 젖샘 세포에서 가져왔다. 그러나 미토콘드리아는 난자에 원래 있었던 것들이다. 핵의 유전자는 '늙었'지만 미토콘드리아는 아직 '젊'다. 젊은 미토콘드리아가 무슨 의미를 지니는지 또 이것이 인간의 건강에 어떤 영향을 미치는지 차차 살펴볼 것이다.

들어가는 말이 장황했다. 하지만 크리스퍼를 이야기하면서 앞으로 핵, 미토콘드리아가 거푸 등장할 것이기에 설명 삼아 미리 긴 사족을 붙였다. '일정한 간격을 두고 주기적으로 분포하는 짧은 회문 반복서열Clustered Regularly Interspaced Short Palindromic Repeats, CRISPR'의 약자인 크리스퍼는 유전자의 특정한 서열을 인식해서 자르고 유전자를 '편집'할 수 있다고 말한다. 회문이란 항간에 "소주 만 병만 주소" 혹은 "다시 올 이월이 윤이월이올시다"처럼 앞으로 읽어도, 뒤로 읽어도 동일한 문장 구조를 일컫는다. 영어의 'race car'같은 단어도 회문 구조를 이룬다. 단어나 문장에서처럼 유전자에도 회문 구조라 불리는 서열이 존재한다. 이야기를 전개해가면서 우리는 유전자가위가 작동할 부위가 유전자 회문 구조와 관련이 깊다는 사실을 설명할 것이다. 좁은 의미에서 편집이 틀린 글자나 띄어쓰기를 고치는 작업이라고 한다면, 크리스퍼는 그 편집기술에 덧붙여 틀린 글자가 어디쯤 있는지도 감지하는 능력도 갖추었다고 볼 수 있다. 아주 특출한 능력이다. 나중에 자세히 살펴보겠지만 크리스퍼는 유전자가위와 함께 일을 한다. 다시 말하면 크리스퍼와 유전자가위는 문장의 틀린 글자를 도려내고 고치는 역할을 한다. 이뿐만 아니라 한 문장을 통째로 집어넣거나 뺄 수도 있다.

　크리스퍼 유전자가위를 이용해서 빠르고 정확하고 값싸게 동물이나 식물의 수정란에 유전자를 삽입할 수 있다는 연구결과가 꼬리를 물고 나오자 이 기술에 대한 감탄과 우려가 동시에 쏟아졌다. 과학자들은 소의 근육처럼 우람하고 지방이 적은 돼지를 만들기도 하고 곰팡이에 내성이 있는 새로운 품종의 바나나를 만들려고 한다. 또 말라리아 열원충에 내성이 있는 모기를 만들어 야생으로 돌려보내 모기 생태계를 바꿔보려는 야심 찬 계획도 추진 중이다. 이 계획들은 모두 크리스퍼 유전자가위를 이용하고 있다.

그런데 이들은 논란의 대상의 되고 있는 유전자 변형 식품GMO과 다른 종류의 것일까? 우리는 크리스퍼가 무엇이고 이용 가능한 범위가 어디까지인지 근본적으로 따져 볼 때가 되었다. 또 크리스퍼와 관련해서 유전자를 다루는 생명과학의 사회적, 윤리적 파급 효과까지 살펴볼 것이다. 그러기 위해 인간의 유전자의 모양새부터 알아보자.

본격적으로 크리스퍼를 언급하기 전에 미리 살펴볼 생명체 빌딩블록, 특히 유전체 구조에 대한 이야기를 0장에서 다루었다. 특히 유전체 문법은 평소 우리가 잘 생각해보지 않았던 내용이지만 상당히 흥미롭다. 1장은 유전체의 회문 구조를 다룬다. 회문 구조는 유전자가위가 작동하는 부위일 뿐 아니라 생명의 기원과도 연결되지 않을까 생각되는 구조적 특성을 지닌다. 물론 다른 생명체와 함께 살아왔던 흔적을 고스란히 간직한 인간 유전체 구조도 살펴볼 예정이다. 이제 제한효소制限酵素, restriction enzyme 및 유전자가위에 대해 살펴볼 준비가 얼추 다 되었다. 2장에서는 제한효소와 크리스퍼의 발견을 다룬다. 제한효소와 크리스퍼는 세균의 면역계, 다시 말하면 바이러스virus에 침입에 대응하는 갈등 구조의 현재 모습과 인간이 그것을 모방해 새로운 학문 분야를 개척해나가는 편린片鱗도 살펴볼 것이다. 3장에서는 크리스퍼의 연대기와 크리스퍼 유전자가위 연구자 세 명을 비교해보겠다. UC 버클리의 제니퍼 A. 다우드나Jennifer Anne

Doudna, MIT의 장평Feng Zhang, 그리고 한국의 김진수 박사이다.

크리스퍼는 정확성과 간편함을 겸비했다고 말한다. 다시 말하면 기술적 어려움 때문에 진척이 더뎠던 인간의 유전자 연구가 본격적으로 수행될 것이라 예견한다. 그 일부를 모기, 바나나 그리고 발생학의 예를 들어 설명하겠다. 유전자는 기본적으로 정보의 대물림을 전제로 한다. 따라서 발생과 생식의 문제에 크리스퍼가 관여할 것은 불을 보듯 확연하다. 특히 논란의 중심에 서 있는 우리 세포 안의 '또 다른' 세포인 미토콘드리아 유전체 대물림에 대해서도 살펴보겠다. 건강과 노화에 대한 미토콘드리아의 역할에 대한 식견을 제공할 수 있으면 좋겠다는 바람을 간직하면서 최대한 폭넓게 기술하겠다.

자, 이제 본론으로 들어갈 시간이다.

| 차례 |

일러두기

국내에서 나온 단행본은 겹낫표(『 』), 저널·잡지·신문은 겹화살괄호(《 》), 단편·논문은 홑낫표(「 」)로 구분했다. 법률·기사·영화는 홑화살괄호(〈 〉)로 구분했다. 특히 유전자 이름은 이탤릭체로 구분했다. 각 장의 참고문헌은 뒤에 한꺼번에 실었다.

제0장. 미리 알아두면 좋을 몇 가지

CRISPR

Clustered Regularly Interspaced Short Palindromic Repeats

흔히 우리가 자연수라고 부르는 숫자는 1부터 시작해서 1씩 더하는 계열의 숫자이다. 아라비아 숫자라고 알고 있는 기호가 바로 자연수이다. 하지만 빈자리를 나타낼 목적으로 기원전 300년 경 바빌로니아 사람들이 사용했던 기호가 0을 뜻하는 최초의 개념이라고 말한다. 아리스토텔레스를 스승으로 젊은 날을 보낸 알렉산더 대왕이 인도를 침략하면서 비로소 이 개념이 인도에 전해졌다. 하지만 0이라는 기호가 문서에 등장한 것은 그 뒤로 거의 1,000년이 지나서다. 최초로 숫자 0을 문서에 남긴 사람은 서른 살의 인도 수학자 브라마굽타ब्रह्मगुप्त, Brahmagupta다. 628년에 쓰인 『우주의 창조 Brahmasphutasiddhanta』에서 브라마굽타는 "같은 두 수를 뺄셈하면 얻어지는 수"를 0이라고 정의했다. 또 0이 실제 숫자라고 주장했다. 지금

이야 공기처럼 흔하기 그지없는 0이란 숫자의 존재를 의심하지 않지만, 0은 오랫동안 인간 이성의 테두리를 범접하지 못했던 개념이었다. 수학에서 0은 다양한 기능을 한다. 예컨대 0이 없이 53과 503을 구분하기는 생각보다 쉽지 않다. 0은 '없다'라는 의미도 있지만 자릿수를 의미하기도 한다. 0장을 생뚱맞게 생각하는 사람들도 있겠지만 여기서 0의 기능은 본론으로 들어가기 전에 주변의 배경을 살피려는 것이다. 징검다리 바탕을 디뎌야 본질에 접근하기 쉽다.

크리스퍼, 보다 정확히 크리스퍼 유전자가위는 유전체의 특정 부위를 자르고 다른 유전자를 끼워 넣는 작업을 수행한다. 그렇기에 크리스퍼는 건초더미에서 바늘 찾듯, 목표 지점을 실수 없이 '찾고 자르고 이어 붙이는' 일을 한다. 그런데 그 유전자는 진핵생물에서 세포 안의 핵이란 소기관에 자리 잡고 있다. 그러므로 세포 안에 자리를 잡고 있는 몇 가지 소기관에 대해 알아야 한다. 앞으로 살펴볼 주된 재료가 유전자이기 때문에 우리는 세포 안에서 유전자가 들어 있는 장소인 핵과 미토콘드리아를 간단하게 살펴볼 것이다.

생명체를 구성하는 몇 가지 요소들은 조직화 정도에 따라 몇 가지 층위level로 나뉜다. 생물학의 가장 기본 단위는 원소이고, 그중에서도 특히 '빅 식스Big six'라고 불리는 원소들이 가장 중요하다. 수업 시간에는 학생들에게 '촌스프(CHONSP)'라고 소개한다. 탄소(C), 수소(H), 산소(O), 질소(N), 황(S) 그리고 인(P)이다. 이들 원소가 짝을 찾아 결합하면 분자가 된다. 세포는 몇 가지 계열의 분자를 사용해서 일을 하거나 소기관을 구성한다. 대표적인 분자는 아미노산, 탄수화물, 지방산, 핵산이다. 책에서는 핵산을 가장 중요하게 다룰 것이다. 유전자를 구성하는 핵심 빌딩블록이기 때문이다. 이러한 유전자란 것들이 어떤 문법으로 어떤 구조로 쌓여 있으며, 그 문법들은 무엇을 뜻하는지 이것으로부터 어떻게 암호를 풀어 세포 자신에 필요한 여러 가지 단백질을 만들어내는가 하는 기초 지식을 풀어놓았다. 이것은 개요에 지나지 않지만 앞으로 이야기를 끌어가기에 충분한 징검다리가 될 것이다.

다음으로 원핵생물과 진핵생물을 나누는 기준인 핵막을 이야기한다. 정상적인 경우라면 유전자는 진핵생물 세포의 핵 안에 기거할 뿐 결코 밖을 넘보지 않는다. 밀지密旨처럼 꼼꼼히 베낀 정보가 핵막을 무사히 빠져나와야만 단백질을 만드는 일을 제대로 할 수 있음을 설명할 것이다. 또한 핵막은 어떤 이유로 거기 있게 되었으며, 그 유래는 무엇인지에 대한 그럴듯한 가설도 이야기할 것이다. 나중에 유전자가위의 기원을 이해하는 데 도움이 될 내용들이다.

1장의 마지막 부분에서는 네 글자로 이루어진 유전체의 문법이 과연 어떤 뜻을 담고 있는지에 대해 이야기한다. 스무 개의 기본 아미노산 가운데 어떤 것은 많고 어떤 것은 적은데, 거기에 이런 유전체 언어의 문법적 특성이 고스란히 반영되어 있다. 또한 춥고 건조한 곳에서 잘 견디는 식물도 이런 유전자의 문법을 드러낸다. 아직까지 많은 것들이 밝혀지지는 않았지만 이런 문법을 따져보는 일은 거의 이루어지지 않았다.

　큰 벼룩의 등에는 그것을 물어뜯는 작은 벼룩이 붙어 있고, 작은 벼룩 등에는 더 작은 벼룩이 붙어 있다. 이처럼 자연계는 조직화 정도에 따라 여러 층위로 나뉜다. 다세포 생명체 층위 아래에 단일 세포가 있고, 세포는 다시 핵과 미토콘드리아, 소포체 등을 포함하는 소기관들로 구성된다. 이들 세포소기관들은 단백질, 탄수화물 및 지질이라고 하는 빌딩블록으로 만들어진다. 핵에는 유전자가 빼곡하게 보관되어 있다. 자연계는 다양한 빌딩블록의 연합체이다. 크리스퍼를 살펴보기 전에 숨쉬기 운동 삼아 몇 가지 알아보고 지나가자.

유전자 빌딩블록

　어릴 적 나의 최고의 장난감은 '자연' 그 자체였다. 내 손에서 참 많은 개구리가 애꿎은 죽임을 당했었다. 봄날의 감꽃, 여름날의 봉숭아꽃도 좋은 놀잇감이었다. 가을걷이가 끝난 논두렁을 따라 길게 펼쳐진 도랑 살얼음 아래 민물조개가 지나간 자리도 역시 장난감에 지나지 않았을 것이다. 살얼음 아래를 나무꼬챙이로 들쑤시고 했으니 말이다. 수업시간에 학생들더러 레고 장난감 만들어봤냐고 했더니 거의 대부분이 배가 되었든 자동차가 되었든 뭔가 만들며 놀아본 경험이 있노라고 했다.

　식물이 만들어내는 천연화합물의 생합성 과정을 공부하다 보면, 자연계의 보편적인 법칙 중 하나가 같거나 다른 종류의 빌딩블록을 쌓은 결과물이 생명이고 생명현상이 아닐까 하는 깨달음을 얻을 때가 있다. 가령 콜레스테롤은 탄소 다섯 개짜리 이소프렌isoprene을 여섯 개 붙여서 주물럭주물럭 빚은 물질이다. 물론 조직화의 수준이라는 게 있으니까 그 수준에 따라 필요한 빌딩블록이 각기 다를 것이다. 개집을 짓는 데 들어가는 재료와 자동차를 만드는 재료는 당연히 다르다. 마찬가지로 단백질을 만드는 데 필요한 아미노산 블록과 인간을 빚는 데 사용되는 블록인 세포가 각기 다른 것은 당연한 이치다.

이 책은 주로 유전자를 다룬다. 유전자는 핵산核酸, nucleic acid이라는 빌딩블록으로 빚은 건축물이다. 앞에서 A, T, G, C라 이름 붙인 바로 그것이다. 그리고 유전자의 산물인 단백질도 드문드문 등장할 것이다. 또 이들 블록을 둘러싸고 있는 세포막 이야기도 나올 것이다. 우선 간단히 지방, 단백질 빌딩블록에 대해 이야기하고 시작하자.

포도당은 명실상부한 물질대사의 알파고 오메가다. 포도당은 간단히 말해 탄소가 여섯 개인 물질이다. 세포 내로 들어산 포노낭은 분해되기 시작해 탄소 세 개짜리 물질로 변한다. 정확히 반으로 나뉘는 것이다. 이름이 중요한 것 같지는 않지만 이 물질을 우리는 피루브산pyruvate이라 부른다. 이제 세포 안에는 탄소 세 개짜리 피루브산 두 분자가 만들어졌다.

피루브산은 미토콘드리아가 먹는 음식이다. 미토콘드리아는 식량과 영구주택을 보장받고 숙주에게 ATP를 보상한다. 뒤에서 살펴보겠지만 ATP는 생명체의 통화通貨라고 불리는 물질이다. 생명체가 뭔가 일을 하려면 ATP라는 현금이 필요하다. 허망한 현금이 가뭇없이 사라지듯, ATP의 수명은 무척이나 짧아서 회전율turnover이 빠르지 않으면 에너지 통화로서 제 역할을 다하지 못한다. 미토콘드리아에서 피루브산은 탄소를 하나 잃고 탄소 두 개짜리 활성초산이 된다. 활성초산이 크렙스Krebs 회로로 들어가 최종적으로 산화되면 이산화

ATP_ 아데노신 삼인산adenosine trisphosphate의 약어이다. ATP는 세포가 사용하는 에너지의 가장 보편적인 형태다. ATP가 가진 에너지의 양이 세포 안 대부분의 반응을 추동하기에 적당하기 때문이다. ATP 분자 안에 있는 세 번째 인산이 붙었다 떨어졌다 하면서 에너지가 유리되거나 저장된다. 숫자를 통해 ATP의 지위를 살펴보자.

ATP의 대표적인 특징은 양이 많다는 점이다. 수십조 개의 인간 세포에는 세포당 10억 개의 ATP 분자가 들어 있다. 그러므로 지금 내 몸에 들어 있는 ATP의 총 개수가 10^{23}개가 넘는다(세포당 10^9개 ATP×세포 10^{14}개). 세포 안에서는 ATP의 세 번째 인산이 붙었다 떨어졌다를 1분에 최소한 세 차례 반복한다. 우리 몸 안에 들어 있는 ATP의 양을 무게로 환산하면 50~250그램 정도인데, 순환하면서 만들어지는 ATP의 총량은 50~150킬로그램 정도다. 즉, 전체 ATP가 하루 1,000번 정도(ATP↔ADP) 변환을 반복해야 한다는 뜻이다. 인간이 음식을 끊임없이 먹어야 하는 이유이기도 하다.

ATP가 에너지를 공급하기 위해서는 효소의 도움을 받아야 한다. 신경세포의 막을 건너 이온이 움직일 때 ATP가 에너지원으로 사용되면 전류의 흐름이 나타난다. 근육세포의 단백질이 ATP를 사용하면 에너지가 일로 전환되기도 한다. ATP 말고 다른 핵산에서 유래한 구아노신 삼인산(GTP)도 있는데 GTP는 특히 튜불린 단백질에 에너지를 전달하는 역할을 담당한다. 세포 안에서 글리코겐을 합성할 때는 유리딘 삼인산(UTP)이 사용된다.

ATP는 자체로 에너지 통화이지만 중요한 생체물질의 전구체이기도 하다. 포도당에서 포획한 전자를 전달하는 NAD(nicotinamide adenine dinucleotide), FAD(flavin adenine dinucleotide), 조효소CoA가 ATP를 기반으로 만들어진다. 탄소 한 개(메틸기)를 공급하는 매개물질인 SAM(S-adenosyl methionine)도 아데닌 염기를 사용한다.

탄소가 된다. 활성초산은 또 다른 영양소인 지방산의 최종 분해산물이기도 하다. 포도당이나 지방산이 분해되는 최종 기착지가 이 초산이기 때문에 어떤 과학자들은 초산이야말로 생명체의 가장 중요한 대사산물이라고 강조하기도 한다. 탄소 두 개짜리 초산이 낱개로 분해되어 이산화탄소가 되면 동물은 세포 밖으로 배설한다. 열역학적 용어를 빌리면 엔트로피가 최대인 상태가 되는 것이다. 동물의 몸 밖으로 배설된 이산화탄소는 식물세포에 붙들려 다시 포도당으로 재

크렙스 회로_ 에너지로 사용할 원료를 스스로 만들지 못하는 생명체를 종속영양 생명체라고 부른다. 개, 돼지, 인간 모두 종속영양 생명체다. 이와 반대로 스스로 에너지를 얻는 식물은 독립영양 생명체다. 하지만 원료를 분해해서 에너지를 얻는 방식은 종속, 독립 상관없이 모두 미토콘드리아를 이용하는 방식으로 동일하다. 물론 빵이나 술을 만들 때 사용하는 효모처럼 발효를 통해 에너지를 얻는 생명체도 있다. 발효는 어설픈 연소, 다시 말하면 나무를 잿더미와 이산화탄소로 날려버리는 대신 숯을 만드는 과정과 비슷하다. 어설픈 연소의 대표적 결과물은 사람을 취하게 만들기도 하는 에탄올이다.

포도당은 탄소가 여섯 개인 단출한 화합물이다. 인간은 감자를 먹을 수 있지만 머리카락 직경보다 더 작은 세포는 그러지 못한다. 우리가 먹는 이유는 세포를 먹여 살리기 위한 것이고, 소화는 세포가 먹을 수 있도록 잘게 부수는 행위다. 소화효소는 감자를 잘게 부수어 포도당을 만든다. 운반 단백질의 인도를 받아 세포 안으로 들어 간 이 포도당은 두 단계를 거쳐 최종적으로 '소화'된다. 첫 단계는 포도당을 둘로 나누는 것이다. 세포질에서 진행된다. 흔히 해당과정이라 말한다. 해당과정을 통해 포도당은 탄소가 세 개짜리 화합물인 피루브산이 된다. 이때 ATP가 두 분자 만들어진다. 주변에 포도당이 많고 반응 속도가 충분히 빠르다면 해당과정을 통해 에너지를 얻는 것도 나쁘지 않다. 암세포들이 즐겨 취하는 전략이다. 둘로 나뉜 포도당을 탄소 하나, 즉 이산화탄소의 형태로 공기 중에 돌려보내는 완전 연소과정이 크렙스 회로이다.

크렙스 회로의 특징은 '회로'에 있다. 즉, 피루브산이 계속 유입되면 회로가 계속 돈다는 의미다. 세포가 포도당을 받아들이듯 미토콘드리아는 피루브산을 원료로 사용해서 이산화탄소를 만드는 '소화'를 한다. 소화의 정수는 전자(e-)를 곶감 빼 먹듯 빼앗는 일이다. 크렙스 회로에서 얻은 전자를 처리하는 전자 전달계가 미토콘드리아에 있다. 미토콘드리아는 전자 전달계를 굴려 최종적으로 ATP를 만든다. 이 때문에 미토콘드리아를 발전소라고 부른다.

조립된다. 여기에 필요한 결정적 에너지가 햇빛이라는 점을 상기하면, 생명체가 사용하는 에너지는 태양에서 비롯된다고 인정할 수밖에 없다. 우리 모두는 태양 빛의 광자를 먹고 사는 셈이다.

그 반대쪽 방향도 생각해보자. 분해되는 대신 빌딩블록으로 사용되면 활성초산은 지방산 생합성의 기본적인 질료가 된다. 탄소 두 개를 거푸 연결해서 만들기 때문에 대부분의 지방산은 짝수의 탄소 원자를 갖는다. 에너지원으로 사용될 때 단백질은 스무개의 아미노산 빌딩블록으로 나뉘지만 다시 단백질을 만드는 재료로 사용되는 점에서 지방산과 다를 바 없다. 결국 따지고 보면 포도당은 이산화탄소로 변하면서 최대 에너지를 만들지만 필요에 따라 중간 대사산물을 언제든 차출해서 사용할 수 있다.

다세포 생명체가 받아들인 음식물은 포도당이나 지방산, 혹은 아미노산 형태로 분해되어 핏속을 떠돈다. 비유적으로 말하면 이들도 바로 사용이 가능한 현금이다. 이들은 분해되어 ATP를 만들기도 하지만 미래를 위해 자산 형태를 바꾸어 저장되기도 한다. 은행이나 투자 회사에 맡겨둔 현금은 동물의 경우 글리코겐, 중성지방, 단백질 형태로 변환되어 미래를 위해 쓰이게 될 것이다. 한편 이들 빌딩블록은 세포가 왕성하게 분열할 때 세포를 구성하는 건축자재가 된다. 지방산은 세포막이나 내막을 건설하는 기자재이고 아미노산은 각종 단백질 빌딩의 자재가 된다. 이렇게 세포를 구성하는 빌딩블록이 있다면 다세포 생명체는 다양한 세포를 빌딩블록으로 하는 층위가 다른 구조물이다.

세포는 생명체를 구성하는 눈에 보이지 않는 아주 작은 집이다. 세균은 세포가 달랑 하나인 오피스텔이고 인간은 무려 거의 50조 개에 달하는 세포로 구성된 거대 조형물이다. 그렇지만 하나의 세포를 구성하는 기본 살림살이는 매우 흡사하다. 우선 세포 내부를 둘러싼 담장이 있다. 이 세포막은 세포 내 다른 담장과 마찬가지로 몇 가지 지방산으로 구성된다. 안으로 들어가면 커다란 공처럼 생긴 가구가 있다. 핵이라고 불리며 실감개에 돌돌 감긴 모양새를 하고 있는 유전자가 들어 있는 공간이다. 그 주변에는 소포체라 불리는 미로 같은 공간이 배치되어 있고 거기서 단백질과 일부 지방산 및 콜레스테롤을 만든다. 이런 소기관들이 사용하는 에너지가 ATP이다. 세포 내부의 발전기가 바로 미토콘드리아다. 이는 중요한 것이기에 앞에서 이야기했지만 뒤에서도 상세히 다룰 예정이다. 이 외에도 몇 가지 소소한 가재도구들이 없는 것은 아니지만, 여기서는 이 정도만으로도 충분하다.

첩첩산중

지금은 헌책방에서도 구하기 어려운 책인 『자연변증법自然辨證法, Naturdialektik』은 마르크스의 절친한 친구이자 후견인이었던 프리드리히 엥겔스Friedrich Engels가 썼다. 이 책이 뭔가 완결되지 않았다는 느낌은 지금도 갖고 있지만, 내 기억 속에 여전히 존재하는 것은 이 책을 읽고 RNA를 공부해야겠다고 마음먹었다는 사실이다. 지금 생각해보면 나는 세포에서 시작해 단백질까지 실험하고 공부했다. 아직 RNA에 도달하지 못한 것이다. RNA를 한글자판으로 하면 '꿈'이다. 그래서 RNA는 여태껏 나의 꿈이다.

1953년은 미국인 제임스 왓슨James Watson과 프랜시스 크릭Francis Crick이 DNA의 이중나선구조를 《네이처Nature》에 발표한 해이고, 지구의 한쪽에선 한국전쟁이 끝난 해이다. 왓슨은 크릭에게 쓴 편지에서 "DNA는 RNA를, RNA는 단백질을 만든다"라고 말했다. 맞는 말이고 교과서에도 그렇게 쓰여 있다. 하지만 아무리 교과서를 들여다보아도 언제, 왜 그런 일이 일어났는지 티끌만 한 단서도 찾을 수 없다.

생명체 기원에 대해서 속속들이 잘 알지는 못하지만, 나는 핵심 퍼즐이 이제 얼추 자리를 잡았다고 생각한다. 생물학적으로 말하면 물질대사와 관련된 퍼즐과 자연선택의 대상이고 대물림되는 유전정보 퍼즐이 양대 축을 이룰 것이다. 여기서 덧붙여 나는 '최초의 에너지'[01] 역시 핵심 퍼즐이라고 생각한다. 끊임없이 공급되는 에너지를 써서 자기 조직화하고 질서를 구축하는 일이 생명체의 본성이기 때문이다.

---

01 로버트 헤이즌Robert Hazen의 『지구이야기』를 보면 지구는 마치 둥그런 계란과 같다. 노른자는 핵이고 맨틀은 흰자 그리고 지각은 계란 껍데기다. 핵의 온도는 5,000℃가 넘고 이들은 지구 껍데기의 약한 부위를 넘본다. 해저에서 분출하는 화산은 블랙 스모크 혹은 잃어버린 도시라는 특징적인 생태계를 구성한다. 따라서 태양 에너지 말고도 지구는 또 하나의 에너지, 다시 말해 지구의 중심에서 솟구치는 에너지가 있다. 산성인 원시 바다 주변의 알칼리성 물질이 생성되는 장소에서 자연스럽게 양성자 농도 기울기가 생겨났고 그것이 생명의 시원이 탄생할 최초의 에너지를 공급했으리라는 것이 '최초 에너지 가설'이다. 상황이 이렇다면 생명체는 지구 자체의 에너지를 빌려 태어났고 태양을 향해 나아갔다.

우리가 살고 있는 지구(물이 더 많으니까 수구水球라고 불러야 한다고 주장하는 사람들도 있다)가 확보할 수 있는 에너지는 어떤 것들이 있을까? 우선 누구나 쉽게 알 수 있는 태양 에너지가 있다. 조수 간만의 차나 풍력은 태양 에너지의 변형이기 때문에 따로 거론할 여지가 없다. 인간은 태양 에너지를 곧바로 이용할 수 없다. 태양광 발전소가 있지 않느냐고 누군가 우긴다면 나는 기꺼이 함구하겠다. 태양 에너지를 직접적이고 기본적인 에너지원으로 삼은 생명체는 단연 남세균이다. 이들은 현생 조류algae와 식물의 조상이다. 인간은 이들이 생산한 것을 먹으면서 에너지를 조달한다. 그렇다고 너무 조아리며 살 필요는 없다. 우리도 남세균에게 이산화탄소를 돌려주기 때문이다.

어쨌거나 지구상에는 수십억의 사람들이 산다. 쌍둥이가 더러 있어도 개별 인류는 모두 독자적이다. 그렇지만 지구상의 어떤 두 사람을 골라도 그들의 유전체의 99퍼센트 이상 같다. 우리는 생각하고 질병과 싸우고 먹는다. 뼈가 자라고 상처를 치료한다. 이런 생물학적 과정의 배후에 유전자가 있다. 유전자를 모른다고 사는데 별 지장은 없겠지만 안다고 해서 나쁠 것이 무에 있겠는가.

이 책은 주로 유전자를 다루지만 필요에 따라 단백질, 생명현상에 필수적인 물질도 조금은 다루고 있다. 그렇지만 유전자의 가장 기본적인 사항을 약간의 그림을 곁들여 교과서와는 다르게 설명을 해보자.

인간 유전체의 99퍼센트 이상이 같다는 말은 무슨 뜻일까?

DNA[02]를 쭉 펼쳐 염기의 서열을 서로 맞추어보면 인간이기 때문에 동양인인 나와 내 아프리카인 친구 에메카Emeka의 서열은 거의 차이가 없다. 그러나 1퍼센트도 안 되는 서열의 차이 때문에 그는 곱슬머리이고 나는 피부가 검지 않다. 아무 서열이나 잠깐만 들여다보면서 유전체 혹은 유전자를 구성하는 빌딩블록의 실체를 한번 보도록 하자.

5´-AGTATGACGTTAACATTAACATTAACTTAACATTAA
CATTAACATTAACA-3´

학생들을 가르치는 일을 업으로 삼고 있는 나도 위 서열만 보면 당최 무슨 말인지 모르겠다. 그러나 한 가지는 확신을 가지고 말할 수 있다. 위 서열을 구성하는 알파벳은 네 가지뿐이라는 사실이다. 다행스러운 일이다. 알파벳의 숫자가 32억 쌍인 인간의 DNA를 활자처럼 적으면 두툼한 성경책 200권 정도의 분량이 된다. 그 무게감이 어깨를 누른다. 그렇지만 인터넷이 있기 때문에 검색해볼 수는 있다. 저 알파벳을 복사한 다음 구글 검색창에 띄우는 것이다. 불행하게도 일치하는 검색결과는 나오지 않는다. 그렇다고 달리 방법이 없는 것은 아니다. 미국 국립보건원에서 제공하는 웹사이트 www.

---

02 DNA는 영어로 deoxyribose nucleic acid이다. 핵산이라고 말하는 것은 뒤쪽 nucleic acid를 번역한 것이다. 정확히 말하면 DNA는 염기와 당, 그리고 당을 잇는 인산기의 중합체이다. 당과 인산의 화학적 성질과 구조 때문에 이중나선이 만들어진다. 여기서는 알파벳의 의미를 살리기 위해 그저 염기라고 하겠다.

ncbi.nlm.nih.gov를 이용하면 된다. 그러나 여기서는 저 알파벳 서열의 뜻이 중요치 않으니 다른 이야기를 더 해보자.

사실 저 DNA 염기구슬을 꿰어 어떤 보석을 만든 지는 얼마 되지 않는다. 왓슨과 크릭이 유명세를 탔기에 상당수의 사람들이 DNA가 이중나선구조를 취한다는 사실을 안다. 꽈배기처럼 두 줄을 꼬아놓은 구조가 이중나선구조이다. 앞 알파벳의 줄 친 부분을 그대로 옮겨와 DNA 아랫줄 서열을 만들어보자.

이중나선_ RNA는 단일 사슬이지만 DNA는 본성상 이중나선으로 존재한다. RNA에 비해 정보를 저장하기 안정한 형태라는 말이다. 촉매작용이 있는 데다 상보적인 핵산과 결합할 수도 있던 RNA가 한 방향으로는 단백질의 번역, 다른 방향으로는 DNA의 복제의 기제로 진화했음을 시사한다. DNA는 염기, 당, 그리고 인산 세 종류 화합물의 연합체를 기본 구조로 한다. DNA의 염기는 A, T, G, C, 네 가지로 염기를 제외한 나머지 골격 부위는 동일하다. 네 염기가 결합할 때는 퓨린-피리미딘이 서로 짝을 이뤄 퓨린 구아닌(G)과 피리미딘 시토신(C), 피리미딘 티민(T)과 퓨린 아데닌(A)(혹은 그 반대)이 결합한다.

DNA 이중나선의 모형이다. 가운데 블록은 단 네 종류에 불과하다. A, T, G, C. 그러므로 이들 염기쌍이 만들 수 있는 조합은 AT, TA, GC, CG 말고는 없다. 염기 블록 쌍의 양쪽 끝 붉은색 오각형 블록은 오탄당이고 그 사이사이에 낀 연보라색 블록은 인산이다. 당과 인산이 구조적으로 평핵하지 않기 때문에 이중나선은 회전계단처럼 나선형으로 꼬여서 열 개의 염기쌍을 지나면 다시 원래 위치로 돌아온다. 따라서 이중나선의 거리는 언제든 비슷하다. 수소 결합을 통해 티민과 아데닌은 두 개의 팔을 뻗고 구아닌과 시토신은 세 개의 팔을 뻗은 모양새다. 이들 염기에는 데옥시리보오스deoxyribose라는 탄소 다섯 개짜리 당이 연결되어 있고 염기와 당 사이를 인산기가 이어준다. 그러므로 양쪽에서 당과 인산기가 연결된 기찻길 그 사이 버팀목이 수소 결합으로 연결된 피리미딘계-퓨린계 염기쌍이 있는 것이다. 따라서 DNA의 염기 숫자는 기본적으로 낱개가 아니라 쌍의 숫자다. 인간의 DNA 염기는 32억 개, 즉 32억 쌍의 염기가 서로 연결되어 있다.

5´-AGTATGACGTTAACATTAACATTAAC-3´
3´-TCATACTGCAATTGTAATTGTAATTG-5´

내가 알고 있는 생물학 지식을 바탕으로 아랫줄을 썼다. 어떤 일정한 법칙이 보이는가? 일반적으로 교과서에는 저 알파벳을 사다리처럼 세우고 회전계단처럼 꼰다. 그러면 A에는 T(그 반대도 마찬가지로 T에는 A)가 대응한다. 그리고 G에는 C가 대응하고 반대도 마찬가지이다. 그러므로 DNA를 구성하는 알파벳은 A와 T, 그리고 G와 C의 두 가지 쌍을 이룬다. 이를 상보적 결합이라 부른다. 이들 두 쌍은 회전계단의 판자와 같다. 잎이 돌려나는 풀처럼 이들 DNA 이중나선의 염기 판자도 조금씩 회전한다. 위 판자와 아래 판자는 보통 36°뒤틀려 있다. 따라서 열 번 회전하면 원래의 위치로 돌아온다. 위에서 쳐다보면 첫 번째 판자가 열한 번째 판자를 가리는 것이다. 식물에서도 이런 현상을 관찰한다. 식물의 잎은 환경이 제공하는 공기와 물의 흐름을 최적화하고 태양빛은 최대로 흡수할 수 있게 자신의 잎을 배치한다. 가령 울 밑에 자라는 봉숭아 잎은 넓은 각도로 보면 위, 아래 각도가 222°이다. 138°라고 해도 무방하다. 위에서 봤을 때 겹치는 잎이 없다. 그래서 이런 식물 이파리의 전체 모양은 비대칭적 나선 형태가 된다. 그러나 마주나기 식물은 90° 간격으로 이파리가 나온다. 어쨌든 자연계에서 생명체를 구성하는 부품이 나선구조를 취하는 현상은 매우 보편적이고 어느 때 이런 현상을 봐도 이상하지 않을 정도로 흔하다.

그런데 이중나선의 회전계단을 구성하는 두 종류의 판자 중 A-T 판자보다 G-C판자가 더 단단하다. 이 말은 A와 T가 팔 두 개로 서로 부여잡고 있는 반면, G와 C는 팔 세 개로 서로를 붙들고 있다고 비유를 통해 직관적으로 이해할 수 있다. 이 팔이 바로 <u>수소결합</u>이다.

이런 염기쌍 판자의 결합 강도는 매우 중요한 의미를 지닌다. 전체 DNA에서 A-T와 G-C의 비율이 DNA의 특성, 더 나아가 그 유전체를 가진 생명체의 특성을 규정하기도 하기 때문이다. 나중에 다시 이야기하겠지만 G-C의 비율이 더 많은 생명체가 열에 더 잘 버틴다. G-C 결합이 더 강하고 단단해서 열을 가해도 분해되지 않기에 그렇다.

이제 염기서열 앞에 쓰인 숫자가 무슨 뜻인지를 알아보자. 미국에서 같이 일하던 중국인 의사 한 분이 뜬금없이 자기는 '파일럿^{pilot}'이라고 말하며 웃었다. 무슨 소리냐는 표정을 짓는 내게 그 친구는 후진하지 못하는 비행기처럼 자기는 거꾸로 운전하지 못한다고 풀어서 설명했다. 비행기처럼 RNA 중합효소$^{RNA\ polymerase}$도 한 방향으로만 움직인다. 어차피 DNA의 구조를 자세히 설명하지 않을 작정이지만 3'이라고 쓴 쪽으로만 염기가 결합한다고 생각하면 크게 무리가 없다. 그렇다면 RNA가 자라는 방향은 5'→3'이라고 말할 수 있을 것이다. 위쪽 DNA 이중나선의 아래쪽을 주형 삼아 RNA 중합효소가 전사를 시작하면 결과적으로 RNA의 서열은 DNA 위쪽 나선의 서열과 같아진다. 그렇지만 T가 U, 우라실^{Uracil}로 바뀐다는 점은 유

수소결합_ 수소결합을 설명하기 위해 주기율표를 간단하게 만들어보았다. 주기율표는 빅뱅 이후 은하와 항성, 지구 행성의 물리화학적 형성과정의 규칙성을 가장 극명하게 보여주는 표이다. 아름다운 주기성을 그 특징으로 한다. 표의 숫자는 원자번호이며 원자핵 안의 양성자의 수인 동시

H																	2
													N	O		10
																18
									26							36

에 전자의 수이다. 중심 핵 안에 여덟 개의 양성자를 가진 원소가 산소이다. 『지구이야기』를 쓴 로버트 헤이즌의 묘사를 빌리면 맨 우측의 숫자는 우주적 '마법의 수'이고 모든 원자는 화학적으로 이 숫자를 동경한다. 핵 안의 양성자가 아니라 외곽을 둘러싸고 있는 전자의 움직임이 화학적 운동의 중심이 되는 것이다. 따라서 8인 산소는 어딘가에 여섯 개의 전자를 주는 대신(그것을 받을 원자도 거의 없다) 두 개의 전자를 얻어 10이 되려고 한다. 반면 원자번호 1인 수소는 반반이다. 전자를 얻거나 받을 수 있다. 그러나 수소는 전자를 내놓은 것을 선호한다. 이런 경향성을 전기음성도라 한다. 거의 예외 없이 전자를 받기만 하는 산소는 전기음성도가 크다.

그러나 원자번호 11인 나트륨은 전기음성도가 작다. 전자를 직접 주고받지 않더라도 부분적으로 전자의 편재가 생길 수 있다. 지구에 가까워진 달이 바닷물을 더 강하게 끌어들이는 현상을 떠올리면 좀 더 이해하기 쉽다. 전기음성도가 큰 원자(플루오르, 산소, 질소)에 결합한 수소와 이웃한 분자에 전기음성도가 큰 원자가 있을 때 생기는 인력을 수소결합이라 한다. DNA 이중나선에서 수소결합을 하고 있는 염기는 딱 네 종류다. AT, TA 그리고 GC, CG. 아데닌 분자 왼쪽 위, 질소에 붙어 있는 수소가 티민의 산소와 수소결합하고 있다. 마찬가지로 티민의 질소에 붙어 있는 수소가 아데닌의 질소와 수소결합으로 연결되어 있다. 화학적으로 이 결합은 약하지만 너무 약하지도 않아서 빙판 위에서 스케이트를 타거나, 소금쟁이가 물 위에 떠 있는 것처럼 충분한 힘을 제공한다.

참고로 주기율표 중간의 26번은 철이다. 전자를 여덟 개 내놓아야 안정해지는 철은 매우 다양한 방식으로 전자를 내놓는다. 또 철은 쉽게 산소와 결합하는데, 이때 우리는 철이 녹슬었다고 말한다.

의해야 한다. 그 결과는 다음 문단에서 확인할 수 있다.

꿈

왓슨은 크릭에게 쓴 편지에서 DNA는 RNA를 만든다고 이야기
했다. RNA는 세부적인 부분에서 DNA와 다르지만 이들이 사용하
는 알파벳 염기가 DNA의 염기와 서로 달라붙을 수 있기 때문에 T에
는 A, 그리고 C에는 G(반대도 마찬가지)가 상보적으로 결합한다. 다만
DNA의 알파벳이 A인 경우 U이라는 새로운 염기가 결합한다. 즉, 옥
에 티가 없듯 전령 RNA 염기서열에는 T가 없다. 다시 DNA의 아래
쪽 염기서열을 가져와보자.

3'-TCATACTGCAATTGTAATTGTAATTG-5'
5'-AGUAUGACGUUAACAUUAACAUUAAC-3'
(전령 RNA^messenger RNA)

RNA를 다룰 때 두 가지를 먼저 이야기하고 지나가자. 새로운 용
어가 하나 등장할 터인데 인트론intron이다. 단백질을 만들 때 사용되
는 RNA는 매우 정교한 과정을 거쳐 가공된다. 그중 가장 중요한 단
계가 인트론을 제거하는 일이다.

인트론은 어릴 적 조립하면서 놀았던 조악한 로봇을 떠올리면

이해하기 쉽다. 상자를 뜯고 로봇의 각 부분(몸통, 팔, 다리 등)을 붙들고 있는 다리들을 하나씩 제거해야만 로봇의 조립이 가능하다. 여기서 로봇의 각 부품에 해당하는 부위는 엑손exon이고 나머지 쓰레기 더미가 인트론이다.

그러므로 DNA를 빼다 박은 RNA는 모자이크처럼 전체가 하나의 단백질 암호가 되지 못해서 자르고 이어 붙이는 과정splicing을 반복해야 완성된 RNA가 만들어진다. 자르고 이어 붙이기 복합체 단백질이 이 과정에 참여한다. 나중에 인트론이 왜 등장했는지, 그리고 자르는 부위를 어떻게 결정하는지 하는 RNA의 '역사'를 잠시 살펴볼 것이다. 크리스퍼CRISPR라 불리는 유전자가위도 결국 염기서열을 자르고 붙이는 도구이기 때문이다.

두 번째는 만일 RNA가 아미노산의 종류를 지정하는 유전암호라면 도대체 몇 개의 염기가 하나의 의미소意味素가 될 것인가 하는 문제다. 만약 두 개 염기가 암호codon03를 구성한다면 이들의 조합은 전부 16개(AA, TT, GG, CC, AT, AG, AT, TA, TC, TG, GA, GT, GC,

---

03 전령 RNA의 염기 세 분자를 하나의 정보 단위로 해석해서 단백질을 만들 때 각각의 정보 단위를 암호라고 부른다. 세 분자의 염기가 하나의 단위가 되기 때문에 암호의 개수는 64개다. 그런데 아미노산을 더 이상 붙이지 말라는 종결 신호가 세 개이므로 실제 의미가 있는 암호는 61개이다. 단백질의 빌딩블록인 아미노산이 스무 개이기 때문에 '백화제방'식으로 세 개의 암호가 균등하게 개별 아미노산에 배정되면 좋았을지도 모르겠다. 하지만 정보 단위가 해석되는 아미노산 면면을 살펴보면 이들 암호 사이에 처절한 싸움이 있었음을 짐작할 수 있다. 가령 아르기닌, 류신, 세린 아미노산은 여섯 개의 코돈을 독차지하고 있다. 반면 트립토판은 간신히 한 개의 암호를 얻어 기신기신 살아가고 있다. 전령 RNA의 정보 단위에 대응하여 아미노산을 실어오는 운반 RNA도 세 개의 염기가 짝암호anticodon로 응수한다. 운반 RNA는 아미노산이 붙은 자리, 전령 RNA의 암호와 짝을 이루는 부위가 떨어져 있다. 이들 전령 RNA와 운반 RNA의 진화적 기원이 밝혀진다면 생명의 시원을 속 시원하게 설명할 수 있게 될 것이라고 생각하는 사람들이 많다. 나도 그 중 하나이다.

CA, CT, CG)가 된다. 아미노산 스무 개를 지정하기에는 모자란다. 그래서 세 개의 염기가 가장 경제적인 암호의 의미소가 된다는 사실은 쉬이 짐작할 수 있는 일이고 실제로도 그렇다. 유전암호의 출발이 어딘지 탐구하는 과학자들을 소개하는 책『진화의 10대 발명^{Life} Ascending: Ten Great Inventions of Evolution』을 보면 잘 소개되어 있다. 비록

인트론_ 본문에서도 비유했지만 여기서는 인트론이 원핵세포가 아니라 진핵세포 유전자의 구조를 설명하는 용어라는 점을 분명히 하고 넘어가자. 생물학에서 중심 도그마는 단백질 암호인 DNA를 풀어 상보적인 서열의 RNA를 만드는 과정에서 시작한다. DNA서열을 주형으로 복사를 뜬 것이 전령 RNA이다. 전령 RNA의 염기 세 개는 한 묶음이 되어 아미노산에 관한 정보를 전달해준다. 그런데 그림의 가운데 부분을 보면 미성숙 RNA라는 표현이 등장한다. 가운데 위치한 두 개의 인트론에는 아미노산에 관한 정보가 없다. 따라서 이 부위를 제거해야만 아미노산에 대한 암호해독이 가능하다. 이 과정은 시간이 걸리기 때문에 진핵세포는 따로 이 과정을 단백질을 만드는 작업과 분리시켜버렸다. 인트론을 제거하는 작업은 핵 안에서, 단백질을 만드는 일은 세포질에서 진행된다.

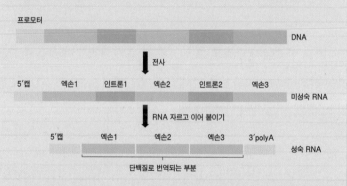

핵의 기원에 관한 가장 최근 가설은 바이러스와 관계있다. 요즘 단백질을 만드는 거대 바이러스가 발견되기도 하고 이들 유전체가 밝혀지면서, 감염된 바이러스가 진을 치고 앉아 핵이 되었다는 전설 같은 가설이 제기되었다. 이 가설에 솔깃해지는 마음을 숨길 순 없지만, 더 연구결과가 축적된 후 본격적으로 추적해볼 예정이다.

나는 이 가설에 동의하지 않지만 그 아이디어만큼은 정말 아름다웠다.

두 개 염기 암호의 조합이 16개(4×4)라면 세 개의 염기조합은 64개다. 여기에서 단백질 합성을 종료하라는 암호로 세 개가 배정된다. 그래도 61개가 남는다. 아미노산이 스무 개이니 평균 약 세 개의 암호가 각 아미노산의 암호 의미소가 되면 깔끔하고 좋겠지만 실제 상황은 전혀 다르다. 암호를 차지하는 과정에 경쟁과 선택이 작동한 까닭이다. 그래서 류신^{leucine}과 아르기닌^{arginine} 그리고 세린^{serine}이란 이름의 아미노산들은 욕심이 많아서 암호를 여섯 개나 독식했다. 메티오닌^{Methionine}을 암호화하는 세 개의 염기는 '여기서부터 RNA를 만드세요'라는 개시 암호로도 사용된다. 다시 위의 RNA 염기서열을 살펴보자.

5'-AGUAUGACGUUAACAUUAACAUUAAC-3'

RNA 암호에서 밑줄을 그은 염기 세 개가 단백질 합성을 시작하라는 신호이다. 유전암호가 세 개의 염기로 되어 있으니까 AUG로부터 위 RNA를 세 개씩 나누어보자.

AUG ACG UUA ACA UUA ACA UUA AC-3'

해독된 유전암호를 참고하여 각각의 암호가 뜻하는 아미노산을 열거하면 다음과 같다.

메티오닌(Met)-트레오닌(Thr)-라이신(Lys)-트레오닌(Thr)-라이신(Lys)-트레오닌(Thr)-이소류신(Ile)-트레오닌(Thr)

마지막 암호는 AC로 두 개의 염기를 가지지만 트레오닌이라고 자신 있게 이야기할 수 있는 까닭은 이미 분자생물학자들이 유전암호 해독을 실험적으로 완료했기 때문이다. AC가 앞에 나오면 세 번째 염기가 어떤 것이든 트레오닌threonine이 온다. 이 말은 매우 중요한 의미를 지닌다. 왜냐하면 특정 염기가 변하는 돌연변이가 일어나도 그 결과물인 아미노산은 그대로일 수 있기 때문이다. 또 AUG를 시작 암호로 해서 해독된 단백질은 모두 메티오닌을 첫 번째 아미노산으로 갖게 된다.

물론 예외가 없는 것은 아니다. 메티오닌이 없는 단백질이 발견되기 때문이다. RNA처럼 단백질도 가공 과정을 거쳐 앞쪽 메티오닌을 없애버리는 일이 허다하다. 이는 주로 단백질의 안정성을 결정하는 가공 과정이지만 발생이나 면역 과정에서 일어난다. 피츠버그 대학에 재직했던 권용태 박사가 이 부분04을 연구해서 넓은 학문적 성취를 이뤄낸 바 있다.

---

04 N-말단 법칙이라 불리는 것이다. 효소 작용에 의해 N-말단의 일부 아미노산이 떨어지며 새로운 단백질이 만들어지기도 한다. 이때 N-말단의 첫 번째 아미노산이 무엇인지에 따라 그 단백질의 운명이 달라진다. 특정 아미노산은 이 단백질을 분해하라는 신호가 되기도 한다. 이런 가공 과정을 진두지휘하는 유전자가 존재한다.

첫째 염기	둘째 염기				셋째 염기
	U	C	A	G	
U	페닐알라닌 페닐알라닌 류신 류신	세린 세린 세린 세린	티로신 티로신 종결 종결	시스테인 시스테인 종결 트립토판	U C A G
C	루신 루신 루신 루신	프롤린 프롤린 프롤린 프롤린	히스티딘 히스티딘 글루타민 글루타민	아르기닌 아르기닌 아르기닌 아르기닌	U C A G
A	이소루신 이소루신 이소루신 메티오닌(개시)	트레오닌 트레오닌 트레오닌 트레오닌	아스파라긴 아스파라긴 리신 리신	세린 세린 아르기닌 아르기닌	U C A G
G	발린 발린 발린 발린	알라닌 알라닌 알라닌 알라닌	아스파르트산 아스파르트산 글루탐산 글루탐산	글리신 글리신 글리신 글리신	U C A G

아스파르트산Aspartic Acid-Asp-D	페닐알라닌Phenylalanine-Phe-F
글루탐산Glutamic acid-Glu-E	트립토판Tryptophan-Trp-W
라이신Lysine-Arg-R	세린Serine-Ser-S
아르기닌Arginine- Arg - R	트레오닌Threonine-Thr-T
히스티딘Histidine- His - H	티로신Tyrosine-Tyr-Y
글리신Glycine-Gly - G	아스파라긴Asparagine-Asn-N
알라닌Alanine-Ala-A	글루타민Glutamine-Gln-Q
발린Valine-Val-V	시스테인Cysteine-Cys-C
류신Leucine-Leu-L	프롤린Proline-Pro-P
이소류신Isoleucine-Ile-I	메티오닌Methionine-Met-M

핵

교과서에서는 인트론을 힘주어 다루지 않지만 눈여겨봐야할 필
요는 있다. 여기서 세균을 위시한 원핵세포와 진핵세포의 차이를 이
해하는 단서를 찾을 수도 있기 때문이다. 세균의 유전자가 흠절이 없
다고 굳이 이야기한다면, 인간을 포함하는 진핵세포의 유전자는 그
야말로 누더기에 가깝다. 이 유전자는 여러 조각으로 나뉘어 단백질
을 암호화하지 않는 기다란 서열들(인트론) 사이에 흩어져 있기 때문
이다. 따라서 세균과는 달리 진핵세포의 유전자를 다룰 때는 부가적
인 가공공정이 포함된다.

유전자→1차 전사체(RNA)→전령 RNA→핵을 빠져나온다

짐작하겠지만 유전자 DNA 서열과 상보적인 RNA를 만드는 과
정을 전사transcription라고 한다. 이러한 1차 전사체 RNA는 단일 가닥
이고 인트론이 포함되어 있다. 위 도식에서 보듯 유전자는 군더더기
인트론을 제거해야만 핵을 빠져나올 수 있다. 이 말은 인트론을 제
거하는 과정이 핵에서 이루어진다는 뜻이다. 그렇다면 1차 전사체
RNA를 자르는 가위는 무엇일까?

조그마한 핵 RNA와 단백질의 복합체인 이 가위의 이름은 스플
라이세오좀spliceosome이다. 이 가위는 전사 과정에서 매우 중요한 역
할을 한다. 조금이라도 잘못된 부위를 자르게 된다면 도로 아미타불

이 된다. 원하는 단백질이 만들어지지 않거나 기능이 현저히 떨어지는 단백질이 만들어질 수도 있기 때문이다.

반면 핵 밖에서의 단백질 합성은 소포체 리보솜 생산라인에서 진행된다. 전령 RNA를 해독하고 거기에 합당한 아미노산을 불러오는 리보솜 노동자들의 생산성은 뛰어나서 초당 거의 열 개의 아미노산이 결합된다. 그러므로 1분이 채 되지 않아 커다란 펩티드peptide가 만들어지는 것이다. 문제는 핵 안에서 작동하고 있는 스플라이세오좀spliceosome 가위가 너무 꼼꼼하고 느리다는 데 있다. 인트론 하나를 잘라내는데 몇 분이 걸린다. 그렇다면 인트론이 수백 개나 되는 타이틴titin이란 유전자는 유전자를 가공하는 데만 거의 하루가 소요될 수 있다. 즉, 핵은 RNA의 가공과 단백질의 합성을 분리하여 일의 효율을 극대화하기 위한 장치인 것이다.

양적인 비교[05]를 통해 이 사실을 보다 명확하게 해보자. 세균의 대표격인 대장균E. coli은 1,000~1만 개의 RNA 중합효소가 있다. DNA를 주형으로 RNA를 찍어 내는 단백질이다. 따라서 이 효소는 전사 과정을 책임진다. RNA 중합효소가 처리하는 염기의 수는 초당 최대 40~80개다. 번역을 담당하는 대장균의 리보솜은 중합효소의 10배인 1만~10만 개이다. 이들은 초당 20개의 아미노산을 붙일 수 있다. 숫자로만 보면 전사와 번역의 속도가 그리 차이가 나지 않는다. 그렇지만 대장균도 전사와 번역을 동시에 해치우지 않고 시간 간

---

05 론 밀로Ron Milo와 롭 필립스Rob Phillips의 책 『숫자로 보는 세포생물학』을 참고했다.

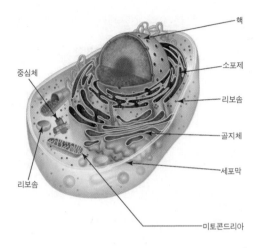

핵

소포체

리보솜

골지체

세포막

미토콘드리아

중심체

리보솜

격을 둔다. 물론 가공 장소도 서로 조금 떨어져 있다.

진핵세포도 RNA 중합효소와 리보솜 성능 자체는 큰 차이가 없다. 또 세균과 비교해도 커다란 차이를 보이지 않는다. 다만 껍질 두 꺼운 호두를 까 먹는 데 시간이 걸리듯 진핵세포가 RNA를 가공하는 데는 평균 5~10분이 소요된다. 이런 연유로 진핵세포의 전사 과정은 시간이 많이 걸린다고 이야기하는 것이다. 전사·번역 과정에서 혼선을 줄이기 위한 최선의 방법은 격리였다. 전사 과정을 온전히 핵에 맡기는 것이다. 이제 세포는 유전체를 둘러싼 핵막을 발명하기만하면 된다.

핵막이 어디서 기원했는가 하는 문제는 세포의 기원까지 소급되는 매우 난해한 질문이다. 여기서 자세히 언급하지는 않겠지만 진핵세포의 핵막은 두 종류의 원핵세포, 즉 세균과 고세균古細菌, Archaea

이 극적으로 랑데부를 치렀을 때 세균에서 유래한 것이 아닌가 짐작하고 있다. 대장균 같은 세균은 대충 알겠지만 고세균은 또 뭐란 말인가?

오래된 세균이라고 오해하기 쉽지만 고세균 생명체의 기원은 말도 많고 세균보다 오래된 것도 아니다. 어쨌거나 원핵세포 생명체라고 하면 세균과 고세균을 함께 일컫는 용어다. 둘 다 현미경으로나 볼 수 있는 작은 생명체이고, 서로 다른 구석도 많지만 여기서는 세포막을 구성하는 부분만 강조해서 이 둘의 차이를 이야기해보자. 세포막에 쓰이는 지질은 보통 글리세롤을 틀로 사용해서 지방산 세 분자를 붙인 것이다. 세균의 지질은 에스테르 결합을, 고세균은 에테르 결합을 이용하여 지방산을 붙인다는 점이 서로 다르다. 인간을 포함하는 진핵세포 생명체의 세포막은 세균과 비슷하다. 약 20억 년 전 지방산의 골격이 서로 다른 세균과 고세균의 공생을 통해 마침내 진핵세포가 탄생했다는 가설은 그럴싸하지만 과학계가 이를 정식 이론으로 받아들인 상황은 아니다.[06]

진핵세포 막의 구성은 세균과 비슷하다. 공생 사건이 발생한 뒤 세균은 고세균의 세포질에서 미토콘드리아로 변했다. 이런 각본이

---

06 약 20억 년도 더 된 과거에 일어난 사건을 자신 있게 말할 수 있는 사람은 없겠지만 유전체 분석이 가능해지면서 세균-고세균 연합설이 힘을 받는 것은 사실이다. 20억 년의 세월은 인간의 감각을 가뿐히 뛰어넘기 때문에 사람들은 20억 년을 하루로 보고 인간이 탄생이 11시 59분에 일어났을 것이라 비유한다. 지구 탄생 46억 년 전부터 따지면 그 시간은 더 줄어든다. 20억 원을 가진 재산가가 하룻밤 식사비로 10만 원을 썼다고 하면 진핵세포 탄생 이후 그 정도 적은 액수만이 인류의 역사에 해당한다. 10만 년을 10만 원으로 비유했다. 호모 사피엔스 시작을 크로마뇽인으로(얼추 4만 년 전) 본다면 그 비용은 더 줄어든다.

에스테르 결합_ 번데기 단계를 거치느냐 그렇지 않느냐에 따라 곤충의 탈바꿈을 '완전'하냐 아니냐('불완전 탈바꿈') 판단한다. 벌, 나비, 개미, 딱정벌레 및 파리, 모기 등 상당수 곤충은 완전 탈바꿈 전략을 취해서 자신들의 생태 지위를 극지방에서 사막까지 넓혀나갔다. 곤충의 번데기가 추위와 건조함을 극복할 수 있는 전략을 구비한 덕분이다. 2015년 《네이처 커뮤니케이션스 Nature Communications》에 완전 탈바꿈 곤충들이 외부의 글리세롤을 세포 안으로 집어넣을 수 있는 채널 단백질을 가지고 있다는 논문이 게재되었다.

글리세롤 같은 알코올은 세포 내에서 일종의 부동액 역할을 한다. 그렇지만 글리세롤은 세포 내에서 지방산을 걸어두는 옷걸이처럼 행동하기도 한다. 그림에서 OH가 있는 자리는 지방산을 걸기 좋은 후크hook이다. 두 벌의 지방산 옷이 걸려 있으면 이아실글리세롤DAG, 세 벌의 옷이 걸려 있으면 삼아실글리세롤TAG인 중성지방이 된다. 우리 몸 안에서 지방산을 저장하는 후크를 가진 옷걸이가 바로 글리세롤이다.

에테르 결합_ 지방산은 탄소 두 개짜리 빌딩블록을 연결한 화합물 끝에 탄산기(COOH)가 붙어 있다. 탄소 16개짜리 지방산인 팔미틱산의 탄산기와 글리세롤의 수산기(OH)가 결합하여 물이 제거되면 글리세롤 후크는 COO 징검다리를 통해 지방산이란 옷을 후크에 건다. 화학자들은 COO 징검다리를 에스테르 결합이라고 부른다. 세 벌의 지방산 옷은 에스테르 징검다리를 통해 글리세롤 옷걸이에 걸린다.

반면 고세균은 지방산 대신 탄소 다섯 개짜리 이소프렌Isoprene 골격이 네 분자 연결된 탄소 스무 개 탄화수소와 산소 하나를 연결고리로 삼아 글리세롤과 결합한 지질을 세포막 구성 성분으로 한다. 세균의 에스테르 결합에 대해 고세균은 에테르 결합으로 응수하는 것이다.

라면 고세균의 에테르성 세포막은 어떤 경로를 거쳤든 세균의 그것으로 대체되어야 한다. 같은 맥락에서 새롭게 만들어진 핵의 막도 세균, 다시 말하면 미토콘드리아에서 시작되었을 가능성이 크다. 왜냐하면 미토콘드리아로 변신을 치르는 동안 공생 세균이 가진 유전자 대부분이 핵 유전체로 편입되었고 거기에는 지질의 구성을 조절하는 유전자도 포함되었기 때문이다.

잠시 정리해보자. 고세균과 세균막을 구성하는 지질 성분은 근본적으로 달랐지만 이들이 한 지붕 아래 살림을 합친 뒤로, 지금은 죄다 세균막의 지질성분으로 모두 교체한 것 같다. 앞의 세포 그림에서 보듯 핵막이 소포체막과 한 몸처럼 이어져 있다는 점도 그런 짐작을 뒷받침하는 것 같다. 늘 그런 것은 아니지만 소포체와 미토콘드리아가 내막 담장을 공유하기도 한다. 핵 안의 내용물, 가령 가공을 마친 전령 RNA는 오직 핵공$^{nuclear pore}$이라 부르는 구멍을 통해서 밖으로 나오고 소포체에 박혀 있는 리보솜에서 단백질로 번역된다.

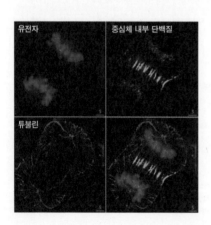

하나의 세포가 둘로 나뉠 때는 각각의 딸세포에 유전자를 공평하게 반반씩 나누어주어야 한다. 그뿐만이 아니다. 세포막, 핵막, 소포체막도 두 배로 늘린 다음 고르게 분배해야 한다. 세포 바깥쪽 막을 두 배 늘리는 것은 큰 문제가 없어 보이지만 복잡하게 얽힌 핵막과 소포체막을 늘리는 방법은 2007년이 되어서야 밝혀졌다. 미국 서부 샌디에이고 소크 연구소^{Salk Institute} 마틴 헤처^{Martin W. Hetzer} 박사는 개구리의 수정란 세포가 분열하는 동안 무슨 일이 일어나는지 밝히면서 형광 현미경으로 찍은 아름다운 사진을 《네이처 셀 바이올로지^{Nature Cell Biology}》에 발표했다.

두 벌의 염색체를 복제하면 핵막은 분해된다. 그 다음에 공평하게 두 벌씩 나누어 가진다. 양쪽 끝으로 끌고 가는 것이다. 염색체는 네트워크처럼 서로 연결된 소포체에게 붙들려 있다가 충분한 양의 세포내막이 만들어지면 세포내막에 둘러싸인다. 그런 다음, 외부에 있는 세포막이 움푹 패면서 갈라져 두 개의 딸세포가 만들어진다. 〈스파이더맨〉 3편의 악당, 베놈^{venom07}이 입었던 검은 옷처럼 네트워크가 자라나 몸을 감싸는 과정과 비슷한 일이 일어난다고 받아들이면 이해하기 쉽다. 분해된 핵막은 소포체 연결망으로 피신했다가 둘로 나뉜 후 다시 핵막을 만드는 데 관여한다. 이때 핵막과 소포체막은 마치 한 몸처럼 움직인다.

간단하게 서술했지만, 핵공을 재건하고 막을 다시 만드는 과정에 참여하는 단백질이나 유전자의 수는 참 다양하고 많다. 그러나 여기서 그것들까지 다루지는 않겠다. 그렇지만 생명체 내부에서 지질을 저장하고 사용하는 방법은 잠깐 살펴보아야 한다. 2015년 영국

---

07 13세기 중반 동물이나 식물에서 분비되는 독을 옛 프랑스어로는 'venim', 'venym'이라 했다.

케임브리지 대학 연구진이 밝힌 논문에 따르면 세포는 외부 조건에 따라 지질을 다르게 사용한다. 만일 벌이가 좋으면 효모는 지질을 대부분 세포막을 만드는 구성 요소로 쓴다. 효모가 자신을 재생산하려들기 때문이다. 그러나 반대로 먹거리가 떨어지면 지질은 중성지방 형태로 지질소체lipid droplet라는 깊은 곳에 저장된다. 스트레스가 심해도 세포는 성장을 멈추고 저장하는 형태로 몸을 수그린다. 나중에 먹거리로 쓰거나 스트레스를 줄이는 데 필요한 에너지로 사용하기 위해서다.

재미난 점은 지질소체를 만드는 세포 내부 신호 중 하나가 소포체를 구성하는 이아실글리세롤diacyl glycerol, DAG로 불리는 지질이라는 점이다. 너무 복잡해지지 않도록 의미만 살짝 짚고 넘어가자. 배가 부른지 아닌지 주변에 영양분이 많은지 적은지를 세포는 어떻게 알고 조치를 취할 수 있을까? 영양 상태에 대한 가장 대표적인 척도는 세포 안에 ATP가 많고 적음이다. 미토콘드리아로 들어간 피루브산은 탄소를 하나 더 잃고 활성형 초산으로 변한다. 세포의 영양이 좋으면 ATP도 많고 활성형 초산의 양도 늘어난다.

반대로 굶으면 ATP의 양이 줄어든다. 비상사태이니 잔뜩 움츠리고 세포는 에너지 사용을 최소화한다. 방법은 ATP를 사용하는 단백질을 가동시키지 않고 폐기처분하는 것이다. 그리고 그 단백질을 깨서 쓸 수도 있다. 2016년 노벨 생리의학상을 받은 일본 과학자 오스미 요시노리大隅良典가 효모를 통해 발견한 자가포식自家捕食, autophagy이 여기서도 가동된다. 또 세포 안팎으로 양성자 이온을 퍼내는 문도 닫힌다. 이 단백질도 ATP를 과도하게 소모하는 분자이기 때문이다. 그러면 세포 안에 양성자가 쌓이고 그 신호를 받은 세포는 저장할 것이 없는지 살펴 지질소체를 만들어낸다. 그 자리는 핵과 소포체가 마주하고 있는 곳이며 이인산글리세롤이 중성지방 형태로 저장된다. 다세포 생명체에서 먹거리 문제는 더욱 복잡한 형태로 나타난다. 그러나 그 중심에 인슐린^insulin이란 물질이 있다는 정도는 이야기하고 넘어가자. 정리하면 핵은 유전체를 저장하는 곳이고 그 유전체를 주형으로 RNA를 만드는 곳이다. 그러므로 유전체를 편집하거나 새로운 DNA를 유전체에 집어넣으려면 핵막을 통과해야 한다. 이런 기술적인 문제들 때문에 크리스퍼 유전자가위의 구성과 크기가 절대적인 장점으로 작용한다. 자세한 내용은 대표적인 유전자가위 몇 가지를 비교하면서 간단히 설명하겠다. 이제 인간의 유전체에 대해 잠시 살펴보고 크리스퍼가 작동하는 장소가 어디일지 생각해보자.

유전체 문법

늘 보는 영어 문장이지만 완전 다른 시각으로 알파벳을 보는 사람들이 있다. 『브리태니커』 사전이나 성서 등에서 가장 많이 등장하는 단어의 빈도수를 조사한 연구도 있다. 어떤 단어가 가장 많이 쓰였을지 짐작해보라. 답은 바로 'the'이다. 100만 개 남짓한 단어 중에서 6만 9,971번(7퍼센트) 사용됐고 두 번째인 'of'는 3만 6,411번

(3.5퍼센트) 사용됐다. 세 번째는 'and'이며 2만 8,852번 쓰였다. 이 빈도수의 로그값을 그래프로 옮기면 거의 일직선이 된다. 이를 '지프의 법칙'[08]이라 한다. 도시의 인구순위, 기업의 크기, 소득순위(상위 10퍼센트의 인구가 전체 수입의 80퍼센트를 차지함)도 이 '지프의 법칙'을 따른다.

또 다른 특성, 예컨대 알파벳 'q'다음에 'u'가 나오는 것이 일반적이라는 말도 한다. 'equine(말의)'[09], 'equal', 'sequence'가 그런 예이다. 그러나 그 반대인 uq는 흔치 않다. 'th', 'ng'도 그렇다. 그런데 이런 규칙성이 유전체에서도 발견된다고 말하는 과학자들이 있다. 일본 과학자들이 쓴『생명의 진화: 화석, 분자 그리고 문명Evolution of Life: Fossils, Molecules and Culture』(1991)이란 책에서 그런 논지의 내용을 소개했는데 이들이 사용한 유전자가 인간의 알부민albumin과 면역글로불린immunoglobulin[10] 두 가지라서 처음에는 다소 신빙성이 떨어지는 게 아닌가 생각이 들기도 했다. 그렇지만 20여 년 전인 1988년 베크만 연구소Beckman Institute의 스스무 오노Susumu Ohno라는 과학자가 유전자 서열에서 'TA/CG'서열이 부족하고 'TG/CT'가 많다는 요지의 논문을《미국 국립과학원회보Preceedings of the National Academy of

---

08 통계를 바탕으로 알게 된 경험적 법칙이다. 단어의 사용 빈도 말고 도시의 인구수를 그린 그래프에서도 지프의 법칙을 확인할 수 있다. y축을 도시 인구수(로그)값으로 잡고 x축을 순위(마찬가지로 로그)로 취하면 그래프가 직선을 그린다.

09 가축의 형용사형 몇 개 예를 들면 'canine(개)', 'feline(고양이)', 'bovine(소)', 'swine(돼지)', 'serpentine(뱀)' 등이 있다.

10 B임파구가 만들어내는 항체 단백질을 일컫는다.

Sciences》에 실었다.

가을비가 주룩주룩 내리던 어느 날 그 논문을 읽어보았다. 오노는 에스트로겐 수용체를 포함하는 인간 유전자 두 개와 무지개연어의 히스톤histone[11] 유전자의 DNA 서열을 구성하는 알파벳을 하나, 둘, 세 글자씩 분절해가면서 분석했다. 알다시피 DNA는 네 가지의 문자로만 구성되어 있다. 따라서 이론적으로 이들 각각의 문자가 사용될 확률은 25퍼센트이다. 그렇다면 두 개의 연속된 문자 배열 16가지는 6.25퍼센트씩(0.25×0.25×100) 할당될 것이다.

오노가 분석한 바에 따르면 각 유전자마다 A, T, G, C의 사용 빈도가 달랐다. 하지만 거기에서 어떤 규칙성을 찾기는 힘들었다. 그러나 두 문자를 동시에 살펴보자 뭔가가 보이기 시작했다. 결론은 앞에서 말했듯, 'TA'와 'CG' 두 개가 나란히 배열된 서열의 빈도가 낮다는 것이었다. 잠시 에스트로겐 수용체의 예를 들어보자.

이 유전자는 595개의 유전암호를 가지고 있다. 한 개의 암호가 염기 세 개로 구성되니까 총 염기의 숫자는 1,785개이다.[12] 이 중 C는 28.9퍼센트, G는 28.3퍼센트, A는 24.5퍼센트, T는 19.4(347개)퍼센트이다. 그렇다면 TG는 98개(347×0.283)가 나올 것이라고 예상할 수 있다. 그렇지만 실제 TG서열은 146개가 관측되었다. 반면

---

11 DNA를 실이라면 히스톤은 실패라고 비유할 수 있다. 여덟 개의 히스톤 단백질 복합체 실패를 DNA가 감싸고 있다. 염색질의 기본 단위이다.

12 연속적인 두 개의 염기서열이 취할 수 있는 가짓수는 앞에서 살펴보았듯 16가지다. 따라서 이론적으로 두 개의 특정 염기서열이 등장할 가능성은 각각 6.25퍼센트이고 반올림했을 때 112개가 나올 수 있다.

계산치가 81개인 TA서열은 52개가 있었다. 심지어 AT서열이 풍부한 경우에도 TA는 낮은 빈도로 나타났다. 이런 방식으로 몇 개 유전자 염기 두 개의 서열을 모두 조사하니까 일정한 규칙성이 발견되었다. 오노는 유전자에서 TA와 CG가 부족한 것을 CT와 TG가 채워준다고 보았다.

이런 규칙성에는 어떤 의미가 있을까? 우선 TA를 생각해보자. 앞에서 이야기했듯이 유전암호는 세 개의 염기로 구성되어 있다. 왜 세 개인가에 대해서는 아직도 확립된 이론이 없지만 거기에도 어떤 법칙이 있다고 주장하는 사람들이 있다. 그렇지만 나는 아직까지 그 주장까지 받아들이지는 않는다. 잘 모르겠다는 말이다. 하여튼 유수의 과학자들이 달려들어 세 염기로 구성된 64개의 유전암호를 다 풀어놓았다. 그중에서 TA로 시작되는 것을 살펴보자. TAA와 TAG는[13] 오래전 생명이 처음 탄생했을 당시 RNA 중합효소더러 이제 작업을 중지하라는 명령을 하달하지 않았을까 추측한다. 그리고 그 명령은 지금도 진핵세포에서 여전히 유효하다. 그렇다면 유전자 서열에서 TA를 기피하는 현상은 충분히 수긍할 수 있을 것이다. 잘못하다가 중간에서 전사가 끝나는 경우를 미연에 방지할 수 있기 때문이다. 이 둘 말고 종결암호가 하나 더 있다. TGA이다. 이 서열은 아마도 약간

---

13 오해의 소지가 있을까 봐 몇 마디 덧붙인다. 우리가 암호 혹은 코돈codon이라는 용어를 쓸 때는 전령 RNA를 염두에 둔다. 그렇지만 TAA와 TAG는 전사되기 전 DNA 서열이다. 따라서 RNA의 주형이 되는 서열은 각각 ATT 및 ATC가 된다. 이를 RNA 언어로 다시 쓰면 각각 UAA, UAG가 된다. RNA 서열에서 UAA와 UAG 및 UGA는 종결암호이다.

뒤에 종결암호로 귀속되었을 가능성이 있다. 왜냐하면 아직도 미토콘드리아에서는 TGA서열이 트립토판을 암호화하기 때문이다.

하지만 유전자가 아닌 지역에서는 TA가 많아도 별 상관이 없지 않겠는가. 아닌 게 아니라 유전자 앞쪽에 자리하면서 전사인자 단백질이 붙고 정확한 위치에서 전사가 진행되도록 하는 장소에는 TA서

에스트로겐 수용체_ 인체에서 스테로이드는 광범위한 활성을 갖는 물질이다. 성호르몬인 에스트로겐, 프로게스테론 및 테스토스테론이 대표적인 스테로이드 계열의 물질이다. 면역, 염증이나 체내 수분의 균형을 조절하는 코르티솔과 알도스테론 호르몬들도 있다. 비타민D와 담즙산도 이 계열의 물질이다.

이런 호르몬 가운데 가장 먼저 만들어진 물질이 에스트로겐이라는 논문이 2001년 《미국 과학원 회보》에 실렸다. 턱이 없는 무악어류인 칠성장어의 스테로이드 호르몬과 호르몬 수용체를 조사한 연구 결과였다. 세포막을 쉽게 통과하는 스테로이드 호르몬은 세포질 내에 포진하고 있는 수용체 단백질에 안착한 다음 핵으로 이동하여 전사인자의 역할을 묵묵히 해낸다. 가령 생식기관을 이루는 세포의 분열과 성장에 필요한 단백질을 만들고 에너지를 배분하는 역할을 담당하기도 한다. 여성들의 혈중 에스트로겐 농도가 급격히 줄어들면 폐경기에 접어든다. 더 이상의 난자가 성숙하지 않고 심혈관질환, 편두통과 골다공증의 증세가 심해지기 때문에 폐경기 증후군이라는 용어도 생겼다.

벌집 모양의 고리가 네 개인 스테로이드 호르몬은 콜레스테롤을 원료로 만들어지는 물질들이다. 콜레스테롤 17번 주변의 곁가지가 잘려 나가면서 골격의 배치가 달라진다. 탄소 두 개짜리가 세 분자 결합한 다음 이산화탄소 형태로 탄소가 한 분자 떨어져 나간 이소프렌(탄소 다섯 개, C5) 여섯 분자가 결합한 것이 스쿠알렌이다. 스쿠알렌 분자 안에서 고리가 만들어지면 콜레스테롤 분자가 형성되고 이것이 더 변형되어 스테로이드 호르몬이 생성된다.

열이 풍부하다. TATA 박스가 바로 그런 곳이다. 정리하면 유전자에는 TA가 적지만 전사를 촉진하는 영역에는 기꺼이 TA서열을 도입한다. 이게 끝이라면 참 깔끔하고 좋겠다. 그러나 TA 뒤에 올 염기는 전사 중지서열에 사용된 A와 G말고도 C와 T가 더 있다. 그렇다면 TAC, TAT가 암호화하는 아미노산은 무엇일까? 바로 티로신^{tyrosine}이다. 유전자 서열이 TA를 꺼린다면 티로신 아미노산은 생산량은 적을 것이라 예상할 수 있다. 오노가 연구한 단백질을 예로 들면 티로신 (Tyr)은 2.5퍼센트에 불과하다. 단백질 건축에 아미노산 스무 개가 무작위로 공평하게 사용된다면 티로신이 나올 확률은 5퍼센트가 된다.

CG의 염기서열 빈도가 낮은 것도 생물학적인 의미를 갖는다. 포유동물의 유전체 CG의 70~80퍼센트는 시토신(Cyt)에 메틸기(-CH_3)가 달라붙는다. 메틸기가 붙은 시토신을 메틸시토신이라 한다. 이 서열은 매우 중요한 두 가지 생물학적 의미를 강력하게 표현한다. 첫째는 유전자 CG서열에 탄소 한 개짜리 메틸기가 결합하면

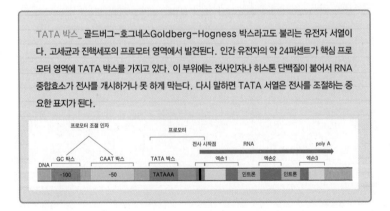

TATA 박스_ 골드버그-호그네스Goldberg-Hogness 박스라고도 불리는 유전자 서열이다. 고세균과 진핵세포의 프로모터 영역에서 발견된다. 인간 유전자의 약 24퍼센트가 핵심 프로모터 영역에 TATA 박스를 가지고 있다. 이 부위에는 전사인자나 히스톤 단백질이 붙어서 RNA 중합효소가 전사를 개시하거나 못 하게 막는다. 다시 말하면 TATA 서열은 전사를 조절하는 중요한 표지가 된다.

유전자를 전사하지 말라는 메시지가 전달된다. 또 뒤에서도 이야기하겠지만 메틸기가 붙지 않은 CG를 인식한 인간의 면역세포는 활성화되어 면역반응을 시작한다. CG에 메틸기를 붙이는 것이 나와 남을 구분하는 표지 역할을 한다고 볼 수도 있다. 인간의 세포를 침범한 바이러스의 CG에 메틸기가 없다는 점을 생각하면 참으로 오묘하다. 한편 TATA 박스처럼 프로모터 영역에 CG서열이 풍부하다는 점도 기억할 필요가 있다.

메틸시토신_ 5번 탄소에 메틸(CH_3)기가 결합한 시토신 염기를 말한다. 메틸기를 뗐다 붙였다 할 수 있기 때문에 염기서열은 변하지 않은 채 기능이 변한다는 의미를 담아 후성유전학적 가공 epigenetical modification 과정의 중요한 요소라고 말한다. 유전체 DNA 이중나선을 실패처럼 감고 있는 진핵세포의 히스톤 단백질에 붙이는 아세틸(CH_3CO^-)은 보다 유연성이 있는 후성유전학적 가공과정이다.

시토신에 메틸기를 붙이는 가공과정은 진화적 관점에서 매우 오래전에 시작된 일로 보인다. 동물과 식물 그리고 곰팡이의 서열을 비교한 결과를 보면 메틸시토신 자리는 무척 잘 보존되어 있으며 RNA 잘라 이어 붙이기와 관련이 있다는 증거가 있다. 하지만 우리 입장에서는 세포 에 따라 특이적으로 메틸시토신의 위치가 달라진다는 사실이 더 흥미롭다. 왜냐하면 메틸시토신의 패턴이 곧 세포의 분화 정도를 결정한다는 의미를 띠기 때문이다. 따라서 시토신 염기에 탄소 한 개를 덧붙이는 표식은 곧 세포가 돌아올 수 없는 길로 접어든다(최종 분화한다)는 말이 된다. 그렇다면 이 메틸 표식을 떼지 않는 한 최종 분화한 세포는 결코 다른 세포가 될 수 없고 노화와 죽음을 면치 못하게 된다. 이 내용은 생식세포의 시계를 거꾸로 돌리는 항목에서 다시 등장한다.

유전체 문법에서 이야기했듯 메틸시토신은 바이러스 침입에 대한 세균의 면역반응에 중요한 역할을 한다. 또 진핵세포의 유전체 안정성에 기여하고 전사를 억제한다. 또 동물과 식물의 널뛰기 유전자 시토신에 메틸기를 붙이는 것은 경거망동하지 말라는 부적과 같은 역할을 한다.

GC염기쌍의 양은 인간 유전체 전체의 42퍼센트를 차지한다. 그러므로 이들 염기가 어떤 식으로 배열되었건 G가 21퍼센트, C가 21퍼센트이다. 그러므로 C 다음에 G가 올 확률은 4.41퍼센트이다 (0.21×0.21). 그렇지만 실제 인간 유전체에서 CG서열은 1퍼센트가 채 되지 않는다. 앞에서 시토신에는 메틸기가 붙는다는 말을 했다. 그런데 화학적으로 메틸-시토신이 아민(-NH₂) 잔기를 잃어버리면 티민(T)으로 변하기 쉽다. 메틸화된 CG가 생물학적으로 중요한 의미를 띠기는 하지만, 까딱하면 돌연변이가 될 수도 있다. 따라서 생식세포는 CG가 메틸화되는 일을 극도로 회피한다.

세균에서도 CG는 매우 중요한 역할을 한다. 나중에 외부에서 도입된 바이러스를 무작위로 자르는, 세균의 제한효소에 대해 살펴볼 것이다. 세균은 CG 서열에 메틸기를 도입하여 제한효소가 자기의 유전자를 자르지 못하도록 한다. 이렇듯 제한효소는 메틸기를 운반해주는 효소와 함께 바이러스에 대한 세균의 방어체계를 형성한다. CG를 포함하는 바이러스의 유전물질은 파괴하되 자신의 유전체

아민 잔기_ 화학을 배운 사람들은 무슨 '산'이라는 말을 들으면 -COOH라는 잔기가 있다고 생각한다. 가령 지방산은 탄소 사슬이 죽 이어지다가 한쪽 끝에 -COOH가 등장한다. 아미노산은 탄소의 한쪽 편에 -COOH가 있기 때문에 아미노'산'이다. 그렇다면 아민은 무엇일까? 탄소 원자에 -NH₂가 붙어 있으면 우리는 아민이라는 용어를 쓴다. 탄소 한 편에 -NH₂, 맞은편에 -COOH가 있는 화합물을 우리는 아미노산이라고 부른다.

$$H_2N - \overset{\displaystyle R}{\underset{\displaystyle H}{C}} - COOH$$

는 오롯이 보존해야 하기 때문이다. 다시 말하면 제한효소는 곧 세균의 방어체계다. 그런데도 우리는 세균의 제한효소를 흉내내 유전공학이란 신기술을 개발했다고 호들갑을 떤다.

TA처럼 CG 다음에도 네 개의 염기가 하나씩 달라붙으면서 아미노산을 암호화한다. 흥미롭게도 TA와는 달리 CG 다음에는 어떤 문자가 오건 아미노산은 아르기닌(Arg)이다. 게다가 또 다른 두 개의 코돈을 더 가진 아르기닌은 비록 CG서열이 적다고 해도 티로신처럼 궁핍하게 살 필요가 없다. 어쨌거나 유전자 내부에 CG서열은 적게 분포한다. 하지만 그 단백질을 암호화하지 않는 곳에서 조절자 역할을 한다는 점은 TA의 경우와 흡사하다.

춥고 건조한 곳에서의 삶

유전자에서 TA와 CG서열을 만나기 힘들다는 말을 했다. 이제는 각 생명체마다 CG의 비율이 어떤지 알아보자. 염기가 네 개의 문자인 것은 거듭해서 이야기하는 것이고 A와 T, 그리고 G와 C가 짝을 이루어 DNA 이중나선 계단의 발판을 이룬다는 점도 알게 되었다. 앞에서 살펴본 것처럼 유전체에서 네 문자가 사용되는 빈도는 생명체마다 다르다. 가령 스트렙토마이세스 코엘리칼러*Streptomyces coelicolor*[43]라는 세균의 CG 함량은 72퍼센트다. 그러나 효모는 그 비율이 38퍼센트에 불과하다. 식물학자들이 애용하는 실험 모델인 <u>애기장대</u>[14]

는 CG 비율이 36퍼센트이다. CG가 많으면 AT가 적다. 그렇지만 두 세트 중 어느 하나가 100퍼센트인 생명체는 지금껏 발견되지 않았다. 가장 극단에 속하는 생명체 중 하나인 플라스모듐 팔시파룸 *Plasmodium falciparum*은 CG의 비율이 대략 20퍼센트다. '엄마 남동생'과 '나의 외삼촌'이 같은 말인 것처럼 말라리아를 일으키는 이 열원충의 AT 함량은 80퍼센트에 육박한다. 플라스모듐은 AT가 풍부한 생명체인 것이다. 그렇다면 이런 함량의 차이가 과연 무엇을 뜻하는 것일까?

세균계에서는 CG의 함량을 바탕으로 생명체의 계통을 분류하기도 한다. 또 변온동물이냐 혹은 정온동물이냐에 따라 CG의 함량이 다르다는 이야기도 한다. 가령 인간을 포함하는 정온동물의 유전체는 CG가 풍부한 장소와 그렇지 않은 장소가 모자이크처럼 배열되어 있으며, CG가 많으면 유전체가 열에 잘 부서지지 않고 총체성을 잘 유지할 것이라고 본다. 그러나 워낙 예외가 많기 때문에 이 가설을 두고 학자들 사이에 갑론을박이 계속된다. 이유는 잘 모르지만 유전체의 구조적 설계도 환경의 변화와 관련이 있을 거라 추측한다. 동물 쇼비니즘chauvinism 때문에 식물 유전체는 한동안 찬밥 신세를 면치 못했지만, 최근 들어 조금씩 그 실체가 드러나고 있다. 요새는 이를 바탕으로 CG의 비율을 계산한 논문도 심심찮게 발견된다.

CG의 함량이 높으면 유전체가 상대적으로 열에 안정성을 보인

---

14 실험 모델로서 세균의 대표는 대장균, 동물의 대표는 꼬마선충와 생쥐, 곤충의 대표가 초파리라면 애기장대는 식물 연구의 대표 모델이다.

다. 물리화학적으로 복잡한 내용이지만 G와 C는 세 개의 팔을 이용해 서로 맞잡고 있고, AT는 두 개의 팔을 쓴다고 했었다. CG의 또 다른 특성은 앞에서 살펴본 것처럼 메틸기가 결합된 시토신이 돌연변이를 일으키기 쉽다는 것이다. 한편 생화학적 측면에서 AT를 만드는 것보다 CG를 만드는 데 에너지가 더 소모된다고 한다. 따라서 유전체의 크기를 키우는 과정에서 AT를 더 많이 편입시키는 일이 에너지 분배 측면에서 더 낫다고 하기도 한다.

체코의 페르트 삼드라Petr Smarda가 발표한 논문에 따르면 볏과 식물이 상대적으로 CG함량이 높다. 하지만 사초과莎草科, Cyperaceae 식

애기장대_ 미국에서 담배의 독성실험을 하다 한국으로 돌아간 의사 한 분이 담배 실험으로 쓴 논문에, 미국 저널의 에디터가 담배의 생산지를 놓고 딴죽을 걸었던 적이 있었다. 미국에서는 켄터키 담배를 쓰니까 한국 담배와 비교하는 실험을 추가적으로 요청했던 것이다. 미국 연구진들은 모두 켄터키 담배를 가지고 실험한다. 아마 켄터키주의 담배가 처음으로 사용되었던 배경이 있었을 것이다. 그렇지만 나를 비롯해서 담배 연구를 했던 사람들은 이제 배경은 잊고 논문에서 요구하기 때문에 켄터키 담배를 실험 재료로 계속 사용한다. 하지만 어떤 생명체를 특정 실험에 전형적으로 사용하는 경우라면 그 역사를 훑어볼 필요가 있다.

전통적으로 식물과학에서는 식량증산이나 병충해예방이라는 실용적 목적을 위해 밀, 벼, 옥수수 능 수요 작물 또는 남배나 토마토 같은 특용작물의 연구가 진행되었나. 독일의 식물학자 타이 바흐는 애기장대가 유전학 연구에 적합하다고 처음 이야기한 사람이다. 작고(50센티미터) 다루기 쉬운 데다 생장주기(4~6주)가 빠른 것도 이유겠지만, 인간 게놈 프로젝트가 시작되면서 식물 유전체 해독에 적당한 식물이 무엇인가에 대한 합의가 있었던 것으로 보인다. 다섯 쌍의 염색체에 약 1억 쌍 남짓한 유전체, 그리고 2만 5,498개의 유전자를 가진 애기장대의 유전체 분석은 2000년 완료되었다. 덕분에 식물을 연구하는 과학자들은 애기장대를 실험모델로 선정하지 않을 이유가 별로 없었다.

참고로 몇 가지 생명체의 유전체 크기를 살펴보자. 사람은 32억, 초파리는 1.8억, 애기장대 1.25억, 꼬마선충 9,700만, 효모 1,200만, 그리고 대장균은 470만 염기쌍이다.

물과 십자화과十字花科, Brassicaceae 식물은 CG의 비율이 낮다. 이들은 모두 외떡잎식물인 벼목에 속하는 식물군으로 서로 사촌간이다. 벼는 익숙하니 넘어가고, 사초는 줄기가 세모난 앉은뱅이 식물, 십자화과는 우리 식단에 오르는 배추와 관련이 깊다. 이런저런 요소를 다 감안한 결과 삼드라는 CG가 상대적으로 풍부한 식물 집단이 추위와 건기가 반복되는 계절적 날씨 변화를 잘 견딘다는 결론을 내렸다. 지구에 잔디나 벼와 같은 초본식물이 등장한 것은 최근의 일이지만 그 사건은 밀림이 아닌 열린 공간이 지구 표면을 수놓던 시기와 궤를 같이한다. 다시 말해 건조한 기후에 적응을 마친 식물집단이 초본식물이라는 말이다. 이야기가 더 진행되면 밀란코비치 주기[15] 나 지질학적 주기[16]에 따른 기후의 변동 등을 설명해야 하겠지만, 여기서도 초본식물이 등장하면서 지구의 얼굴 모습이 확연히 변했다는 점만 간단히 이야기하고 지나간다.

지금까지 유전체의 일반적 특성과 DNA, RNA, 단백질로 이어지는 중심 도그마를 간략하게 살펴보았다. 그렇다면 이제 단백질이 만들어지는 과정을 엿보고 지나가자.

---

15 기후의 주기성이 지구 궤도의 주기와 관련이 있다는 가설. 여기서는 건조하고 온도가 높았던 시기에 초본식물이 등장했다는 점을 말하고 있다.

16 석탄기, 트라이아스기, 쥐라기 등으로 불리는 시기를 말한다.

고삐 풀린 망아지가 준마가 되다

기본적으로 단백질 분자요리는 스무 가지의 식재료를 사용한다. 식재료의 종류와 양은 요리에 따라 달라지지만 대개 스무 개의 식재료를 전부 사용한다. 탄력성이 있어서 폐에 풍부하게 존재하는 엘라스틴^{elastin} 단백질은 스무 가지의 식재료(ARNDC EQGHI LKMFP STWYV, 스무 개 아미노산을 알파벳 문자로 표현한 것이다) 중에서 아스파라긴(N)과 트립토판(W)을 쓰지 않는다. 대신 알라닌(A)과 글리신(G), 발린(V)은 엄청나게 집어넣는다. 편식이 심하거나 아니면 대단한 미식가라 아니할 수 없다.

탄력성 있는 인공섬유를 만들기 위해 유전공학자들은 대장균에 GVGVP가 251차례 반복되도록 조작하여 단백질을 수백 킬로그램씩 만들고 실험에 사용한다. 이 인공 펩티드의 주재료는 엘라스틴과 같이 글리신과 발린이다. 아래 알파벳은 엘라스틴을 구성하는 아미노산을 줄줄이 나열한 것이다. 지루하신 분들은 아래 알파벳에서 N(아스파라긴), W(트립토판)를 찾아보시라.

MAGLTAAAPRPGVLLLLLSILHPSRPGGVPGAIPGGVPGG

VFYPGAGLGALGGGALGPGGKPLKPVPGGLAGAGLGAGLGA

FPAVTFPGALVPGGVADAAAAYKAAKAGAGLGGVPGVGGL

GVSAGAVVPQPGAGVKPGKVPGVGLPGVYPGGVLPGARFPG

VGVLPGVPTGAGVKPKAPGVGGAFAGIPGVGPFGGPQPGVPL

GYPIKAPKLPGGYGLPYTTGKLPYGYPGGVAGAAGKAGYP

TGTGVGPQAAAAAAAKAAAKFGAGAAGVLPGVGGAGVPG

VPGAIPGIGGIAGVGTPAAAAAAAAAAKAAKYGAAAGLVPG

GPGFGPGVVGVPGAGVPGVGVPGAGIPVVPGAGIPGAAVPGV

VSPEAAAKAAAKAAKYGARPGVGVGGIPTYGVGAGGFPGF

GVGVGGIPGVAGVPGVGGVPGVGGVPGVGISPEAQAAAAAK

AAKYGAAGAGVLGGLVPGPQAAVPGVPGTGGVPGVGTPAA

AAAKAAAKAAQFGLVPGVGVAPGVGVAPGVGVAPGVGLAP

GVGVAPGVGVAPGVGVAPGIGPGGVAAAAKSAAKVAAKAQ

LRAAAGLGAGIPGLGVGVGVPGLGVGAGVPGLGVGAGVPGF

GAGADEGVRRSLSPELREGDPSSSQHLPSTPSSPRVPGALAA

AKAAKYGAAVPGVLGGLGALGGVGIPGGVVGAGPAAAAAA

AKAAAKAAQFGLVGAAGLGGLGVGGLGVPGVGGLGGIPPAA

AAKAAKYGAAGLGGVLGGAGQFPLGGVAARPGFGLSPIFPG

GACLGKACGRKRK

엘라스틴은 예외에 속하겠지만 단백질 전체를 보면 대개 스무 가지의 식재료를 죄다 사용한다. 그렇지만 어떤 아미노산은 많고 어떤 것은 적다. 이론적으로라면 개별 아미노산의 사용빈도는 5퍼센트가 되어야 하겠지만, 사정은 그렇지 않다는 뜻이다. 척추동물의 단백질에서 발견되는 아미노산 중 가장 풍부한 것은 8.1퍼센트를 차지하는 세린이다. 반대로 가장 희귀한 아미노산은 1.3퍼센트인 트립토판이다. 이게 무슨 뜻인지 잠깐 생각해보자.

중심 도그마$^{\text{central dogma}}$를 다시 한 번 떠올리자.

유전자→전령 RNA→단백질

앞에서 암호는 전통적으로 전령 RNA를 구성하는 염기 세 개로 짜여 있다는 말을 했다. 세 개의 염기를 조합하는 방법은 64가지이다. 이 가운데 종결암호는 세 종이다. 나머지 61가지 염기조합이 스무 개의 아미노산을 지정할 수 있다. 전부 앞에서 살펴본 내용이다. 평균 세 종류의 염기가 하나의 아미노산을 고르게 지정한다 해도 하나가 남는다. DNA의 나선구조가 나온 후 그야말로 과학자들이 혼신의 힘을 기울인 덕에 지금 우리는 유전암호를 두고 경쟁이 있었다는 사실을 짐작하고 있다. 61종류의 암호 중 단 하나만을 차지한 아미노산은 메티오닌과 트립토판 두 가지다. 그렇다면 살림살이가 다소 궁색해지리라는 형편을 짐작할 수 있다. 이를 뒷받침하기라도 하듯 메티오닌은 척추동물 아미노산의 1.8퍼센트이고 트립토판은 그보다 적은 1.3퍼센트이다. 이 말이 의미를 지니려면 여섯 개의 암호를 독식한 세 종류의 아미노산의 빈도가 높게 나타나야 할 것이다. 그리고 그 예측은 '대략' 맞다. 암호 두 가지를 차지한 아미노산은 아홉

종, 세 가지를 차지한 아미노산은 한 종이고 네 가지, 여섯 가지 암호를 차지한 아미노산은 각각 다섯 종, 세 종이다. 여기서 암호의 개수와 실제 아미노산의 빈도 사이에는 선형적인 관계가 가능할 것이라는 예측도 할 수 있다.

왜 그런지는 잘 모르지만 자연계에 존재하는 RNA 염기의 비율은 우라실이 22.0퍼센트, 아데닌이 30.3퍼센트, 시토신이 21.7퍼센트, 구아닌이 26.1퍼센트다. 이를 바탕으로 계산을 해보자. 가령 티로신을 암호화하는 UAU와 UAC의 빈도는 $(0.220 \times 0.303 \times 0.220)+(0.220 \times 0.303 \times 0.217)=0.0292$이다. 종결암호 세 가지를 고려하고 보정해서 스무 가지 아미노산에 대해 각기 계산이 가능하다. 계산값과 측정값을 두 축으로 그래프를 그리면 기울기가 거의 1인 직선이 나온다. 앞에서 '대략'이라는 말을 쓴 이유는 이 직선에서 벗어난 아르기닌(Arg)이라는 아미노산 때문이다. 아르기닌은 여섯 개의 암호를 독차지하지만 실제 아미노산의 빈도는 예상했던 것보다 훨씬 낮아 4.2퍼센트를 차지한다. 여섯 개의 암호를 차지한 리신(Lys)과 세린(Ser)이 각각 7.6과 8.1인 점을 감안하면 매우 낮은 수치다.

이런 간단한 계산을 통해서 암호를 차지하려는 아미노산, 혹은 반대로 아미노산을 차지하려드는 암호 사이에는 극심한 경쟁이 있었다는 사실을 짐작할 수 있다. 문제는 우리가 그 사실을 그저 짐작만 한다는 점이다. 그뿐만이 아니다. 전령 RNA와 아미노산 사이에 다른 조연이 끼어들기 때문이다. 조연이라는 역할 규정에 불만을 토로할지도 모르겠지만 운반 RNA가 그것이다. 말 그대로 운반 RNA는 아미노산을 끌고 오는 일을 맡는다. 눈을 감고 상상해보자.

세포 소기관을 소개하면서 단백질을 합성하는 공장은 리보솜이라고 했다. 리보솜에 전령 RNA가 주형으로 들어와 있다. 번역을 시작하라는 암호는 AUG서열을 갖는다. 한쪽 끝에 메티오닌이 매달린 운반 RNA가 서둘러 도착한다. 화학적으로 전혀 성질이 다른 아미노산을 RNA 암호는 어떻게 '인식'하는 것일까? 정확히는 모른다. 어쨌든 메티오닌 표식자를 매단 운반 RNA는 상보적인 짝암호 UAC를 이용해 전령 RNA의 개시 암호인 AUG와 결합한다. 이로써 아귀가 맞는 중심 도그마가 완성된다. 단백질을 만드는 빌딩블록인 아미노산이 스무 개이기 때문에 운반 RNA는 이론적으로 스무 개면 족하다. 실제 미토콘드리아 유전체는 운반 RNA를 스물두 개 만든다. 그렇지만 인간의 핵 유전체가 만드는 운반 RNA는 마흔 개가 넘는다. 왜 그럴까?

살 모른다. 어쨌거나 운반 RNA는 화학적 구조와 물리적 특성이 다른 아미노산과 핵산을 잇는 매우 중요한 연결고리이다. 그렇지만 암호의 수보다 전령 RNA의 숫자가 적기 때문에 이 물질이 화학적으로 너그러워야 할 것이란 점을 짐작할 수 있다. 암호를 전령 RNA들이 공유해야하기 때문이다. 또한 짝암호anticodon와 아미노산을 연결하는 효소 집단이 존재한다.

참으로 복잡하고 어렵다. 그리고 아직도 중심 도그마의 기원을 알지 못한다. 지금 독자들이 입을 함구하고 있기 망정이지 질문을 쏟아내기로 한다면 한 발짝도 더 나아가지 못하겠다는 생각도 든다. 어쨌든 지금까지 두 종류의 RNA를 살펴보았다. 전령 RNA와 운반 RNA가 그것이다. 이 둘 말고도 양적으로 가장 풍부한 리보솜 RNA가 있다. 세포의 건조중량의 절반 정도를 차지하는 단백질을 만들 공장의 벽돌이 되는 재료가 바로 리보솜 RNA이다. 나중에 인간 유전체의 모양새를 알아볼 때 다시 등장할 것이다.

제1장. 유전체 회문구조:
'소주 만 병만 주소'의 생물학

***

CRISPR

Clustered Regularly Interspaced Short Palindromic Repeats

앞에서 우리는 잘 알려지지는 않았지만 무척 흥미로운 유전자 서열의 문법적 특성에 대해 알아보았다. 이번 장에서는 구조적 측면에서 유전자의 특성을 살펴보고자 한다. 제목에 등장하는 '소주 만 병만 주소'를 구부려보자. 그러면 병을 중심으로 두 벌의 '소주 만'이 서로 마주보게 된다. 이런 방식으로 유전자 회문구조를 비유할 수 있다. 서로 마주보는 회문서열을 A와 T, G와 C의 조합으로 대체하기만 하면 간단하게 유전자들의 회문구조를 만들어낼 수 있는 것이다. 우리가 회문구조를 강조하는 이유는 바로 이 구조를 형성하는 유전체 부위가 인식 장소로 빈번하게 쓰이기 때문이다. 유전공학이라는 신세계를 열었다고 자타가 공인하는 제한효소도 많은 경우 회문서열을 인식하고 그 부위를 잘라낸다. 제한 및 가공에 관여하는 효소들은 2장에서 자세히 살펴보기로 하고 여기서는 유전자의 수가 그리 많지 않다는 점과 RNA 서열에서 확인할 수 있는 회문구조의 의미에 천착해보겠다.

여름철에 익는 개복숭아가 인간에게 바라는 것은 오직 한 가지일 것이다. '과육은 어찌해도 좋다, 다만 씨앗만은 멀리 버려다오.' 이런 개복숭아의 기대를 가뭇없이 저버리고, 인간이 버린 씨앗을 넘보는 생명체가 초파리이다. 고작 1밀리그램 무게에 불과한 초파리의 유전자의 숫자는 인간의 그것과 별반 차이가 나지 않는다. 위키피디아에 의하면 초파리의 유전자는 정확히 1만 5,682개이고 인간은 2만 412개이다. 뭔가 미진하고 아쉬운 인간들은 초파리와 인간의 유전자가 별 차이가 없다는 것에 대해 보다 설득력 있는 대답을 원한다. 전체 유전체에서 단백질로 번역되는 부분인 유전자가 차지하는 비중은 많아야 2퍼센트가 되지 않는다. 굳이 비유를 하자면 2미터가 넘는 농구 선수의 발바닥에서 복사뼈까지의 거리가 대략 신장의 2퍼센트에 해당된다. 그렇다면 98퍼센트가 넘는 유전체 부위는 무슨 일을 하는 것일까? 한때 쓰레기로 불렸던 이 유전체 부위는 이제 인간의 이성과 복잡성을 설명할 수 있는 '조절자regulator' 부위가 아닐까 생각하고 있다. 유전체 연구가 진행되면서 최근 밝혀진 이들 비암호화 유전체 부위에 대해서도 설명해보려 한다.

진핵생물 세포의 핵이 생겨난 이유에 전사 과정과 번역 과정을 분리하려는 의도가 깔려 있다는 이야기는 앞에서 했다. 그때 언급한 인트론은 잘려 나가야 한다. RNA를 자르고 이어 붙이는 이 과정이 진행되는 동안에도 회문구조가 관여하는 것 같다. 게다가 단세포 진핵세포인 테트라하이메나tetrahymena의 인트론을 자르는 물질은 단백질인 효소가 아니라 리보솜 RNA였다. 리보자임ribozyme이 발견되는 순간이었다.

0장의 징검다리를 지나 1장의 유전체의 풍광을 조감하노라면 이제 크리스퍼를 향한 장정은 이미 시작된 셈이다. 먼저 고요한 바닷속으로 가자.

실러캔스 유전자: 뭍으로

해저동굴에 사는 1.5미터 길이의 실러캔스coelacanth는 예전에는 멸종되었다고 생각했던 물고기이다. 물고기가 육상으로 올라오기 직전의 모습을 하고 있어서 이들의 지느러미의 형태가 우리에게 익숙한 물고기와는 사뭇 다르다. 게다가 진흙탕을 지나다닐 수 있다. 1938년에 남아프리카에서 살아 있는 실러캔스가 발견되었고 2013년 이들의 유전체가 발표되면서 도대체 이 살아 있는 화석 물고기가 유전적으로 어떤 모습일까 하는 궁금증은 얼마간 해소되었다.

과학자들은 실러캔스의 골격이 3억 년 전의 조상과 비슷하다는 사실을 알고 있었다. 연구결과 과학자들은 이들의 유전체가 그야말로 대단히 천천히 진화되었다는 점을 다시금 확인하였다. 이 연구를 주도한 브로드 연구소Broad Institute의 제시카 아푈디Jessica Alföldi는 실러캔스가 변화할 필요가 없기 때문에 유전체의 변화속도도 느릴 것이라는 단순한 가설을 세웠다. 실러캔스는 환경의 변화가 매우 적은 동부 아프리카 혹은 인도네시아 해역 심해에 산다.

유전자의 변화속도가 느리다는 말은 결국 대사속도가 느리다는 말이다. 한편 자그마한 유전자의 변화에도 실러캔스가 자연선택의 그물망을 통과하지 못했다는 의미도 포함된다. 그렇지만 전체적으로 보아 환경이 이들 생명체에게 부과하는 스트레스의 총량이 크지 않다는 뜻으로 해석할 수도 있다. 어쨌거나 이들은 오래오래 변치 않고 살아남았다. 폐어肺魚와 함께 이들은 사지동물에 가장 가까운 골격구조를 가졌다. 실러캔스의 유전체에는 사지동물이 육상으로 진출했던 사건을 파헤칠 단서가 남아 있을까?

실러캔스 전체 유전체는 약 30억 개의 DNA 서열을 가진다. 양적인 면에서는 인간과 비슷하다. 브로드 연구진들은 아프리카, 인도네시아 실러캔스와 폐어의 유전체를 비교했다. 또 각종 기관의 RNA를 척추동물과 비교했다. 결론은 폐어가 실러캔스보다 사지동물四肢動物에 가깝다는 것이었다. 그러나 폐어의 유전체는 실러캔스보다 30배나 더 커서 아직 그 정체를 온전히 드러내지 않았다. 따라서 실러캔스 유전체를 분석하면 생명체 육상 진출 사건의 실마리를 파악할 수 있을지 모른다.

실러캔스 유전체와 육상 사지동물의 몇 가지 도드라진 차이를 보자. 먼저 후각 기능이다. 물속과는 다른 육상에서 공기를 통해 전달되는 냄새를 놓치지 않기 위해 육상동물은 뭔가 변화를 시도했을 것이다. 육상동물은 유전체 조절 부위를 가공하여 후각계를 변화시켰다. 사실 후각계는 개별 화합물을 감지하는 개별 수용체를 따로따로 가지고 있다. 따라서 화학물질의 수가 많아지면 후각을 감지하는 단백질의 수가 많아야 한다. 후각이 예민한 쥐의 유전체는 거의 30퍼센트가 후각을 담당한다. 물이나 공기와 같은 매질의 차이도 후각의 특성을 규정하겠지만 시각도 후각의 변화를 추동하는 중요한 힘이다. 붉은색을 익은 과일로 볼 수 있는 삼색각三色覺 동물은 후각의 상당한 기능을 상실했다. 이들은 동굴에 사는 장님 물고기의 시각 유전자처럼 자연선택의 무관심 속에서 소멸의 길을 걸었고 곧 화석 유전자가 되었다.

물속에서 마주하는 세균과 육상의 병원체는 다르기 때문에 육상진출 과정에서 면역계의 변화도 반드시 필요했다. 발생 과정에서도 육상에 필요한 조직의 발생을 담당하는 유전적 요소들이 변했다. 가령 사지, 손발가락, 손발톱, 포유동물의 태반은 이노서보의 변화를 겪었다. 그러나 사지의 발생을 책임지는 혹스Hox 유전자는 육상동물이나 실러캔스나 다르지 않다.

선택압의 무게가 크지 않았던 실러캔스는 겉모습이나 유전체를 크게 변화시키지 않고도 오랜 기간 생존할 수 있었다. 선택압이란 결국 생명체에 가해지는 환경 변화의 무게다. 무서운 포식자가 주변에 늘 있다거나 먹을 것이 부족한 상황이라면 조금이라도 유리한 형질을 지닌 개체가 선택될 가능성이 커진다. 인간도 별반 다를 게 없다. 장구한 지질학적 역사가 인간의 유전체를 어떻게 담금질했는지 유전체의 전반적 모습을 개괄하면서 이야기를 시작해보자.

인간 유전체: 유전형, 표현형

생명이란 무엇인가를 말할 때 우리는 보통 물질대사와 유전정보를 이야기하곤 한다. 그리고 이런 모든 특성은 대를 이어 계속되어야 한다. 생명체는 식물처럼 물질대사를 통해 스스로 필요한 에너지를 얻든지, 아니면 동물처럼 다른 생명체가 만들어놓은 에너지를 차용한다. 지금 우리가 사용하고 있는 에너지란 용어를 ATP로 바꾸면 바이러스는 다소 주변부에 놓이게 된다. 바이러스는 정보는 가졌지만 ATP를 만들지 못하기 때문이다.

최근 아메바에 깃들어 사는 거대 바이러스가 발견되면서 세균과 바이러스의 경계가 다소 흐트러지긴 했지만, 대체로 바이러스는 스스로 자신의 단백질을 만드는 유전정보를 지니고 있다. 단백질을 만들 때 세포는 상당히 많은 양의 ATP가 필요하기 때문에 거대 바이러스가 어떻게 에너지를 확보하는지가 관건이 된다. 아직 이에 관한 구체적인 내용은 모른다. 그러나 바이러스는 자신들이 침투해 들어간 숙주의 에너지와 번역시스템을 이용해서 스스로를 복제할 가능성이 크다.

바이러스가 살아가는 방식은 주로 세 가지다. 첫째는 스스로를 복제하고 성공적으로 다른 숙주를 찾아나가는 고전적인 방법이다. 둘째는 숙주를 죽이고 자신도 생을 마감하는 경우다. 치사율이 매우 높은 에볼라 바이러스Ebola virus가 이런 방식을 취하지만, 이 바이러스는 숙주가 죽었을 때 자신을 유지할 방법이 없다면 멸종의 길을 걸을 수밖에 없다. 셋째는 숙주의 유전체에 자신의 흔적을 남기는 방식이다. 첫 번째 방식의 변형이라고 생각할 수 있을 듯하다. 하지만 인간의 유전체 안에 바이러스에서 기원한 유전체가 8퍼센트에 육박한다는 점을 생각하면 무턱대고 무시할 사안은 아니다.

인간의 유전체를 요리책이라고 비유하면 그중 순전히 요리에 관한 내용은 2퍼센트도 안 된다. 나머지 98퍼센트는 죄다 광고다. 광고라고 다 쓸모없진 않겠지만 바이러스에서 기원한 유전체가 8퍼센트라는 점은 깜짝 놀랄만한 수치다.

김동인의 소설『발가락이 닮았다』와 이효석의『메밀꽃 필 무렵』은 모두 유전자에 관한 이야기를 다루고 있다. 자신의 유전자를 후대에 전달하지 못했거나 불확실한 사람들의 지푸라기라도 잡는 심정이 '발가락이 닮았느니', '나를 닮아 왼손잡이겠거니' 하고 중얼거리게 만든다. 사실 발가락이나 왼손잡이가 유전자의 개인적 차이에 의해 결정되는 표현형인지는 아직 잘 모른다. 발가락의 무엇을 보고 개인 차이를 규정할 것인가? 릭 스미츠Rik Smits의『왼손잡이의 비밀The

Puzzle of Left-handedness』이라는 책을 봐도 왼손잡이라는 인간의 형질을 결정하는 유전자에 대해서는 잘 알지 못한다고 토로하고 있다. 그렇기에 발가락이 닮거나 왼손잡이라는 표현형을 들어 내 유전자가 자손에게 전달되었다고 스스로 위로하는 것을 보면 슬퍼해야 할지, 안타깝다고 해야 할지 미묘한 감정이 든다.

인간의 특정 형질, 가령 머리칼이나 피부색은 하나의 유전자에 의해 결정된다. 오스트리아의 수도사 멘델Gregor Johann Mendel이 완두콩을 가지고 유전법칙을 발견했다고 이야기할 때 약방의 감초격으로 등장하는 용어가 바로 형질形質이다. 흔히 우리는 형질을 표현형이라고 부른다. 예컨대 완두콩이 쭈글쭈글하다거나 초록색이라는 것이 표현형이다. 유전형에 대비하여 쓰는 용어이다. 그렇다면 유전형은 무엇일까? 한마디로 유전형을 정의하기 어려우니 예를 들어보자. 우리 인간은 모계와 부계로부터 각각 23쌍의 염색체를 물려받는다. 염색체는 유전체가 매우 촘촘하게 감긴 구조이다. 그냥 쉽게 실타래라고 생각하면 된다.

우리 인간은 열 가지가 넘는 글로빈 유전자를 가지고 있다. 중복에 의해 비슷하지만 세포 내에서 각기 다른 기능을 하고 있는 상동 유전자이다.[01] 11번 염색체상에 놓여 있는 베타글로빈은 아미노산

---

01 사람과 말의 글로빈 유전자는 동일한 기원을 가지며 염기서열이 매우 비슷하다. 이때 우리는 직렬상동 유전자라고 한다. 그렇지만 글로빈 유전자가 인간 세포에서 여러 번 중복되어 사용될 때(가령 미오글로빈myoglobin, 뉴로글로빈neuroglobin 등) 이들은 서로 병렬상동 유전자라고 한다.

이 146개인 조그마한 단백질이다. 그중에서 일곱 번째 아미노산인 글루탐산(Glu)이 발린(Val)으로 바뀌면 겸상적혈구 빈혈증을 유발한다. 겸상鎌狀이란 낫 모양으로 생겼다는 뜻으로 글로빈의 형태가 변하면서 도넛 모양의 적혈구가 낫 모양으로 변한 것이다. 굳이 단백질 구조에 정통하지 않더라도 대충 짐작할 수 있다. 글루탐산은 산이고 물에 잘 녹지만 발린은 물과 잘 섞이지 않는 성질을 지닌다. 그런데 단백질이 들어 있는 적혈구의 세포 안은 기본적으로 물로 구성되어 있기 때문에 물과 친한 글루탐산은 고개를 꼿꼿이 들고 있을 수 있지만 물을 싫어하는 발린은 자꾸 움츠리며 단백질 덩어리의 안쪽으로 들어가려 할 것이다. 적혈구는 커다란 부피를 차지하는 핵도 없고 다른 세포 소기관도 없는 매우 단출한 세포이다. 거기에 약 2억 개의 베타글로빈 단백질이 빼곡하게 들어차 있다. 2억 개의 분자가 한꺼번에 고개를 숙이고 숨을 곳을 찾다 보면 적혈구의 모양이 변할 수도 있을 것 같다.

표를 다시 보자. 1953년 왓슨과 크릭이 밝혔듯 DNA는 이중나선구조이다. 목중 건물에 멋지게 달아놓은 회전계단을 떠올리면 된다. 그러므로 표의 DNA 염기서열은 이중나선 중 하나의 선을 표현한다고 보면 된다. DNA의 염기서열 세 개가 한 묶음의 암호이다. 그 암호를 아미노산으로 풀면 아래 단백질이란 항목에 적힌 아미노산이 만들어진다는 사실을 지금은 의심 없이 받아들인다. 그 의미는 운반RNA를 다룰 때 다시 살펴보겠다.

정상적인 글로빈 유전자 서열의 여덟 번째 염기는 T이다. 이 자리가 겸상적혈구 빈혈증을 보이는 사람의 유전자에서는 A로 바뀌어 있다. 유전자가 다른 염기인 G나 C로 바뀌어도 아미노산이 변한다. 그렇지만 지금까지는 T가 A로 바뀐 유전자형만 발견되었다. 이렇게 전체 서열 중 하나의 염기서열이 바뀌는 것을 학술용어로 '단일염기 다형성single nucleotide polymorphism, SNP'이라고 한다. 여기서는 다형성이 중요한 것이 아니기 때문에 그냥 무시하기로 하자. 하나의 염기가 다른 것으로 치환되면서 이 염기를 가진(유전형) 사람이 빈혈에 취약한 형질(표현형)을 지니게 된 것이다.

정상적인 베타글로빈β-globin 유전형	겸상 적혈구 베타글로빈sickle cell β-globin 유전형
DNA 서열: GGA CTC CTC RNA 서열: CCU GAG GAG 단백질: 프롤린-글루탐산-글루탐산	DNA 서열: GGA CTC CAC RNA 서열: CCU GAG GUG 단백질: 프롤린-글루탐산-발린

양쪽 부모 모두에게서 돌연변이 유전자를 물려받으면 사는 데 치명적이지만, 단 한 벌의 유전자에만 문제가 있다면 그럭저럭 살아갈 수 있다. 절반의 정상적인 유전자가 쓸 만한 글로빈 단백질을 만드는 덕분이다.

흡혈을 하는 벌레는 전체 곤충의 극히 일부에 불과하다. 그리고 이들이 빨아 먹는 피의 양도 많지 않다. 그렇기에 5리터나 되는 양의 피를 가진 인간이 지극히 너그러운 마음으로 보시布施를 해도 좋겠다는 생각이 들기도 하지만, 가끔 이 곤충들 때문에 치명적인 질병을 앓기도 한다. 말라리아, 황열병, 뎅기열이 잘 알려진 모기가 옮기는 병이다. 요즘은 유명세를 얻은 지카Zica 바이러스도 모기가 옮긴다고 브라질 여행을 기피하기도 한다. 이 중에서도 말라리아의 폐해가 가장 크다. 요즘도 여전히 매년 수십만 명이 말라리아에 걸려 사망한다. 그런데 모기 침을 통해 들어온 말라리아 열원충은 한 벌의 글로빈 유전자만 돌연변이를 가진 사람들에서는 활개를 치고 돌아다니지 못한다. 다시 말하면 말라리아에 걸려도 쉽사리 죽지 않는다. 그러니 이 돌연변이 한 벌만 지닌 개체가 집단 내에 많아지는 것은 당연한 일이 아닐까?

이렇게 생존에 불리한 유전형이 인간 집단에 남아 있는 이유를 설명하기 위해서 진화학자들은 '진화의학'이라는 새로운 분야의 학문을 개척했다. 앞에서 등장한 글로빈과 짝을 이루는 사례를 살펴보자. 글로빈과 단짝인 물질로 우리는 '헴heme'을 꼽기를 주저하지 않는다. 앞에서도 등장한 헴은 생명현상에 있어서는 안 될 물질이다. 질소를 포함하는 헴의 분자 모양은 네잎클로버와 비슷하다. 네잎클로버 모양의 분자는 포피린porphyrin이다. 포피린 분자의 중심에 무슨 금속 이온이 끼어드느냐에 따라 이름과 기능이 조금씩 다르다. 우선 우리 적혈구에 들어 있는 포피린 분자에는 철(Fe^{2+}) 이온이 끼어 있다. 그러나 마그네슘(Mg)이나 아연(Zn) 이온이 포피린 분자에 편입되면 엽록소가 된다. 코발트(Co) 이온이면 비타민B12이다. 그러므로 헤모글로빈hemoglobin 단백질 안에 헴이 들어 있고 헴 안에는 철이 들어 있다.

반복해서 하는 말이지만 적혈구 안에는 헤모글로빈 단백질이 2억 개가 들어 있다. 120일을 사는 적혈구는 심장의 펌프질 덕에 전신을 돌아다닌다. 연구결과에 따르면 적혈구는 매 20분마다 자신의 건강상태를 조사한다. 검사에서 탈락하면 스스로 폐기처분한다. 보건소에 해당하는 우리의 신체기관은 비장spleen과 간liver이다. 여기에서 하루 평균 약 2,000억 개의 적혈구가 분해되고 새롭게 만들어진

포피린_ 아래 그림은 포피린의 개괄적인 구조를 보이고 있다. 질소 원자에 탄소 네 개가 고리를 이룬 피롤 분자가 네 개 있어서 마치 클로버처럼 생겼다. 자연계에서 발견되는 전형적인 포피린은 네 개의 질소원자가 금속 이온을 붙들고 있는 모습이다. 금속 이온이 철 이온이면 헴이고, 마그네슘 이온이면 엽록체다. 헴은 글로빈 단백질에 들어앉아 산소를 운반하고, 엽록체는 태양에서 도달하는 에너지를 회수하는 역할을 한다. 식물과 동물을 통틀어 가히 절대적인 중요한 물질이다. 게다가 눈에 보이지 않는 원핵세포계에서도 포피린은 중요하다. 세균도 에너지가 필요하기 때문이다.

다. 1초에 얼추 300만 개다. 2,000억 개는 우리 뇌에 들어 있는 신경세포의 숫자에 육박하는 엄청난 양이다. 적혈구가 분해되면 글로빈 단백질은 깨지고 개별 아미노산 형태로 재사용된다. 대식세포大食細胞, macrophage라고 하는 선천성 면역세포가 여기에 깊이 관여한다. 나중에 유전자를 자르는 제한효소를 언급할 때 다시 등장하겠지만 이 대식세포는 비교적 편식하지 않고 이것저것 잘 잡아먹는다. 대식이라는 세포의 이름에서 알 수 있듯이 대식가이다. 글로빈 말고도 처리해야 할 것이 하나 더 있다. 바로 헴이다. 이때 진행되는 과정은 대략 세 단계이다.

헤모글로빈을 대식세포 안으로 잡아들인다. 다음 헴과 글로빈을 분해한다. 헴의 분해산물인 철을 밖으로 보내 다시 헴을 만들고 글로빈 분자를 다시 만들어 적혈구 내에 자리 잡게 한다. 적혈구는 주로 골수骨髓, bone marrow에서 만들어진다는 말을 덧붙인다. 헴의 분해 과정은 주먹으로 얼굴을 한 방 얻어맞았을 때 우리 인간의 피부가 보이는 반응을 떠올리면 쉽다. 더 구체적으로 말하면 헴 산화효소가 헴을 분해한다. 필자는 오랫동안 이 효소를 연구했다.

얻어맞은 자리는 우선 검게 변한다. 모세혈관이 터져 적혈구가 새나오기 때문이다. 그러면 자리를 벗어난 세포를 우선 대식세포가 처리한다. 대식세포는 헴을 분해하여 빌리버딘biliverdin이라는 물질로 변화시킨다. 이 물질 때문에 상처 부위가 약간 푸르스름한 색깔을 띤다. 다 나아갈 때쯤 되면 상처 부위가 노란색으로 변한다. 빌리버딘

이 빌리루빈bilirubin으로 변하기 때문이다. 노란 상처를 보면 이제 대충 나았다고 생각한다. 아물 곳은 아물고 처리할 것은 다 처리한 상태다.

헴을 분해하는 이유는 재사용이란 목적도 있지만 헴 자체가 독성이 있기 때문이다. 그러므로 혼자서 헴이 함부로 돌아다니게 해서는 안 된다. 철도 마찬가지다. 강보 단백질에 싸인 철은 골수로 고스란히 옮겨 가야 한다. 인간은 철을 배설하는 장치가 따로 없다. 그렇다고 철의 양이 항상 똑같은 것은 아니다. 피부를 통해 떨어져 나가는 세포가 굳이 철의 배설장치라면 그렇게 생각할 수 있다. 여성의 경우는 생리혈을 통해서도 소량의 철을 잃는다. 하루 1~2밀리그램에 불과하다. 그렇지만 적혈구가 깨지면서 순환되는 철의 양이 하루 20~25그램이니까 적혈구 분해 과정은 매우 중요하다.

이런 대차대조표를 보면 미량이나마 철을 꾸준히 섭취해야 한다는 결론이 나온다. 철이 들어 있는 음식물이나 헴의 형태로 소화되는 고기를 먹어 우리는 외부의 철을 섭취한다. 소장의 상피세포를 통해 몸에 들어온 철은 혈액을 타고 우선 간으로 가서 잠시 기착한다. 간은 깨진 헴에서 확보한 철을 보내는 아주 중요한 보관소이다. 약 1그램 정도의 철이 간세포나 간의 대식세포에 저장되어 있다. 이는 엄청난 양이다.

인간 유전체: 광고편

이제부터는 인간 유전체의 모습을 두루 살펴보자. 후대로 계승되는 정보가 암호화된 것이 유전체라고 하지만 인간 유전체의 대부분은 정보와 거리가 멀다. 32억 개의 A, T, G, C 문자열 중에서 나중에 단백질로 번역되는 암호는 전체의 2퍼센트도 안 된다. 그렇다면 나머지 98퍼센트는 도대체 무엇이란 말인가? 누구 말마따나 쓰레기 DNA일까? 인간 유전체가 해독된 지 15년, 이제는 유전자는 아니더라도 생화학적으로 혹은 생물학적으로 의미가 있는 유전체를 상당히 많이 알게 되었다.

1961년 자크 모노Jacques Monod와 프랑수아 자코브Francois Jacob가 대장균의 락 오페론Lac operon을 기술한 덕에 한동안 과학계에는 유전자 서열이 조절 부위와 단백질을 암호화하는 부위 두 가지로 나눠져 있다는 인식이 팽배했다. 즉, 단백질을 암호화하는 DNA 서열 앞쪽에 조절 부위가 있고, 뒤쪽에는 단백질 합성을 종료하라는 서열이 뒤따른다는 식이었다. 그리고 자코브는 "대장균에 옳은 것은 코끼리에

락 오페론_ 주변에 포도당이 조금이라도 있으면 대장균은 절대로 락토즈(젖당)를 거들떠보지 않는다. 하지만 젖당밖에 없다면 젖당이라도 사용해야 하기 때문에 대장균은 세 가지 단백질을 만든다. 이 단백질을 암호화하고 있는 유전자 세 개는 DNA에서 서로 인접하고 있으며 단 하나의 조절 부위(프로모터 결합 부위)에 의해 발현이 조절된다. 이런 유전자 단위를 오페론이라 부른다. 프랑수와 자코브와 자크 모노가 연구한 대장균의 락토즈 오페론이 가장 유명하다. 락토즈 오페론의 조절 유전자에서 발현되는 억제자는 락토즈와 결합하지 않았을 때에는 회문 구조를 가지고 있는 작동유전자에 결합하여 전사를 억제한다. 하지만 락토즈와 결합하면 억제자는 작동유전자에서 떨어지고, 대장균은 락토즈를 소화하는 단백질 만든다.

서도 옳다"라고 말했다. 그러나 2000년대 초반, 인간 유전체가 해독되면서 이런 단순함은 더 이상 기대할 수 없게 되었다.

20세기 중반부터 유전자를 암호라고 불렀다. 따라서 암호를 푼다는 말은 단백질을 만든다는 뜻이다. 이런 의미를 담아 우리는 유전자를 '암호 DNA'라고 부른다. 그렇다면 98퍼센트에 해당하는 유전체 부위는 '비암호 DNA'가 될 것이다. 비암호 DNA의 비율은 생명체마다 다르다. 생명체의 복잡성이 증가할수록 비암호 부위의 비율이 유전자에 비해 높다고 주장하지만 좀 쑥스러울 정도다. 왜냐하면 인간 유전체의 200배에 해당하는 유전체를 갖는 단세포 생물인 유글레나*Euglena proxima*가 작은 연못 안에서 우글거리기 때문이다. 유글레나 유전체에서 단백질을 만드는 데 관여하는 부위는 지극히 미미하다. 하지만 2013년에 발견된 식충식물인 우티큘라리아 기바*Utricularia gibba* 유전체 중 비암호 DNA 비율은 고작 3퍼센트밖에 되지 않았다.

유전체 암흑물질

유전체 전체의 크기는 비암호 DNA가 차지하는 비율과 높은 상관성을 보이지만 앞에서 이야기했듯이 예외도 무척 많다. 비암호화 DNA 서열 중 뚜렷한 기능이 알려진 부위도 있다. 가령 운반 RNA나 리보솜을 구성하는 RNA, 혹은 조절 RNA라 불리는 분자들이 그런 것들이다. 세포 내 RNA의 80퍼센트를 차지하는 리보솜 RNA는 단백질을 만드는 주방인 리보솜의 구성단위이다. 리보솜 RNA는 생명체 진화 과정에서 가장 잘 보존된 경우에 속한다. 20세

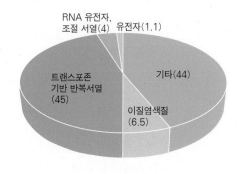

기 말, 생명체 분류의 격변이 일어났던 것은 리보솜 RNA의 서열을 분석함으로써 일단락되었다. 생물학자들은 생명체를 세 개의 도메인domain으로 구분한다. 과거에는 인간의 눈에 보이는 것들을 자세히 구분하고, 눈에 보이지 않는 것을 한데 몰아 분류했지만 지금은 그 반대다. 우리에게 익숙한 분류체계 한 가지만 살펴보자. 얼마 전까지만 해도 사람들은 동물계, 식물계, 균류, 단세포 진핵생물인 원생생물Protista, 그리고 나머지 세균과 고세균을 통틀어 모네라Monera라고 분류했다. 1977년 칼 리처드 워즈Carl Richard Woese는 리보솜 RNA의 서열을 토대로 생명체를 세 종류의 도메인으로 분류했다. 세균과 고세균, 그리고 인간을 포함하는 진핵세포로 도메인을 나눴다. 지구상의 생명체는 눈에 보이지도 않는 세균과 고세균이 대부분이고 인간을 포함하는 진핵세포 집단은 소수자집단少數者集團, minority에 불과하다.

　　인간 유전체의 특징을 간단히 정리해보자.

　　1. 인간의 유전체는 크게 핵 유전체와 미토콘드리아 유전체로 나뉜다. 미토콘드리아 유전체는 고리 모양이며 37개의 유전

자를 지닌다. 핵 유전체는 24개[02]의 선형 DNA 분자들이며 각각을 염색체라 부른다.

2. 인간 유전자는 하나의 완결체가 아니어서 확연히 구분되지 않고, 자주 중복된다. 전사체轉寫體, transcriptome의 일부가 다른 유전자에서 올 수도 있다.

3. 유전자중복에 의해 여러 개의 연관 유전자가 생겼다.

4. 단백질을 만드는 RNA 외에도 다른 기능을 하는 비암호 RNA가 수천 개나 있다.

5. 비암호 RNA는 염기서열과 상보적인 전사체에 결합하여 이들 유전자의 발현을 조절하기도 한다.

6. 기능을 갖는 유전자가 돌연변이가 일어나 스스로의 발현을 억제하기도 한다.

이것 말고도 많겠지만 유전체의 구조를 살펴보면서 부연해서 설명해보자. 인간 유전체의 대부분을 차지하는 부위는 단백질 번역 과는 상관이 없다. 그렇지만 2012년 유전체 후속 프로젝트가 제시한 결과에 따르면 인간 유전체 중 단백질을 암호화하지 않는 DNA의 76퍼센트가 전령 RNA로 전사된다. 또한 어떤 식으로든 유전체의 절반 정도가 전사인자 같은 조절 단백질의 영향을 받는다. 과거 단백질을 만들지 않는 DNA를 용감하게도 '쓰레기 DNA'라고 일축했던 사

---

02 1에서 22번까지 상염색체와 성염색체(XY, XX) 전부 24가지다.

람들이 다소 쑥스러워졌다. 일단 이들과 통성명을 해보자.

비암호화 유전체 가족들

단백질을 암호화하지 않지만 생물학적 기능을 갖는 부위는 다섯 가지 종류가 있다.

1. 유전자 앞쪽 근처 혹은 멀리서 전사를 조절하는 부위(프로모터 promoter, 인핸서enhancer)

2. 인트론

3. 가짜 유전자pseudogene[03]

4. 반복서열, 트랜스포존transposon 및 바이러스 유래 요소들

5. 텔로미어telomere, 중심체中心體, centrosome

단백질을 만들지는 않지만 기능을 갖는 RNA도 모두 전사 과정을 거친 결과물이다. 대표적인 것으로는 리보솜을 구성하는 리보솜 RNA, 운반 RNA, 그리고 파이 RNApiRNA, piwi RNA 및 마이크로 RNAmicro RNA, miRNA다. 세균은 세 개의 리보솜 RNA, 인간은 네 개의 리보솜 RNA를 갖는다. 단백질을 만드는 공장인 리보솜은 무게로 보았을 때 60퍼센트가 RNA고 나머지가 단백질이다. 앞에서 살펴보았

---

03 빛이 없는 동굴 속으로 들어간 유전자는 돌연변이가 일어나도 수선하지 않은 채 대물림된다. 기능을 소실하고 흔적만 남은 유전자들 집단이다. 삼원색 색상으로 붉고 푸른색을 구분하는 영장류는 후각을 담당하는 유전자들이 흔적처럼 남아 있다. 가짜 유전자이다.

듯이 운반 RNA는 아미노산을 끌고 와 리보솜 공장에 전달해준다. 생물학을 조금 배운 적 있다면 이들 이름들은 이미 들어 알고 있을 것이다. 파이 RNA는 피위Piwi라는 단백질과 결합한 뒤 자신의 일을 한다. 이들은 주로 정자를 만드는 과정에서 바이러스성 레트로트랜스포존retrotransposon이 널뛰는 것을 제어한다. 크기는 염기 26~31개 정도이고 바로 살펴볼 마이크로 RNA와 비교했을 때 종種 사이의 차이가 크다.

마이크로 RNA는 국내에서도 활발하게 연구되는 물질 가운데 하나다. 서울대학교 김빛내리 박사가 그 중심에 서 있다. 마이크로 RNA는 약 22개의 염기를 가지는 조그마한 RNA이다. 마이크로 RNA는 동물과 식물, 심지어 일부 바이러스에도 들어 있으면서 전사가 일어난 뒤 진행되는 유전자의 발현을 조절한다. 그러므로 마이크로 RNA와 상보적인 서열을 갖는 RNA에 붙어서 더 이상의 단백질이 합성되지 못하게, 다시 말해 단백질로의 번역translation을 막는 역할을 하는 것이다. 김빛내리 박사는 세포 안에서 어떻게 마이크로 RNA가 담금질되는지를 주로 연구한다. 하지만 나는 왜 그런 장치가 마련되었는지가 더 궁금하다.

마이크로 RNA는 염기서열이 잘 보존되어 있어서 진화적으로 매우 중요하다. 왜냐하면 잘 보존된 마이크로 RNA의 숫자가 종마다 다르기 때문이다. 또 생명체가 복잡해질수록 그 수도 늘어나는 경향이 있다. 지금까지 나온 연구 결과를 보면 식물의 마이크로 RNA가

성능이 더 우수한 것 같다. 그렇지만 동물도 나름대로 마이크로 RNA를 중복해서 사용하고 생명체의 발생을 포함하는 생물학적 과정을 거뜬히 치러낸다.

마이크로 RNA의 작업 장소는 핵의 밖이다. 전사된 RNA가 리보솜과 결합하기 전에 모든 일을 해치워야 한다. 이때 마이크로 RNA는 단백질과 결합하여 양동작전陽動作戰을 펼친다. 이런 양상을 봤을 때 RNA와 단백질이 결합하여 일하는 양상은 잘 보존된 생물학적 과정이다. 이는 크리스퍼가 '카스Cas'라는 유전자가위 단백질과 랑데부하여 일하는 것과 구조적으로 동일한 현상이다. 어쨌든 마이크로 RNA는 단백질을 암호화하는 포유동물 유전자 30퍼센트 정도의 번역을 조절한다고 한다. 그러니 이들이 중요하다는 것은 익히 알겠다. 그런데 생명체들은 왜 이런 부가적 장치를 만들었을까? 질문을 좀 바꾸면 이렇다. DNA를 전사해서 RNA를 만들고, 다시 그 RNA를 부수는 이유는 무엇일까?

우선 생각해볼 수 있는 것은 속도다. 유전자 자체는 변화시키지 않으면서 상황에 따라 생명체는 유전자의 현현顯現 형태인 단백질을 만들거나, 혹은 만들지 않는 정교한 장치가 필요했을 것이고 그 장치는 여러 겹으로 구성되면서 탄력성을 지녔을 것이다. 유전자의 변화가 다음 세대에게 전달되려면 시간이 필요하지만 급하게 처리해야 할 일도 분명히 있을 것이다. 마이크로 RNA나 다른 수단을 쓰면 에너지가 많이 소모되며 필요도 없는 단백질을 만들지 않아도 되는 효과도 기대할 수 있다. 유전자 발현을 세밀하게 조절하는 기제는 환경에 적응하기 위해 진화되었다고 흔히 말한다. 락 오페론을 언급할 때 나왔던 이야기처럼 포도당을 젖당으로 바꾸면 젖당을 분해하는 효소를 만들어내는 단계로 급하게 전환하는 것도 환경에 적응하는 방식일 터이다. 어쨌든 마이크로 RNA도 그런 기능에 봉사하는 것은 분명하지만 문제는 그들이 조절하는 유전자가 30퍼센트에 이를 정도로 많다는 것이다.

다른 조절 요소들도 알아보자. 유전자 주변 혹은 인트론에 위치하면서 전자의 전사를 조절하는 DNA 부위가 존재한다. 또 상당히 멀리 떨어진 유전자의 전사를 조절하기도 한다. 예를 들자면 RNA가 만들어지는 곧 바로 앞에 존재하는 염기에는 흔히 단백질이 달라붙는다. 프로모터라고 불리는 DNA 서열은 전사인자 단백질이 붙어서 전사를 촉진한다. 인핸서는 다소 먼 거리에 있는 유전자를 조절하는 부위의 이름이다. 앞에서 자가포식 이야기를 했으니 이와 관련된 사례를 들어보자.

세포가 먹을 게 없어서 당장 사용하지 않는 단백질을 궁여지책으로 사용한다고 치자. 당신이 세포라면 어떻게 하겠는가? 예전 어떤 과학자가 이 질문에 대해 이렇게 답했다. "세포에게 물어보세요." 세미나에 참석했던 사람들은 다소 멋쩍게 웃었지만 좀 엄격한 과학자가 있었다면 한바탕 소란을 벌였음 직한 위험한 답변이었다. 간단히 답을 말하면 세포는 '자가포식' 과정을 시작한다. 제 살 파먹기의 세포 버전이랄 수 있는 이 과정의 연구는 지금도 한창이다. 간단하게 살펴보자.

세포는 처리할 단백질에 우선 차압용 붉은 딱지를 붙인다. 운반차량은 이 단백질을 버릴 것으로 인식하고 차에 실어 담는다. 차는 재활용 쓰레기장으로 가서 버릴 것은 버리고 재활용할 것은 다시 주워 담는다. 여기까지의 이야기를 밝힌 공으로 오스미 요시노리가 2016년 노벨 생리의학상을 받았다. 세포 안에서 재활용을 담당하는 소기관은 리소좀lysosome이라 부른다. 리소좀을 구성하는 단백질은 수십 가지가 되는데 필요할 때마다 새롭게 만들어낸다. 그런데 동일한 시간에 만들어져야 자기들끼리 조립하여 리소좀을 만들 것 아닌가? 그렇다면 이들 리소좀 조립 유전자는 동일한 프로모터 서열을 가지고 있을 것이고 동일한 전사인자가 결합하면 필요한 단백질 수십 개를 동시에 만들 것이라는 가정을 세울 수 있다. 이는 실험적으로 증명되었고, 2011년《사이언스Science》에 실렸다.

익은 과일을 눈으로 보다: 상동염색체

남성의 약 7~30퍼센트가 색맹이다. 나의 친한 친구 하나도 적록색약이다. 오랜만에 만나 이런 저런 이야기를 하다가 운전습관에 관한 화제가 나온 김에 물어보았다.

"너는 신호등 색을 어떻게 구분하냐?"

"밝기로 구분한다."

인간의 시각은 후각과 밀접한 관련을 맺으며 진화해왔다. 일반적으로 말하자면 인간처럼 세 가지 색을 조합해 무지개를 빨주노초파남보로 보는 동물의 후각은 두 가지 색을 조합해 세상을 보는 동물에 비해 떨어진다. 다시 말하면 쥐가 냄새를 맡는 능력은 인간에 비해 훨씬 뛰어나다. 고양이의 오줌냄새를 구분하지 못하는 쥐의 운명은 불 보듯 뻔한 것 아닌가? 재미있는 점은 쥐가 고양이를 피하지 않는 때가 있다는 사실이다. 기원이 말라리아 열원충과 비슷한 톡소플라스마곤디 *Toxoplasma gondii*는 고양이를 최종 숙주로 하는 기생 생명체이다. 곤디에 감염된 쥐는 갑자기 용감해져서 고양이의 앞발질을 두려워하지 않게 된다. 그 덕에 곤디는 무사히 고양이 숙주에 안착한다. 이 미생물이 살아가는 방식이다.

인간이 삼원색 시각을 가지게 된 것이 인류에게 어떤 진화적 이득을 주었는지 이야기할 때 우리는 보통 익은 과일과 덜 익은 과일을 구분하는 능력을 거론한다. 인간과 아프리카 원숭이들은 삼원색 시각을 갖고 있다. 그렇지만 남아메리카 대륙에 서식하는 신세계 원숭이들은 이원색 시각을 갖는다. 무지개의 빨간색과 초록색이 원숭이 눈에는 잿빛으로 보인다. 바로 이 순간 우리는 남아메리카와 아프리카가 하나의 대륙이었던 시절을 떠올린다. 지구상에 영장류가 등장한 때는 7,000에서 8,000만 년 전이라 추정한다. 북아메리카에서 발견된 가장 오래된 영장류 화석의 연대가 5,500만 년 전인 것으로 보아 그 뒤에 두 대륙이 떨어져 나간 것으로 추측된다. 지질학적으로 두 대륙이 멀어진 것은 약 5,000만 년 전이다.

시각을 담당하는 옵신opsin 유전자가 중복이 일어나 두 벌이 되고 돌연변이가 일어나면서 새로운 옵신 유전자가 아프리카 구세계 원숭이 집단에서 생겼다. 약 4,000만 년 전의 일로 아직 인간은 눈을 씻고 찾아보아도 없을 때다. 아프리카 숲 속에서 영장류 원숭이들은 어떻게 익은 과일과 그렇지 않은 과일을 구분했을까? 『술 취한 원숭이The Drunken Monkey: Why do we drink and abuse alcohol』란 책을 보면 삼원색 시각을 갖지 않은 영장류는 술 냄새로 익은 과일을 구분했다고 한다. 알코올은 탄소가 두 개인 작은 분자이다. 냄새를 풍기는 유기화합물은 탄소 숫자는 15개 안쪽이다. 보통 향신료로 사용하는 계핏가루인 시나몬을 예로 들자. 커피에도 뿌려 먹고 떡이나 수정과에도 함유되는 계핏가루의 주성분은 신남산cinnamic acid이다. 독특한 향을 내는 이 화합물은 탄소가 아홉 개다.

그렇다면 인간은 어떻게 익은 과일을 구분할까? 냄새를 맡기도 하지만 보통 우리는 '눈으로 보고' 과일이 익었다는 사실을 안다. 중복된 옵신 유전자 덕분에 초록색과 붉은색을 구분할 수 있게 되었기 때문이다. 모든 과일이 그런 것은 아니겠지만 초록색은 덜 익은 과일이고, 붉은색은 익은 과일이다. 유전자의 염기서열이 비슷하지만 복제에 의해 유전자가 새로운 기능을 지니게 되었을 때, 병렬상동 유전자paralog라는 표현을 쓴다. 병렬상동 유전자는 한 개체 안에서 발견되는 유전자이다. 인간은 최소 네 종류의 옵신 유전자를 가졌다.

어떤 과학자가 소의 망막으로부터 로돕신rhodopsin 유전자를 분리하고 그 유전자의 염기서열을 분석했다고 해보자. 카메라의 필름에 해당하는 망막에서 빛을 감지하는 데 관여하는 세포는 두 가지이다. 빛에 아주 민감한 간상세포桿狀細胞, rod cell는 어두운 곳에서도 물체를 식별할 수 있게 해준다. 바로 여기에 있는 옵신이 로돕신이다. 로돕신 단백질은 엄연히 유전자 산물이다. 이제 이 과학자가 소의 로돕신 유전자 서열을 기초로 인간의 로돕신을 찾아내려고 한다. 소와 인간의 로돕신 유전자는 서열이 매우 흡사하지만 다른 종이기 때문에 직렬상동 유전자ortholog라는 표현을 쓴다. 이 용어는 동일한 기원을 갖는 하나의 유전자가 지질학적 시간을 따라 연관 관계가 있는 서로 다른 종의 동물에 대물림되었다는 의미를 함축하고 있다.

색을 구분하는 데, 관여하는 세포도 있다. 바로 원추세포圓錐細胞, cone cell이다. 한 종류인 간상세포와 달리 인간은 빨간색red, 초록색green, 파란색blue을 구분하는 세 가지 원추세포를 가졌다. 이 세 가지의 색을 구분하는 단백질은 옵신이며 한 종류의 옵신 유전자가 복제되면서 각각 기능 분화가 일어난 것이다. 그러므로 빨간색, 초록색, 파란색 옵신 유전자는 모두 한 개체의 세포 안에 들어 있으면서 비슷하지만 제각기 다른 역할을 담당하는 병렬상동 유전자이다. 냄새가 아니라 색상으로 익은 과일을 구분할 수 있는 구세계 원숭이들은 인간과 같은 옵신 병렬상동 유전자를 지니고 살아간다고 볼 수 있다.

사원색의 세상을 사는 동물도 있다. 인간만이 설악산의 단풍을 감상할 수 있다고 자만하지 말자. 사원색을 지닌 생명체는 보라색과 파란색을 훨씬 잘 구분한다. 적외선 파장에 가까운 빛을 감지하는 또 다른 색소 세포를 가진 생명체들이다. 금붕어와 얼룩말물고기가 사원색 시각을 가졌다. 또 상이한 생명체들 사이의 협동이 절실한 식물의 수분 과정, 혹은 뜯어 먹히지 않으려는 식물과 곤충의 군비경쟁 과정에서 이들 모두는 색상을 확장하는 방식으로 진화되었다. 식물의 색을 좀 더 세밀하게 관찰하여 먹을 수 있는 식물을 잘 찾는 곤충은 살아남아 자신의 세력을 넓혔을 것이다. 한편 식물은 자신을 숨기기 위한 방편으로 곤충을 속일 색소를 만들었다. 짝짓기에서 유리한 위치를 차지하기 위해 시각을 진화시킨 새들도 있다. 호주 중부에 서식하는 화려한 색상을 지닌 금화조도 사원색 시각을 가졌다. 여성의 2~3퍼센트가 사원색 시각을 가졌다는 연구결과도 있다. 이런 일이 가능한 까닭은 옵신 유전체 두 벌이 X염색체 위에 놓여 있기 때문이다. 유전자를 나누는 생식 과정에서 발생하는 유전자 재조합 때문에 옵신 유전자의 변화가 생긴다. X염색체가 한 벌인 남성에게서 색약이 빈번하게 발견되는 것과 같은 맥락이라고 볼 수 있다.

X염색체는 인간 유전자의 10퍼센트인 약 2,000개의 유전자를 암호화하고 있다. 반면 남성 유전자로 알려진 Y염색체는 고작 78개 뿐이다. 잘 알다시피 여성은 XX, 남성은 XY 성 염색체를 가졌다. 두

벌의 X염색체를 가지기 때문에 여성의 X염색체가 모두 활발하게 단백질을 만들어낸다면 단백질의 양에서 남녀 불균형이 초래될 수 있다. 이를 방지하기 위해 동물은 한 벌의 X염색체 기능을 막아버리는 방식을 선택했다. 그렇다면 여성이 갖는 두 X염색체 중 어떤 것의 활성을 막을까? 인간의 경우는 아비에서 유래한 것이든 어미에서 유래한 것이든 상관없이 무작위로 선택된다. 그러나 유대류有袋類, Marsupialia에서는 수컷에서 유래한 X염색체만이 고초를 당한다. 상황이 이렇다면 Y염색체에 있는 78개의 유전자도 활성이 최소화되어야 유전적으로 남녀가 평등하지 않을까?

이런 생각을 견지한다면 Y염색체는 머지않아 사라질 것이라는 견해가 등장한다. 실제 그렇게 생각하는 과학자들도 있다. 설치류인 두더지쥐와 일본고슴도치는 Y염색체가 없다. 그런데 이들이 어떻게 성을 결정하는지는 알지 못한다. 2006년《셀Cell》에는 앞으로 1,000만 년 후 사람의 Y염색체가 사라진다는 논문도 등장했다. 예전에 읽었던 논문에서는 Y염색체 상에 있는 유전자 두 가지만 있으면 남성 만들기에 충분하다는 내용도 있었다.

그러나 사정이 그렇게 단순하지는 않다. 2014년《네이처》에 실린 논문의 내용을 잠깐 살펴보자. 한 벌의 X염색체가 몽땅 활성을 잃지는 않는다는 연구결과였다. 비활성화된 X염색체의 15~25퍼센트에서는 활발하게 난백실을 만들어내는 것으로 나타났다. 재미있는 사실은 Y염색체 유전자의 절반 정도인 36개의 유전자가 X염색체

비활성화에 예외인 유전자들과 같다는 점이었다. 상황이 이렇게 복잡하기에 사원색 시각을 가진 여성들이 등장하는지도 모르겠다.

잠시 숫자 이야기를 해보자. 간상세포와 원추세포의 수는 얼마나 될까? 해부학 연구결과에 따르면 간상세포와 원추세포의 비율은 20:1이다. 인간은 1억 2,000만 개의 간상세포가 있지만 원추세포의 수는 600만 개에 불과하다. 피부를 구성하는 세포도 상황은 비슷하다. 피부세포 30개당 멜라닌을 만드는 색소세포는 하나이다. 그렇지만 흑인이나 백인이나 그 비율이 차이가 나지 않는다. 다만 기능이 다를 뿐이다. 이렇게 숫자를 놓고 보니 눈의 기본적 기능은 빛을 감지하는 것이라는 생각이 든다. 빛을 감지하는 것이 알록달록한 색을 구분하는 것보다 더 기초적이고 중요한 역할이었다는 생각이 든다. 빛의 양이 아주 적은 경우라도 간상세포의 신호전달 과정이 증폭되면서 소량의 빛을 감지할 수 있다. 이때 비타민A의 역할이 필수적이다. 따라서 비타민A가 부족하면 밤눈이 어두워질 수 있다. 사족이지만 정상상태에서 비타민A의 95퍼센트는 간에 보관된다. 그러나 간에 콜라겐이 쌓여 딱딱해지거나 간 기능이 떨어지면 저장된 비타민A의 양이 현저하게 줄어든다. 간경화 환자는 밤눈이 좋을 까닭이 없다.

미토콘드리아 다음으로 내가 좋아하는 세포 소기관인 섬모纖毛, cilium가 간상세포나 원추세포 모두에서 옵신 단백질을 앉히는 기관이라는 점을 더 설명하고 싶지만 이제는 본 궤도로 돌아가야 한다.

장황할 정도로 병렬상동 유전자와 직렬상동 유전자를 서술한 까닭은 이제부터 인트론을 소개하기 위해서이다. 보다 정확히 말하자면 인트론이 어디서 왔는지 알아보기 위해서다.

인트론

단백질을 암호화하지 않는 부위 가운데 인트론은 좀 부연해서 설명해야 하는 부분이다. 런던 칼리지 닉 레인Nick Lane의 『바이탈 퀘스천: 생명은 어떻게 탄생했는가The Vital Question: Energy, Evolution, and the Origins of Complex Life』에는 「인트론: 핵의 기원」이란 소제목이 등장한다. 핵의 기원은 결국 인트론을 잘라내는 더딘 작업의 물리적 특성과 맞닿아 있다. 바로 앞에서 살펴본 것이다. 그렇다면 세균계에서 드물게 발견되는 인트론이 어떻게 진핵세포에서 그렇게 높은 비중을 차지하게 되었을까 하고 되물어야 한다. 이 인트론은 도대체 어디에서 온 것일까?

닉 레인의 책에도 나와 있지만 계통수 비교분석에서 인트론의 족적을 찾을 수 있다. 이 작업을 수행한 사람은 미국 국립보건원 유진 쿠닌Eugene Koonin 박사다. 그는 정보학자라고도 불리지만 기본적으로 시간을 여행하는 생물학자의 자질도 넘쳐난다. 인트론은 세균과 고세균이 랑데뷰했던 수십억 년 전 사건현장을 지켜보았을 뿐 아니라 인트론은 그 사건에 적극적으로 개입했다는 것이 쿠닌의 결론이었다. 크리스퍼와 관련해서 쿠닌은 유전자가위의 계통을 분석하고 일목요연하게 정리하여 《네이처 리뷰 제니틱스Nature Reviews Genetics》에 기고하기도 했다. 혹시라도 필요한 분들은 참고문헌 항목에서 이에 관한 정보를 얻을 수 있다.

쿠닌의 가설을 따르면 인트론은 세균이 미토콘드리아로 합병되는 동안 진핵세포의 유전체에 편입되었다. 테트라하이메나는 인트론 연구 모델이기도 했던 모양이다. 이 원생생물 안에서 인트론은 이기적 유전자와 비슷한 특징을 보였다. 아마 합병 초기에 인트론은 여기저기 널뛰듯 돌아다니면서 자신의 흔적을 남겼을 것이다. 쿠닌이나 다른 과학자들은 그 흔적을 어떻게 찾아냈을까?

다양한 종의 유전체가 알려지면서부터 컴퓨터가 분자생물학에 도입되었다. 과학자들은 컴퓨터 전공자들과 함께 세균, 고세균과 진핵세포에 공통적인 유전자가 있는지, 또는 유전자서열이 있는지 조사하기 시작했다. 수십억 년 동안 변화가 가장 적었던 염기서열을 포함하는 유전자는 리보솜과 관련이 깊다. 운반 RNA를 만드는 유전자, ATP와 결합하여 물질을 운반하는 유전자, 열충격heat shock 단백질 유전자도 역사가 무척 오래되었다. 물질대사와 관련해서라면 주변 환경, 아마도 지구화학적 환경에서 전자를 뽑아 전달하는 NADH 탈수소효소NADH dehydrogenase도 굉장히 오래된 유전자이다.

나뭇가지로 표현하는 생명체 계통수를 비교해서 특정 유전자 혹은 단백질의 역사를 살펴보는 일은 생명체가 최초로 탄생했을 당시부터 현재에 이르기까지 변화가 적었던 물질이 무엇인가를 알 수 있게 한다. 다시 말해 돌연변이로 물질의 구조나 기능 변형이 (생존 자체가 위협을 받을 것이기에) 자연선택의 그물망 통과를 막는 매우 중요한 물질이나 기제가 무엇이었는지를 통찰할 수 있다.

이런 방식으로 척추동물에 보편적인 유전자, 즉 포유동물에서 잘 보존된 유전자를 파악하는 일이 가능해진다. 이를 따라가면 단세포에서 다세포로 복잡성이 더해지는 과정을 이해할 수 있다. 이렇게 특정 계통의 생명체 집단에서 잘 보존된 유전자가 바로 상동 유전자이다. 가령 유전체가 싸고 있는 히스톤 단백질의 유전자나 발생을 책임지는 혹스 유전자는 척추동물에 잘 보존되어 있다.

앞에서 인간 유전체의 세 번째 특징을 상기해보자. 유전자 중복은 생명체 내에서 흔히 일어난다. 같은 기능을 하는 유전자가 두 벌 생기는 셈이다. 그러면 한 벌의 유전자는 다른 기능을 가진 유전체로 변화할 가능성이 높아진다. 우리 적혈구 안의 헤모글로빈 유전자가 그런 예이다. 동물계에서 발견되는 헤모글로빈 유전자는 최소 열 개가 넘는다. 모두 하나의 유전자가 중복된 결과이다. 이렇게 한 종에서 발견되는 병렬상동 유전자를 특별히 여기서는 중복duplication상동 유전자라고 부르겠다. 이와는 달리 여러 종에서 발견되는 히스톤이나 혹스와 같은 사촌 유전자도 존재한다. 가령 눈의 발생을 책임지는 혹스 유전자인 팩스pax6는 눈을 가진 종, 예컨대 사람, 쥐, 물고기, 초파리 모두에서 공통적으로 발견된다. 이런 유전자 집단을 따로 직렬

vol.1

70쪽 | 값 48,000원

천체투영기로 별하늘을 즐기세요!
이정모 서울시립과학관장의
'손으로 배우는 과학'

make it! 신형 핀홀식 플라네타리움

vol.2

86쪽 | 값 38,000원

나만의 카메라로 촬영해보세요!
사진작가 권혁재의
포토에세이 사진인류

make it! 35mm 이안리플렉스 카메라

vol.3

Vol.03-A 라즈베리파이 포함 | 66쪽 | 값 118,000원
Vol.03-B 라즈베리파이 미포함 | 66쪽 | 값 48,000원
(라즈베리파이를 이미 가지고 계신 분만 구매)

라즈베리파이로 만드는
음성인식 스피커

make it! 내맘대로 AI스피커

vol.4

74쪽 | 값 65,000원

바람의 힘으로 걷는 인공 생명체
키네틱 아티스트
테오 얀센의 작품세계

make it! 테오 얀센의 미니비스트

vol.5

74쪽 | 값 188,000원

사람의 운전을 따라 배운다!
AI의 학습을 눈으로 확인하는
딥러닝 자율주행자동차

make it! AI자율주행자동차

상동 유전자 혹은 종분화speciation상동 유전자라고 부른다.

앞에서 세포의 내부공생에 의해 합병된 미토콘드리아에서 유래한 인트론에는 이기적 속성이 있다고 이야기했다. 초기에 만들어진 오래된 중복상동 유전자가 있을 것이고, 몇억 년 전 포유동물이 등장했을 시기에 형성된 최신 중복상동 유전자가 있을 것이다. 쿠닌은 오래된 중복상동 유전자에서 인트론이 마구 널뛰고 있을 것이라 추정했다. 그렇다면 최근에 만들어진 중복상동 유전자는 인트론이 종마다 잘 보존되어 있을 것이라는 추측도 가능하다. 특정 유전자의 인트론 부위가 일정한 곳에서 발견되고 서열도 잘 보존되어 있을 것이란 말이다. 놀랍게도 결과는 쿠닌의 가설을 지지했고 인트론의 서열에도 미토콘드리아의 전신인 알파프로테오박테리아의 흔적이 남아 있었다. 세균에 들어 있는 이동성 자기맞춤 인트론은 진핵세포의 RNA 숙성 과정에서 인트론을 잘라내는 스플라이세오좀과 작동방식이 매우 비슷하다.[04]

유전체에는 가짜 유전자도 있다. 알려진 유전자와 서열은 흡사하지만 단백질을 만들지 않는 DNA 부위이다. 유전자 화석이라고 불리기도 한다. 동굴로 들어가 천천히 살기로 작정한 물고기는 눈이 더이상 필요 없다. 멕시코 북동쪽 동굴에 사는 장님물고기Astyanax mexicanus는 눈뿐만 아니라 시각 신경계까지 죄다 버렸다고 한다. 그리고 뇌마

---

04 이동성 자기맞춤 인트론, 리보자임, 스플라이세오좀이 작동하는 방식은 놀랄 만큼 유사하다.

저 쪼그라들었다. 2015년 연구진들에 의해 에너지를 아끼기 위해서라는 논평이 나오기는 했지만 이는 너무 당연한 결론이라 싱겁기까지 하다. 그러나 가령 눈의 발생을 책임지는 팩스6 유전자가 빈둥빈둥 놀고 있으리라는 가설은 한번 시험해볼 수 있다. 만약 팩스6 유전자에 돌연변이가 생겨도 장님물고기가 동굴에서 사는 데 커다란 지장이 없다. 이럴 때 우리는 자연선택의 '눈먼 시계공'[05]이 팩스6 유전자를 거들떠도 보지 않는다고 말한다. 돌연변이가 생겨서 단백질이 만들어지지 않아도 물고기는 상관없다. 돌연변이가 쌓이거나 점핑 유전자가 유전자 서열 중간에 끼어들어도 전혀 수선하려 들지 않는다. 그러면 결국 팩스6 유전자는 화석으로 변해 존재의 흔적만 희미하게 남을 뿐이다. 그게 바로 가짜 유전자다.

여기까지 이야기한 것들을 잠깐 정리하고 넘어가자. 지금까지 서술한 유전체 부위는 어쨌거나 유전자와 관련되어 있는 부위이며 이는 인간 유전체의 25퍼센트에 육박한다. 그 가운데서 가장 많은 유전체 부위는 인트론이다. 그렇다면 나머지 75퍼센트는 무엇일까? 여기에는 유전체의 움직임과 구조를 담당하는 DNA 서열과 트랜스포존과 같은 길고 짧은 반복서열이 포함된다.

미국 국립보건원이 지원하는 인간 유전체 구성의 백과사전 컨소시엄Encyclopedia of DNA Elements consortium, ENCODE 연구진에 따르면 단백

---

05 19세기 신학자 윌리엄 페일리가 『자연신학』에서 시계와 같은 복잡한 물건은 필히 설계자가 있다며 시계공을 예로 들었다. 진화학자 리처드 도킨스는 진화에 만일 설계지가 존재한다면 그는 눈이 먼 시계공일 것이라고 꼬집었다. 도킨스의 책 제목이기도 하다.

질을 암호화하지는 않지만 전사되는 부위는 유전체의 거의 80퍼센트에 육박한다. 나머지 20퍼센트 중에는 구조적으로 중합효소가 접근하기 힘들어서 전사가 잘 되지 않는 부위가 포함된다. 이질염색질 heterochromatin이라고 말하는 장소이며 인간 유전체의 6.5퍼센트 정도를 차지한다. 최근에는 이들 DNA 부위에서도 전사가 진행된다는 사실이 밝혀졌지만 여기서는 텔로미어와 염색질[06]만 언급하자.

노화와 관련이 깊다고 알려진 텔로미어는 말 그대로 염색체의 양쪽 끝 부위에 존재하는 반복서열을 말한다. 척추동물의 텔로미어는 'TTAGGG' 서열이 반복적으로 나타난다. 인간의 경우 이 서열은 2,500번이나 반복된다. 전사를 담당하는 기제의 물리적 한계 때문에 세포가 분열을 거듭할수록 이 부위의 길이가 짧아진다. 이것은 한 방향으로만 가는 불도저가 처음 자신이 서 있던 차체 바로 아래쪽의 땅을 파지 못하는 경우와 비교할 수 있겠다. 인간의 유전체가 세균처럼 둥그렇다면 피할 수도 있는 문제다. 그렇게 텔로미어 길이가 점점 짧아지면 더 이상 유전자를 복제하지 못하게 되어 세포는 죽을 수밖에 없다. 발견사의 이름을 따서 생물학자들은 이 현상을 '헤이플릭 Hayflick 한계'라고 말하며 세포가 몇 번이나 분열할 수 있는가 판단하는 척도로 사용한다. 영구히 살고 싶은 암세포는 텔로미어를 복구하는 효소인 텔로머레이즈telomerase를 구비하고 있다.

세포가 분열할 때 복제된 염색체는 양쪽으로 끌려간다. 이때 염

---

06 히스톤 단백질 복합체에 DNA가 감겨 있는 염색체의 기본 구조.

색체를 끌고 가는 단백질이 염색질에 붙는데, 부착 부위 서열은 유전체의 물리적 이동과 관련된다. 단세포인 효모에서 중심체 부분은 점처럼 작지만 점차 그 크기를 늘려서 인간의 중심체는 수백만 개의 염기를 가진 거대한 장소로 탈바꿈했다. 과학자들은 염색질을 차지하기 위한 염색체간 이기적인 경쟁에 트랜스포존과 같은 이동성 인자가 편입된 결과라고 보고 있다.

이제 마지막으로 유전체의 거대 부위인 트랜스포존과 레트로트랜스포존을 살펴보자. 한국말로 트랜스포존과 의미가 가장 비슷한 말이 무엇일까 생각해본 적이 있다. 점핑jumping 유전자라고 흔히 알려져 있기에 우리말로 널뛰기 유전자가 어떨까 중얼거린 적도 있다. 트랜스포존은 유전체를 메뚜기처럼 뛰어다니며 다른 곳으로 자리를 바꾸는 유전적 요소를 말한다. 그렇기에 트랜스포존이 어디로 뛰느냐가 관건이 된다. 가령 'p53'이라는 유전자 가운데 점핑 유전자가 모르쇠로 자리를 차지하고 있으면 죽어야 할 세포가 죽지 않는, 암세포가 될 수도 있다. p53처럼 단백질 이름에 숫자가 있으면 숫자는 보통 이 물질의 분자량을 뜻한다. 트랜스포존이 $p53$ 유전자에 삽입되면 단백질의 무게가 늘 수도 줄 수도 있다. 삽입된 염기서열이 $p53$ 유전자와 함께 번역되면 늘 것이고, 번역을 중지하라는 코돈이 끼어들게 되면 줄 것이다. 그러나 어떤 경우든 p53 단백질의 정체성은 사라지고 만다.

트랜스포존은 인간 유전체의 거의 절반을 차지한다. 압도적이다. 그렇다면 트랜스포존이 준동蠢動하는 사건은 얼마나 자주 일어날까? 효모를 이용한 실험에서 한 종류의 레트로트랜스포존이 성공적으로 자리를 바꾸는 일은 몇 달, 또는 몇 년 만에 한 번 일어난다는 사실을 알게 되었다. 효모의 수명을 일주일이라고 보면 수십, 수백 세대에 한 번씩 레트로트랜스포존이 제구실을 하는 셈이다. 앞에 '레트로retro'라는 접두어가 오면 RNA가 DNA로(전사의 반대 방향이므로 역전사reverse transcription라고 흔히 말한다) 전환되면서 자리를 바꾸는 유전적 요소를 말한다. 널뛰기는 뒤집기 기교를 부린다고 보면 된다. 인간 유전체에서 트랜스포존이 얼마나 자주 자리바꿈하는지는 모르지만 이 유전 요소를 처음 발견한 바버라 맥클린톡Barbar McClintock 박사의 실험 재료인 옥수수에서는 자리바꿈이 흔하게 일어난다. 동물과 식물 모두 스트레스에 노출되면 트랜스포존의 준동이 잦아진다. 그렇지만 그 빈도수는 식물이 훨씬 크다.

다시 옥수수를 살펴보자. 옥수수는 유전체의 9할이 트랜스포존이다. 뿌리를 내리면 한자리에서 움직이지 못하는 식물은 그 자리에서 오롯이 환경의 변화를 견뎌내야 한다. 물이 부족하다거나 온도가 올라가거나 하는 것이 모두 스트레스다. 게다가 꽃을 피우고 수정하고 열매도 맺어야 자신의 유전자를 후손에 남길 수 있다. 아마도 그런 연유로 옥수수는 스스로를 변화시키면서 유전자를 지키고 있는지 모르겠다.

회문구조

현재 지구상의 생물 가운데 유전체의 크기가 가장 큰 생명체는 삿갓나물류인 일본의 식물 '파리스 자포니카*Paris japonica*'이다. 학명에서 드러나듯이 일본 북쪽 산속에 서식한다. 파리스는 인간 유전체, 32억 염기의 약 50배인 1,500억 개의 염기를 갖는다. 이를 펼치면 91미터에 달한다고 한다.

유전체의 크기는 생명체의 복제 속도를 결정한다. 이 예는 당장 필요 없는 유전자를 헌신짝처럼 내버리는 세균에서 쉽게 찾아볼 수 있다. 영양분이 허락하는 한 세균은 최대속도로 자신을 만들어낸다. 30분 정도면 대장균은 자신을 복제한다. 또 사막에서 빠르게 성장하고 꽃을 피워야 하는 식물들도 대체로 유전체의 크기가 작다. 동물 중에서 유전체의 크기가 가장 큰 종은 살아 있는 화석으로 불리는 아프리카 폐어이며 인간의 유전체보다 40배 이상 크다.

유전체의 크기가 크다는 것은 이들의 삶이 기본적으로 '느리다'라는 뜻을 포함하고 있는 듯하다. 폐어는 심해에서 아주 천천히 유영하며 살아간다. 한편으로 이 말은 그들이 살아가는 환경이 그 동물에게 우호적이라는 뜻도 포함되어 있다. 먹을 것을 두고 다른 생물과 격하게 다투어야 한다면 느린 삶의 사치는 기대하기 힘들다.[07]

유전체의 크기가 크다고 해서 생명체가 복잡성을 띤다고 할 수는 없지만 다양한 기능을 수행하는 생명체의 복잡성을 위해서 유전

---

07 생태학에서 '경쟁적 배제 원칙competetive exclusion principle'이라고 말한다.

체의 크기는 반드시 커져야만 한다. 그렇지만 너무 커지지 않도록 계속해서 감시가 필요하다.

단백질을 암호화하는 부위가 너무 협소하기 때문에 이런 복잡성을 이해하기 위해 유전체의 구조를 알아야 한다. 인간 유전체를 100으로 보면 대략 반 정도가 과거 바이러스가 침범한 흔적이다. 화석 유전체라고도 불리는 것으로 보아 이들은 활동성이 적다고 볼 수 있다. 그렇지만 상황에 따라 자신의 자리를 바꿔 유전체의 다른 부위에 끼어 들어가게 되면 돌연변이가 생겨날 수 있다. 또 반대의 경우도 가능하다. 유전자 부위에 끼어 있던 점핑 유전자가 다른 곳으로 이동하는 각본도 충분히 가능하기 때문이다. 우리가 레트로바이러스에 감염되었을 때도 이와 비슷한 과정을 거쳐 바이러스의 유전자가 세포 내로 편입된다. 바이러스가 암을 유발할 수 있다고 말할 때는 바로 이런 시나리오를 연상하면 된다.

사실 유전자의 점핑이 의미를 가지려면 점핑에 의해 유전자의 구조 혹은 발현 양상이 바뀌어야 한다. 그리고 시기적으로 세포가 어떤 상태에 있느냐도 중요하다. 뇌에 있는 신경세포처럼 태어날 때부터 가지고 있던 세포를 평생토록 끝까지 품고 살아가야 하는 경우와 피부세포처럼 계속 분열하는 세포는 다르게 반응할 것이다. 세포가 분열하려고 유전체를 두 배로 복제하는 과정에서 점핑이 일어나면 딸세포와 모세포의 유전체가 달라지는 비극이 초래될 수 있다. 그렇지만 점핑 유전자는 유전체가 단백질을 만들기 위해 전사될 때나 딸세포에게 유전자를 전달할 때를 가리지 않고 언제든지 자신의 임무를 기꺼이 수행한다.

DNA 염기서열을 잠시 살펴보면서 트랜스포존의 일면을 추적해보자. 트랜스포존은 반복되는 서열이 많다. 우리 유전체에는 다양한 크기의 반복적인 서열이 무척 많다. 반복서열은 두 가지 양상을 띤다. 같은 서열이 반복되는 경우, 동일한 서열이 뒤집힌 채 반복되는 경우다. 예를 들어보자.

TTACGnnnnnnTTACG (n은 네 문자 중 어느 것이어도 무방하다)

위 서열은 TTACG가 동일하게 두 번 반복된다. 이해에 별 무리가 없다. 그러나 다음 서열을 보자.

TTACGnnnnnnCGTAA

굵게 표시된 두 서열은 얼핏 보면 아무런 관련이 없어 보인다. 그러나 완력기를 힘주어 잡아당기듯 저 서열을 구부리면 매우 재미있는 현상이 벌어진다. 왼쪽 아래편에서부터 서열을 쭉 읽어보자. 역반복서열은 바로 이런 DNA나 RNA 분자의 구조적 변화를 이끌어낸다.

중간에 n으로 표시할 염기가 하나도 없으면 회문palindrome서열이라 부르는데, 여기서는 이런 것까지 몽땅 회문서열이라고 부르겠다. 그렇다면 저 특별한 구조가 무슨 의미라도 있는 것일까? 길고 짧은 정도의 차이가 있겠지만 저런 회문서열을 많이 가진 부위가 우리 유전체에 상당수 존재한다. 앞

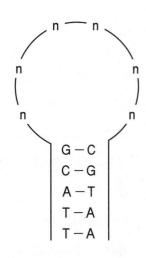

에서 이야기한 점핑 유전자와 트랜스포존에도 회문서열이 많다. 그러나 이런 구조물은 DNA와 상보적인 염기서열을 가진 RNA에서도 동일하게 발견된다. 리보솜 RNA가 바로 저런 구조물 형태를 취하고 있다.

『우연과 필연』이란 책으로 잘 알려진 프랑스의 자크 모노는 프랑수아 자코브, 앙드레 르보프Andre Lwoff와 함께 1965년 노벨 생리의학상을 받았다. 내가 젖을 먹고 있던 시절 이들은 젖당을 먹는 내장균 연구결과를 인정받아 노벨상을 탔다. 앞서 언급한 '락 오페론'이 그 연구의 골자이다. 배양액에 포도당이 존재할 때 대장균은 젖당은 거들떠도 보지 않는다. 그러나 포도당을 젖당으로 바꿔주면 사정이 달라진다. 포도당 달라고 볼멘소리 해봐야 아무 소용이 없으니 대장균도 뭔가 수를 써야 한다. 젖당을 분해하는 효소를 만들어내야 한

다. 젖당을 분해하기 위해 대장균은 세 개의 효소가 필요하다. 포도당이 있을 때는 젖당을 분해하는 효소를 만들 필요가 없다. 다시 말하면 포도당이 있을 때에는 이 효소를 암호화하고 있는 유전자들이 작동하지 않도록 붙들어 매야 한다. 그것을 억제자^{repressor}라고 하자. 포도당이 많은 호시절에 이 억제자는 젖당을 분해하는 효소 유전자가 발현하지 못하도록 길목을 막고 있다. 그러나 포도당이 없을 때 젖당이 억제자와 결합하면 못 이기는 척 슬그머니 길을 터주어, 이 효소 세 개를 만들어서 젖당을 분해할 수 있게 한다.

이런 가설과 거기에 따른 실험적 증명의 결과가 1961년에 발표되었다. 하지만 이들의 업적은 진핵세포의 유전자 발현을 연구하는 데 장애가 되기도 했다. 대장균은 세균이고 진핵세포인 인간의 세포와 근본적으로 다르기 때문이다. 다시 말하면 세균의 오페론처럼 비슷한 기능을 하는 진핵세포의 유전자도 한꺼번에 발현되리라는 가정이 한동안 팽배했다. 그러나 진핵세포의 유전자에는 단백질을 암호화하지 않는 인트론이라는 부위가 있다. 그리고 핵이라는 세포 소기관을 만들어 RNA를 만드는 장소와 단백질을 만드는 장소를 분리해버렸다. 이런 상세한 차이를 연구하는 일에서 오페론 가설이 어느 정도 이론적 방해물 역할을 했다는 이야기다.

이야기가 장황해졌지만 젖당을 분해하는 효소를 암호화하는 유전자 부위는 회문구조를 취한다. 그리고 그 억제자는 회문구조를 인식하고 거기에 결합한다. 회문구조는 DNA의 표식자 역할을 하며 그 부위를 인식하는 단백질과 함께 세포의 활성을 조절한다. 분자생물학의 탄생을 불러왔던 제한효소도 이런 식으로 회문구조를 인식하고 DNA의 특정부위를 잘라내는 능력이 있다.

리보자임

테트라하이메나는 민물에 사는 원생생물이다. 이 생물이 실험생물학에 기여한 바는 엄청나다. 1970년 테트라하이메나의 세포가 가진 장점 몇 가지 알려져 있었다. 하나의 테트라하이메나가 둘로 변하는 데 2시간 반이면 충분하다. 실험실에서도 잘 자라고 핵도 여러 개 있어서 유전체도 풍부한 편이다. 과학자들이 선호하는 생명체로서의 조건을 두루 갖춘 셈이다. 세포 하나가 두 개가 되는 속사정도 이 생명체를 연구하면서 많이 알게 되었다. 테트라하이메나는 섬모를 움직여 이동하기 때문에 섬모충류에 속한다. 이 섬모의 운동을 담당하는 다이닌^{dynein}, 튜불린^{tubulin} 단백질의 역할도 이들을 통해 밝혀졌다. 세포 소기관인 리소좀과 피옥시좀^{peroxisome08}도 발견되있다. 유전체 구조를 살펴볼 때 등장했던 텔로미어 단백질과 노화 연구, 그리고 리보자임의 발견은 노벨상으로 이어지기도 했다. 이 밖에도 굵직굵직한 주제가 이 생명체와 관련이 있다.

---

08 길이가 긴 지방산을 잘라 미토콘드리아로 보내 지방산 대사에 관여하는 소기관이다. 또한 산소의 공격을 받은 과산화물을 처리하는 기관이기도 하다. 포유동물 거의 모든 세포에 존재한다.

그중 리보자임의 발견과 관련된 뒷이야기를 들어보자. 1978년 콜로라도 대학 화학과의 토머스 체크[Thomas Cech][09]는 이 원생생물을 발판삼아 리보솜 DNA 전사를 연구했다. 리보솜은 단백질을 만드는 공장으로 알려져 있으며 지름이 20나노미터인 리보솜 RNA와 단백질로 이루어진 복잡한 구조물이다. 이 리보솜 RNA를 암호화하고 있는 것이 리보솜 DNA이다. 그런데 테트라하이메나에는 리보솜 DNA 복사본이 4만 개나 된다. 이는 리보솜 RNA를 많이 확보할 수 있다는 뜻이다. 단백질로 번역되는 전령 RNA와 달리 리보솜 RNA는 스스로 일을 하는 노동자다. 진핵세포는 네 가지 리보솜 RNA를 가진다. 토머스는 그중 하나의 리보솜 RNA에 인트론이 있다는 사실을 알게 되었다. 인트론을 제거해주어야만 리보솜 RNA가 노동자로서 제대로 일을 할 수 있다. 인트론을 제거하는 작업, 스플라이싱[splicing]은 일종의 RNA 가위가 정확하게 인트론 부위를 자르는 작업이다.

여기서 다시 한 번 짚고 넘어가야 할 사실은 인트론 제거 작업이 핵 안에서 진행된다는 점이다. 인트론이 제거된 리보솜 RNA는 세포질로 나와 공장으로 출근한다. 체크의 연구진은 인트론이 포함된 리보솜 RNA를 따로 분리하여 핵 추출물을 넣어주었다. 핵 추출물에 인트론 제거 가위가 있으면 리보솜 RNA에서 인트론 부위가 잘려 나

---

09 크리스퍼 관련 노벨상 0순위인 제니퍼 다우드나가 체크의 실험실에서 박사후연구원 생활을 했다.

갈 것이다. 전기영동electrophoresis이란 방법을 쓰면 리보솜 RNA와 인트론을 분리할 수 있다. 전기영동법은 전기적인 힘을 이용해 고분자 물질을 분리하는 생화학 실험기법이다. 전기영동 결과 리보솜 RNA는 성공적으로 잘려나갔음을 알게 됐다. 토머스의 목표는 인트론을 잘라내는 효소가 무엇인지를 밝히는 것이었다. 일단 인트론을 자르는 가위가 있다는 사실을 확인한 다음 작업은 과연 무엇일까? 물론 핵 추출물에서 효소가 어디에 있는지 소재 파악에 나서는 일이다. 고전적인 분리 방법을 이용해 핵 추출물을 여러 분획으로 나누고 거기에 다시 리보솜 RNA를 넣어 어디에서 RNA가 분리되는지 확인하는 단계가 그다음이다. 그 뒤에는 단백질의 특성을 규명하는 일이 연구 순서일 것이다.

그런데 문제가 생겼다. 핵 추출물을 넣은 쪽이나 그렇지 않은 대조군 모두에서 리보솜 RNA가 잘려 나갔기 때문이다. 문제될 것은 없었다. 단백질이 RNA에 강하게 결합할 가능성도 있기 때문이다. 이후 갖은 방법을 다 사용해서 절단효소를 찾으려 했지만 체크 연구진은 결국 실패했다. 주줄물 안의 단백질을 전부 제거해도 여전히 리보솜 RNA는 숭숭 잘려 나갔다. 이럴 때 연구자들은 상황이 꼬인다고 말하면서 술집으로 향하게 된다. 모든 신경이 '대체 뭐가 잘못되었기에'로 쏠린다.

생각할 수 있는 각본은 몇 가지 더 있다. 우선 단백질이 무슨 이유로 분해된 경우가 있을 수 있다. 아마 이런 경우라면 단백질 분해효소를 억제하는 물질을 첨가하고 실험을 진행한다. 아니면 다른 실험실이 갖고 있는 인트론가위를 빌려다 실험을 해보는 수도 있다. 그렇지만 체크는 실험을 포기하기 전 마지막으로 이들 리보솜 RNA의 염기서열을 확인해보기로 했다.

염기서열을 확보한 화학자답게 체크는 인트론을 자르기 위해서는 구아닌과 마그네슘이 필요하다는 사실을 실험적으로 확인했다. 이 결과는 《셀》에 게재됐다. 효소는 찾지 못했지만 인트론을 잘라내고 RNA를 성숙시키는 중요한 기전을 밝힌 것이다.

절망의 시간이 어느 순간 환희로 바뀌었다. 계속해서 토머스는 RNA의 서열을 들여다보고 실험을 계속했다. 바로 이때 회문서열이 등장한다. 토머스는 리보솜 RNA가 구부러지면서 고리 모양의 구조가 생긴다는 것을 확인했다. 재미있는 사실은 잘려 나갈 인트론 부위가 고리 안에 끼어 들어간다는 점이고, 이 고리가 잘려 나갔다는 믿지 못할 일이 진행되었다는 점이다. 그후 잘린 고리의 양편이 결합했다. 단백질 효소 없이도 RNA가 잘려 나가는 일이 눈앞에서 벌어진 것이다. 이 결과는 1982년 《핵산 연구Nucleic Acids Research》, 이듬해 《네이처》에 연거푸 실렸다. 리보솜 RNA가 단백질처럼 효소enzyme의 역할을 한다는 점을 강조하여 이 물질을 '리보자임'으로 부르게 되었고, 몇 년 후인 1989년 토머스는 노벨상을 수상했다.

이 발견 이후 생물학의 몇 가지 패러다임이 뒤집혔다. 첫째, 단백질이 아니어도 효소 기능을 할 수 있다는 사실이다. 다른 한 가지는 촉매와 반응물질이 한 몸뚱어리를 하고 있다는 것이었다. 이를 자기 절단-조립self-splicing RNA라고 부른다. 앞에서 살펴본 스플라이세오좀과 구조적으로 다를 바 없는 물질이다.

단백질과 RNA가 한 덩어리가 되어 효소 기능을 하는 물질도 발견되었다. 운반 RNA를 가공하는 효소인 '리보핵산분해효소 P ribonuclease P'가 그런 예이고 이 물질은 질량의 80퍼센트를 RNA가 차지한다. 여기서도 RNA가 효소 역할을 담당한다.

리보자임이 발견되면서 생명의 시원始原에 관한 새로운 견해들이 등장하게 되었다. 그러니까 DNA보다 RNA가 먼저 등장했다는 가설이 힘을 받게 된 것이다. 사실 DNA를 구성하는 당인 디옥시리보오스deoxyribose는 RNA를 구성하는 당인 리보오스ribose에서 만들어진다. 칼 워즈가 리보솜 RNA의 서열을 비교함으로써 생명체 계통을 구축하고 1980년 노벨 화학상 수상자 월터 길버트Walter Gillbert가 'RNA World'라는 용어를 사용하면서 RNA가 생물학의 중심에 놓였다. 최근 나는 아미노산과 결합하여 단백질을 만드는 과정에 관여하는 운반 RNA가 생명의 시원에 더 가까이 있다는 생각을 종종 한다. 일부 과학자들은 운반 RNA가 생명의 종자돈이 되었다는 용감한 가설을 제기하기 시작했다. 나도 이 가설에 끌리지만 어쨌거나 회문구조가 생명의 시초와 관련되었음은 분명한 것 같다. 그리고 이 구조는 세균이나 진핵세포의 면역 체계에도 편입되어 다양한 역할을 하고 있다. 이제 우리는 그 내면을 들여다 볼 수 있게 되었다.

제2장. 자르고 이어 붙이기

CRISPR

Clustered Regularly Interspaced Short Palindromic Repeats

나는 클론이란 말을 1990년대 중반에 처음 들었다. 국내 대학에 분자생물학과가 등장한 시기가 1990년대인 것과 얼추 조응한다고 볼 수 있다. 지금이야 석사 과정 학생들도 일상적으로 수행하는 분자생물학 실험 기법이지만, 운반 벡터를 사용하여 어떤 유전자를 대장균에 집어넣고 그 유전자를 발현하는 세포만을 선별하는 작업만으로도 박사 한 명씩 배출되던 시절이었다. 그 방법이 최초로 선보인 것은 1973년《미국 국립과학원회보》를 통해서였다. 논문의 제목은 「생물학적으로 기능하는 세균 플라스미드 제조」였다. 최초의 유전자가위가 등장한 것이다.

플라스미드plasmid는 세균끼리 유전자를 주고받을 때 사용하는 고리 모양의 유전체이다. 부모가 자식에게 전달하는 수직적인 대물림 방식이 아니라는 의미를 담아 플라스미드를 이용한 유전자 주고받기는 '유전자 수평 이동'이라고 불린다. 세균이 항생제 내성을 획득할 때 흔히 플라스미드가 전용되는 것이다. 1970~1980년대 클로닝^{cloning} 기법을 고안한 과학자들은 플라스미드의 운반 능력에 주목했다. 플라스미드 중간에 흠집을 내고 거기에 원하는 유전자를 집어넣는 방식, 최초의 유전자가위였다.

1장에서도 잠시 소개했지만 여기서는 본격적으로 제한효소에 대해 다루겠다. 바이러스의 특정 염기서열을 인식해 잘라내는 제한효소는 세균의 선천성 면역계이기도 하다. 따라서 유전자가위인 제한효소와 운반 유전체 고리인 플라스미드의 만남이 클로닝, 최초의 유전자 재조합 또는 유전공학이라 부르는 새로운 '방법론'을 등장시켰다. 그뒤 2, 3세대 유전자가위가 등장했다. 크리스퍼 유전자가위는 바이러스와 세균 사이의 경쟁의 산물이며 지금도 진화하고 있다. 오늘도 삶을 위한 경쟁은 지속되고 있기 때문이다.

세균의 분자생물학

얼마 전 『온도계의 철학』의 저자 장하석 교수가 쓴 '과학적 호기심은 과학의 역사에 대한 천착에서 비롯된다'라는 글을 읽었다. 나도 다른 지면을 통해 결국 과학의 영역에 '시간'이 편입되어야 진정한 의미를 띤다고 이야기했던 것이 생각난다. 진화론이 중요한 이유이기도 하다. 그러나 과학적 사실도 진화한다. 유전자가위라는 개념이 처음 등장한 것은 미생물에서였지만 역시 유전체 비교분석을 통해 그 의미가 선명해졌다.

돌이켜보건대 유전자가위는 결국 생명체 간의 군비경쟁의 산물이다. 자신의 세력을 확장하려는 이기적 유전자를 잘라내는 것이 유전자가위의 1차적 목표이기 때문이다. 유전체학genomics, 생물정보학bioinformatics 및 분자의학molecular medicine을 현대 생물학의 주류로 여기는 추세지만, 이런 경향은 20세기 중반 분자생물학molecular biology의 연장선상에 있다고 보아야 할 것이다. 분자생물학이란 용어를 만든 워렌 위버Warren Weaver가 수학자이면서 정보학자였던 점을 생각하면 이미 컴퓨터와 생물학의 연결은 일란성 쌍둥이처럼 아주 자연스럽다.

분자생물학이 아우르는 영역에 대해 과학사가 하워드 L. 케이Howard L. Kaye는 이렇게 말한다.

1. 분자생물학은 생명체의 다양성보다는 모든 생명체에 공통적인 생명현상의 단위에 관심을 둔다.
2. 연구하고자 하는 모델 시스템은 단순해야 한다(바이러스나 세균).
3. 분자생물학의 프로그램은 생명현상을 지배하는 물리화학의 일반법칙을 발견하려 한다.
4. 분자생물학은 학문의 경계를 허물고 필요하다면 언제든지 물리

학, 수학, 화학의 영역을 넘나든다.

5. 분자생물학의 주된 관심은 항체를 포함하는 고분자이다.

6. 분자생물학은 생명의 수준을 현미경적 크기의 영역에 둔다.

7. 기술적 진보를 동반하며 복잡한 기자재가 필요하다.

8. 집단 연구조직의 형태가 불가피하다.

분자생물학의 첫째 과제는 1950년대 말부터 10여 년 사이에 해결된다. DNA를 결합시키는 중합효소, DNA를 해체시키는 분해효소, 제한효소의 발견 덕분이다. 1970년에 과학자들이 제한효소를 발견했다. 제한효소는 DNA의 특정 염기서열을 인식해 정확한 위치에서 절단해 특정 조각들을 만들어내는 효소이다. 유전자 조작기술은 바로 이 제한효소의 발견에서 길을 찾았다. 둘째 과제는 바이러스의 DNA에 외부 DNA를 삽입하여 숙주세포에 감염시킴으로써 특정 유전자를 숙주생물에 도입하는 미생물학 기법에 의해 해결된다.

하지만 우리가 원하는 유전자의 기능을 알아보고자 할 때 고려해야 할 사항이 하나 더 있다. 바로 분화된 세포가 모든 유전자를 발현하지 않는다는 점이다. 근육세포는 헤모글로빈 유전자를 가졌지만 헤모글로빈을 만들지는 않는다.

'뭣이 중헌디?'

한 개체가 지닌 모든 세포는 그 수가 어찌 되었든 동일한 유전체를 가지지만[01] 특정한 세포, 조직, 혹은 기관에 따라 발현되는 유전자의 종류나 양이 제각각이다. 유전자가 발현된다는 말은 DNA에 상보적인 서열을 갖는 전령 RNA를 만든다는 뜻이다. 앞에서 누누이 살펴보았듯이 그 과정에서 인트론을 제거해야 한다. 따라서 일반적으로 세포 내부의 전령 RNA의 양은 특정 세포에서 일군의 유전자가 발현되는 정도와 관련이 있다.

주요한 인간 조직 또는 기관을 분석한 결과에 따르면 조사 대상인 전체 단백질 1만 9,692개 중 모든 조직에서 공통적으로 발견되는 단백질의 수는 8,588개이다. 모든 조직에서 보편적으로 만들어지는 단백질을 '하우스키핑housekeeping'이라는 형용사로 표현한다. 모든 집에 다 있는 붙박이 단백질이라는 뜻이다. 물론 그 양은 약간씩 차이가 어느 순간 인제의 특정 조직에서의 전령 RNA가 최소 다섯 배 이상인 단백질만 추려내면 전부 7,100개이다. 전체 유전자의 약 3분의 1에 해딩하는 값이다. 물론 관련 있는 여러 조식에서 특별히 낳이

---

01 우리 인간의 몸을 구성하는 체세포들은 모두 동일한 유전체를 갖는다고 말한다. 그렇지만 적혈구와 최종 분화한 성세포는 예외다. 오로지 산소를 운반하는 일을 전담하는 적혈구는 아예 핵 자체가 없다. 그러므로 유전체라고 칭할 만한 것이 아예 없는 데다 미토콘드리아도 없으니 유전적 요소라곤 전혀 없다. 적혈구는 절대 다른 세포가 될 수 없다. 그들을 기다리고 있는 운명은 120일 동안의 쉼 없는 여행뿐이다. 성세포는 감수분열 과정을 거쳐 자신의 유전체 양을 절반으로 줄인다. 그러므로 생명체는 어느 순간 이배체(2n)와 반수체(n)가 섞여 있는 생활사를 반복한다. 우리는 그 반수체 두 개를 합하여 생물학적 나이를 0살로 재부팅하고 유전체에 활력을 부여한다. 인간은 특별히 그날을 생일이라고 칭한다. 과학자들은 생일의 의미를 생물학적으로 해석하려고 부단히 애를 쓴다.

발견되는 단백질도 있다.[02]

　재미있는 사실은 남성 생식기관인 고환에서만 발현되는 단백질의 수가 압도적으로 많다는 점이다. 단백질 이름을 쭉 훑어보면 대부분 기능을 잘 모르는 것들이다. 수없이 많은 정자를 만드는 데 필요한 단백질일 것이라 추측할 수 있다. 그다음은 대뇌피질로 381개의 단백질을 특이하게 발현하고 있다. 고환과 대뇌피질 두 조직 모두에서 많이 발현되는 단백질도 43개나 된다. 아마도 짝짓기에 필요한 호르몬 신호와 관련이 있겠지만 단백질 이름만 봐서는 당최 무엇인지 짐작이 되지 않는다. 사실 기능을 모르는 인간 단백질의 숫자가 거의 절반에 육박한다.

　세포에서도 비슷한 연구가 진행되었다. 조직이나 세포가 자신의 기능을 수행하기 위해 전체 DNA의 일부만을 사용한다는 사실은 쉽게 짐작할 수 있다. 2014년《전기영동Electrophoresis》에 실린 논문을 참고하면 여섯 종류의 세포 모두에 공통적으로 발현되는 단백질의 숫자는 428개였다. 이들이 조사한 전체 단백질의 숫자를 후하게 잡아 4,000개라고 해도 10퍼센트 남짓이다. 나머지는 여러 조직 또는 세포에만 특이하게 발현되는 단백질이다. 하지만 2013년의《네이처 리뷰 제네틱스Nature Review Genetics》에 실린 논문에 따르면 세포에서 전사, 번역, 운반 및 단백질 분해에 주로 관여하는 하우스키핑 유

02　단백질 지도라는 인터넷 사이트를 방문하면 보다 자세한 정보를 얻을 수 있다.
　　http://www.proteinatlas.org/humanproteome/tissue+specific

조직	과발현 단백질 (수)	조직	과발현 단백질 (수)
고환	1,057	가슴샘	28
대뇌피질	381	지방조직	26
간	170	전립선	21
골격근육	106	폐	20
피부	95	비장	8
골수	84	담낭	7
태반	83	난소	7
콩팥	70	혀	7
나팔관	56	소장	6
식도	46	십이지장	6
침샘	40	방광	6
부신피질	38	자궁내막	4
췌장	37	충수	2
심장근육	33	직장	1
위	31	대장	0

전자는 전체 유전자의 40퍼센트에 해당한다. 아마도 이 값이 더 실제에 가까울 것이다. 하지만 특정한 세포에 국한되어 발현되는 유전자는 5퍼센트에 불과하다고 한다. 우리 몸을 구성하는 약 50조 개의 체세포는 참으로 열심히 일하고 있다. 그 주인이 잠을 자든 축구를 하든 열심히 일하는 것은 마찬가지다.

이제 유전자를 다루는 실험방법을 간단히 살펴보자. 예를 들어 우리가 간에서 특정 유전자를 조작하는 실험을 하고 있다고 가정하

자. 일반적으로 우리는 인트론을 제거한 단일 가닥 RNA를 다시 두 가닥의 DNA(상보적 DNA 혹은 cDNA라고 한다)로 만들어 운반 벡터 vector03에 집어넣는 방법으로 실험을 진행한다. 따라서 이 과정에는 전사의 반대 방향, 즉 역전사를 매개하는 효소가 필요하다. 1970년 미국의 하워드 테민Howard Temin과 사토시 미즈타니Satoshi Mizutani 그리고 데이비드 볼티모어David Baltimore가 각각 닭과 쥐의 레트로 바이러스를 연구하던 중 역전사효소의 존재를 예견했다. 그러나 그 효소가 발견된 것은 그로부터 7년 뒤의 일이다. 유전체로 RNA 형태를 가진 바이러스는 숙주세포 안에서 이 RNA를 다시 DNA로 바꾼 다음 숙주 유전체에 끼워 넣는다. 현대의 분자생물학자들이 바이러스의 이런 번식전략을 완벽하게 흉내 낸다.

만일 해독작용에 관여하는 시토크롬 P450cytochrome P450 단백질이 간에서 선택적으로 만들어진다면 간 조직 전체 RNA 중 시토크롬 P450을 암호화하는 전령 RNA가 차지하는 비율은 전체 유전체에서 시토크롬 유전자가 차지하는 비율보다 훨씬 크다. 이는 지극히 당연한 말이다. 그러므로 발현되는 유전자 레퍼토리를 탐색하고자 할 때는 cDNA 도서관을 제작하는 것이 더 유리하다. cDNA 도서관을 만들어보자.

먼저 간 조직에서 전령 RNA를 분리한다. RNA가 가공되는 과

---

03 세균의 세포 밖으로 나간 고리형 플라스미드는 다른 종의 세균에 편입된다. 이러한 유전자 수평 이동을 통해 세균은 항생제 내성을 갖는 형질을 주변에서 얻는다. 분자생물학자들은 원하는 유전자를 세균이나 진핵세포에 전달하는 도구, 즉 벡터로 이런 플라스미드를 사용한다.

정에서 한쪽 끝에 아데닌(A) 염기가 연속적으로 여러 개 달라붙기 때문에 그와 상보적인 티민(T) 염기를 써서 RNA를 분리할 수 있다. DNA에 비해 RNA는 약하고 불안정하다. 따라서 실험 전 과정에 걸쳐 RNA를 분해하는 효소의 침입을 철저하게 차단해야 한다. 또 혹시라도 오염되었을 것에 대비해 단백질과 DNA를 처분하는 과정이 수반된다. 그 다음에는 RNA의 양과 순도를 측정한다. 순도가 높은 RNA를 얻으면 역전사효소와 반응시켜 DNA를 만든다. RNA를 주형으로 하기 때문에 반응의 결과물은 RNA-DNA 이중사슬 형태를 띤다. 이를 이중사슬 DNA로 만들기 위해 분해효소를 써서 RNA를 파괴하고 다시 DNA 중합효소의 도움을 받아 최종적으로 이중사슬 DNA를 만든다. 이것이 바로 cDNA다. 이 유전요소는 운반체나 벡터에 넣어서 대장균이나 진핵세포에서 발현시킬 수 있다. 그런데 특정한 유전자의 cDNA를 얻기 위해서는 그 유전자의 서열에 특이적인 일종의 '선도자primer'가 필요하다. 이 이야기는 복잡하지만 조금만 숙달되면 어려울 것도 없는 실험실의 '일상사'가 된다. cDNA를 벡터에 십어넣을 때 제한효소와 같은 유전자가위가 필요하다. 그럼 우선 최초의 유전자가위인 제한효소에 대해 살펴보자.

제한효소

"그들의 발견은 실험실에서 사람을 복제하고 천재를 만들며 노동자를 대량생산할 뿐만 아니라 심지어 범죄자도 만들어낼 가능성을 열어주었습니다."

1978년 노벨 생리의학상 수상자가 결정되자 스웨덴 텔레비전 방송은 호들갑스럽게 논평했다. 내가 중학교 3학년 때의 일이다. 생물 시간에 우리는 세포에 대해서 배웠고 세포주기$^{cell\ cycle}$라는 수상쩍은 주제를 의미도 모르면서 달달 외웠었다. 그해 노벨 생리의학상을 받은 세 명의 과학자는 제한효소를 발견하여 분자유전학의 문제에 대한 응용 연구에 기여했다.

유전자가위, 크리스퍼는 유전자의 특정 부위를 '인식'하고 '잘라낸다'는 점에서 본질적으로 1978년에 수상한 노벨상의 연구와 크게 다를 바 없다. 그렇지만 소가 끄는 달구지와 내연기관으로 움직이는 자동차는 엄연히 다르다. 운송수단이라는 점에서 비슷하지만 파급력에서는 현저한 차이가 난다. 지금부터 그 '파급력'에 대해 살펴보자.

"제한효소의 발견과 분자유전학의 문제에 대한 응용 연구." 참 어려운 말이다. 내 목표는 이 용어의 의미를 대중적으로 풀어내는 것이다. 앞에 인용한 수상의 근거에서 생각해 볼 것은 세 가지이다. 첫째 제한효소는 무엇인가? 1978년 당시 약 100여 개에 불과했던 제한효소는 현재 2만 개에 이른다.

제한효소는 특정한 DNA 염기서열을 인식하고 잘라내는 역할을 하는 단백질이다. 그렇기에 사람들은 제한효소를 일컬어 DNA가위cutter라는 표현을 쓰기도 한다. 유전자가위라 불리는 크리스퍼를 이해하기 위해서 제한효소를 먼저 살펴보아야 하는 이유는 이 때문이다. 그렇다면 제한효소를 가지고 있는 생명체는 무엇일까? 대표적으로 세균, 고세균, 또 일부 진핵세포도 제한효소를 가지고 있다.

기능적인 측면을 강조하여 우리는 제한효소를 세균의 면역계immune system라 부르기도 한다. 면역계는 나와 남을 구분하여 남을 제거하는 일련의 행위와 그 행위를 담당하는 모든 물질과 세포를 일컫는 말이다. 세균의 제한효소는 외부에서 침범하는 DNA를 인식하고 제거하는 단백질이라 정리할 수 있겠다. 외부에서 침범하는 DNA는 어디서 유래한 것일까? 물론 대부분은 바이러스다.

2015년 최대의 과학적 성과라고 일컬어지는 크리스퍼는 세균의 유전체 분석을 통해 실체가 드러났다. 그리고 크리스퍼 역시 외부에서 침투한 바이러스의 유전자를 다루는 면역계로 분류된다. 바이러스와 세균이 눈에 보이지 않는다고 함부로 부시할 일이 아니다. 한편으로 과학은 인간의 인식체계를 확장시켜온 인류 노동의 역사이다. 마찬가지로 과학은 인간의 감각 기능도 엄청나게 높였다. 전자현미경을 통해 우리는 ATP를 합성하는 효소도 볼 수 있고 핵막의 구멍도 그림을 감상하듯 관찰할 수도 있다. 확장된 감각 기능을 빌려 이제 우리는 세균의 면역계를 힐끔거리자.

20세기 중반을 지나면서 분자유전학이 개화했다고 말할 때 그 선봉에 선 물질은 바로 제한효소였다. 그리고 그 연장선상에 크리스퍼가 존재한다. 수많은 제한효소를 이용하여 유전자를 잘라내고 특정한 의미를 지니는 유전자를 집어넣어 증폭시키는 기술은 지금도 여전히 강력하다. 인슐린을 생산하는 대장균이 대표적인 예이다.

나를 알고 적을 알고

크리스퍼-카스^{CRISPR-Cas04}도, 제한효소도 DNA를 자르는 일을 한다. 세균의 면역계 입장에서 보면 크리스퍼-카스 유전자가위는 성능이 빼어난 제한효소라 볼 수 있다. 그런데 DNA의 어떤 부위를 어떻게 알고 자르는 것일까? 인트론을 자르는 스플라이세오좀은 자신들이 잘라낼 부위를 어떻게 인식하는 것일까? 이런 분자 기계들은 기본적으로 세균 혹은 고세균 시절부터 이미 존재하고 있었다. 그들에게는 왜 이런 능력이 필요했을까? 크리스퍼 혹은 제한효소의 예에서 보듯 이 분자기계들은 기본적으로 유전체와 유전자 사이의 투쟁, 아널드 J. 토인비^{Arnold J. Toynbee} 식의 표현대로라면 '나'와 '내가 아닌 것'과의 투쟁의 산물이다. 크리스퍼-카스 유전자가위를 이용해서 외부에서 유래한 유전자를 집어넣는다면 이런 식의 상호경쟁은 어

---

04 엄밀하게 말하면 크리스퍼는 '인식'하고 카스는 '자르는' 단백질이다. 생화학적으로 크리스퍼는 유전물질이고 카스는 단백질이다. 매체에서는 가끔 위 두 가지 요소를 합친 뜻으로 크리스퍼란 용어를 사용한다.

떻게 될까?

이는 유전자 변형물, 즉 우리가 흔히 GMO^{genetically modified} organism라고 말하는 현상과 관련 있다. 그러나 여기서는 먼저 저런 분자기계가 DNA의 특정서열을 알아차리는 인식 방법에 대해 살펴보도록 하자. 이 대목에서도 유진 쿠닌이 등장한다. 정보학의 툴을 사용해서 쿠닌은 몇 종류의 세균이 특정한 짧은 회문서열을 기피한다는 사실을 알아냈다. 무슨 뜻일까?

쿠닌이 분석에 사용한 것은 염기 네 개와 다섯 개, 그리고 여섯 개짜리 회문서열이었다. 교과서에서는 회문서열을 이렇게 만든다. 우선 임의로 염기를 선택한다. 예컨대 AC가 있으면 이것의 상보적인 서열 TG를 선택한다. 다음 TG의 순서를 바꾸어 GT를 얻는다. 다음 이 서열을 AC에 연결한다. 그러면 ACGT 회문서열이 완성된다. 결국 네 문자의 회문서열은 A, T, G, C 두 문자를 배치하는 조합 16가지(4×4)를 얻게 된다. A로 시작하는 회문서열을 만들어보자. AATT, ACGT, AGCT, ATAT 네 가지다.

마찬가지로 다른 세 종류의 염기로 시작하는 네 개짜리 회문서열 12가지 합쳐서 총 16개의 회문서열을 만들 수 있다. 유전체서열이 완전히 밝혀진 세균 여섯 종의 전체서열에서 무작위로 네 개의 서열을 선택했을 때 위에 제시한 16종의 회문서열이 나오는 빈도를 순서를 매겼다. 특정 회문구조를 갖는 서열은 세균 집단에서 거의 찾아볼 수 없었다. 마치 어떤 규칙을 가진 것처럼 회문구조를 회피하는 것처럼 보였는데, 이런 규칙성은 유전체가 가장 작은 기생 생명체 중 하나인 마이코플라즈마 제니탈리움*Mycoplasma genitalium*에서는 다소 느슨해졌다. 그러나 기생성 공생체인 미토콘드리아나 엽록체 유전체는 회문서열을 회피하는 경향이 두드러지게 사라져버렸다.

모든 회문서열이 그런 것은 아니지만 제한효소가 인식하여 자르는 부위는 대개 염기 네 개 혹은 여섯 개짜리 짧은 DNA 회문서열이다. 어떤 세균이 바이러스 침입에 맞서 자신의 제한효소로 바이러스 유전체를 부수려 할 때 자신의 유전체에 가해질 손상은 미연에 예방해야 하기 때문에 세균이나 고세균은 당연히 이런 회문서열을 회피한다. 빈대만 잡아야지 초가삼간까지 태워서는 안 되는 것이다. 다시 말하면 바이러스는 제한효소에 분쇄될 수 있는 회문서열을 많이 가질 것이라고 예측할 수 있다. 그래야 '나'와 '내가 아닌 것'과의 투쟁이 성립된다. 그러나 이런 투쟁은 항상 무기경쟁을 동반할 것이므로 바이러스의 유전체나 세균의 제한효소가 끊임없이 바뀌고 단련될 것이란 사실은 의심의 여지가 없다.

그렇다면 진핵세포 내에서 따로 격리된 엽록체나 미토콘드리아는 핵에게 바이러스 문제를 떠넘길 수 있기 때문에 회문서열이 있든 없든 크게 신경 쓰지 않아도 된다. 그렇지만 진핵세포 숙주가 바이러스에 감염되면 핵 유전체에서 번역되는 미토콘드리아 단백질이 손상될 수 있기 때문에 미토콘드리아도 남의 일이라고 아예 수수방관할 수만은 없다. 따라서 미토콘드리아도 숙주세포가 바이러스와 싸울 때 최선을 다해 공동 작전을 펼친다. 바이러스 단백질 일부는 미토콘드리아 단백질과 달라붙어 있으면서 상황이 곤란해지면 미토콘드리아는 세포가 자살하도록 유도한다. 그러나 그 전까지는 바이러스를 무찌르는 창인 <u>인터페론</u>을 양껏 만든다.

인터페론_ 인터페론은 1957년 앨릭 이삭스Alick Issacs와 진 린덴만 박사Jean Lindenmann가 감기를 일으키는 인플루엔자 바이러스를 관찰하는 도중 바이러스의 증식을 저해interfere하는 인자를 처음 발견하였다. 그래서 이름이 인터페론Interferon이다. 구조와 기능에 따라 인터페론 알파, 베타, 감마로 분류한다.

최근 인터페론 감마와 관련된 흥미로운 사실이 알려졌다. 외부에서 기원한 세균, 바이러스 그 외 이식받은 조직이나 암세포에 대해 우리 신체는 면역반응을 활성화시킨다. 그렇지만 전통적으로 뇌는 예외적인 기관으로 알려졌다. 이식한 뇌가 거부반응을 크게 일으키지 않는다는 사실은 20세기 초반의 과학자들도 알고 있었다. 아마도 혈액을 통해 뇌로 가는 물질을 까다롭게 살피기 때문이라고 사람들은 생각했다. 그래서 뇌는 면역학적 '특별지역'으로 불리기도 했다. 그러나 2015년 들어 이런 통념이 깨지는 결과가 나왔다. 뇌에 임파절이 있다는 내용이다. 임파선이 기찻길이라면 임파절은 기차역에 해당하고 거기에는 포졸 역할을 하는 면역 세포들이 진을 치고 있다. 버지니아 대학 신경과학자인 조너선 키프니스Jonathan Kipnis는 뇌와 척수를 둘러싸고 있는 막인 뇌수막에 임파절이 있다는 사실을 발견하고 이를 《네이처》에 발표했다.

자폐증이나 치매와 같은 뇌 질환을 면역학적 시각에서 설명할 수 있는 단초를 마련했다는 점에서 키프니스의 연구는 세간의 관심을 끌었다. 2016년 같은 그룹에서 인터페론 감마와 관련된 재미있는 결과를 연달아 내놓았다. T임파구가 생산하는 인터페론이 인간의 사회성을 결정한다는 내용이었다. 이 연구가 관심을 끌었던 주된 이유는 면역계가 인간의 행동을 좌지우지할 수 있다는 점 때문이었다. 사회성은 인간의 생존에 필수적이다. 사냥을 하든, 농경을 하든 마찬가지다. 그렇지만 무리 지어 다니면 세균이나 바이러스의 전염성에 취약해지는 것도 사실이다. 그러므로 인터페론 감마는 두 가지 기능, 즉 사회성을 드높이는 동시에 면역계를 보강하기 위해 진화했음을 의미한다. 크리스퍼와 각종 면역계를 들여다보면 생명체는 그야말로 미생물과 면역계의 각축장이 아닐까 생각된다. 따라서 우리는 인간 말고도 다른 생명체에 관심을 기울여야 한다.

제한효소와 선천성 면역

여러 번 사용하기는 했지만 제한효소는 여전히 낯선 용어다. 무얼 제한하기에 저런 말이 붙었을까? 외부에서 침범한 파지 바이러스를 숙주세균이 제한하고 가공하는 현상은 1950년대부터 알려졌다. 특정 제한효소의 유무에 따라 세균이 바이러스의 증식을 제한하는 능력에 차이가 있다는 점을 과학자들이 알아차린 것이다. 따라서 애초 '제한'은 세균 내부의 어떤 기제가 바이러스의 증식을 '제한'한다는 의미를 지녔다. 숙주 내부에서 제한·가공의 역할을 담당하는 제한효소가 발견된 것은 1960년대 초반이다. 스위스의 베르너 아르버 Werner Arber 와 데이지 룰랑 뒤수아 Daisy Roulland-Dussoix 는 일군의 효소가 바이러스의 DNA를 잘라내는 방식으로 바이러스의 증식을 제한한다고 밝혔다. 계속되는 연구를 통해 아르버는 제한효소가 바이러스 DNA의 특정한 부위를 인식하면 무작위로 자른다는 사실을 알게되었다. 나중에 쿠넌이 발견한 내용이지만 제한효소는 숙주의 DNA 일지라도 자신의 인식 범주 안으로 들어오면 가차 없이 자를 것이라 짐작할 수 있다.

일반적으로 제한효소는 인식하는 부위를 발견한다면 DNA의 어떤 부위라도 잘라낼 수 있다. 그렇기에 세균은 자기의 효소에 자신이 희생되는 '시칠리아의 암소'[05]가 되지 않으려면 자신의 유전체를

---

05 기원전 6세기 시칠리아의 참주 팔라리스가 고안한 청동으로 만든 암소 모양의 고문 도구이다. 역설적이게도 이 도구를 제작했던 사람 역시 청동 암소 안에서 죽었다.

조심스럽게 유지해야 할 뿐만 아니라 외부에서 유입된 이기적 유전자만을 효과적이고 선택적으로 잘라야 한다.

1970년 해밀턴 스미스[Hamilton Smith]는 분리한 제한효소가 실제 외부 DNA를 자른다는 사실을 실험으로 입증했다. 각각의 제한효소에는 자신만의 고유한 인식 부위가 있고, 그 부위만을 자른다는 사실도 점차 밝혀졌다. 그러므로 침입한 바이러스가 세균이 가진 제한효소의 감시망 안에 들어오면 어떤 바이러스도 쉽사리 증식하지 못한다는 사실은 쉽게 예측할 수 있다. 다시 말하면 세균은 제한효소를 이용해서 바이러스의 유전체를 갈기갈기 찢어서 작은 조각으로 만들어버릴 수 있다.

제한효소의 이런 능력을 알아낸 과학자들이 점차 등장했다. 대니얼 네이선스[Danmiel Nathans]는 '시미안 바이러스40[simian viruses40]'의 유전체를 제한효소로 자르고 전기영동하면 바이러스 유전자의 지도를 얻을 수 있다는 사실을 알아냈다. 보다 발전된 기법이 보급되면서 여러 종류의 생명체가 지닌 유전체 정보가 쌓여갔다. 한편 유전공학에 제한효소가 사비뇌면서 신핵세뇨 유선사를 세균에 이식시킬 수 있는 길이 열렸다. 유전공학의 시대가 시작된 것이다. 가령 인간의 인슐린을 대장균에서 대량 증식시킬 수 있게 되었다. 제한효소의 발견에 뒤질세라 잘린 DNA를 이어주는 연결효소[ligase]도 발견되었다. 미국 스탠퍼드 대학의 생물학자 스탠리 코헨[Stanley Cohen]과 캘리포니아 대학의 생물학자 허버트 W. 보이어[Herbert W. Boyer]는 포도상구균[Staphylococcus

의 유전자를 대장균에 도입하여 융합 DNA를 만드는 데 성공했다.

혈액 안에 포도당이 존재하는 경우에만 분비되기 때문에 풍요의 호르몬으로 알려진 '인슐린'은 혈액 안의 포도당의 양을 조절하며 췌장pancreas에서 생산된다. 이전에는 췌장이 제대로 기능을 하지 못한 사람들에게 돼지나 소에서 추출한 인슐린을 사용했었다. 그런데 다른 종의 인슐린이 체내에서 면역반응을 일으켜 목숨을 앗아간 사례가 적지 않았다. 세균은 자신의 염색체 외에도 복제가 가능한 고리 모양의 DNA인 플라스미드를 갖는다. 대장균의 플라스미드의 특정 부위를 제한효소로 자르고 그 사이에 인슐린 유전자를 집어넣어 연결효소로 이으면 재조합 DNA를 만들 수 있다. 이를 다시 대장균 안에 집어넣으면 대장균에서 인간 인슐린을 생산하게 된다. 1976년에 설립된 제넨텍Genentech은 재조합된 유전자가 생산한 인슐린을 순수 분리하였고, 1982년 의약품으로 승인을 받았다. 이것이 최초의 유전자 재조합 의약품이다.

제한효소를 발견한 세 과학자는 1978년 노벨 생리의학상을 수상했다. 수상식 기조 연설문에서는 전설의 유전학자 테오도시우스 도브잔스키Theodsius Dobzhansky의 말을 인용하고 있다.

"새, 박쥐, 그리고 곤충은 수백만 년 계속된 유전적 진화 덕분에 날 수 있게 되었지만 인간은 유전형을 변화시키지 않은 채, 날 수 있는 기계를 만들어냄으로써 훌륭하게 하늘을 나는 방법을 터득했습니다."

제한 효소와 선천성 면역_ 세균의 유전체가 기를 쓰고 특정 서열을 기피하는 것을 보면 바이러스, 기생 유전체가 생명체의 진화 과정에서 얼마나 깊은 영향을 끼쳤는지 새삼 느낄 수 있다. 제한이라는 말에는 외부 유전체를 잘라버린다는 말이지만 자신의 유전자는 잘리지 않게 가공하는 과정도 포함된다. 즉, 제한-가공은Restriction-Modification, R-M 두 종류의 단백질이 공동 작업을 벌이는 것이다. 제한은 핵산분해효소, 즉 가위질을 하는 것이고 가공은 핵산에 메틸기(-CH3)라는 딱지를 붙이는 작업이다.

바이러스가 (인간을 포함해) 진핵세포를 거들떠보지도 않는다면 좋겠지만 감기, 구제역, 지카 바이러스, 조류 인플루엔자 같은 바이러스들은 늘 진핵세포 생명체를 넘본다. 그렇다면 진핵세포는 저 제한-가공 체계를 구비하고 있는 것일까? 그렇지 않다. 그렇다면 인간은 바이러스 침입에 어떤 방어체계를 갖고 있을까?

진핵세포의 바이러스 대응 전략은 파이 RNA와 피위 단백질, RNA 간섭, 인터페론, 항원 등이다. 그런데 왜 진핵세포는 제한-가공 체계를 사용하지 않았을까? 인간은 왜 크리스퍼와 비슷한 체계를 진화시키지 못했을까? 우선 기생 유전체에 대한 세균과 고세균의 전략부터 간단히 살펴보자.

유전체 서열분석이 일반화되면서 세균과 고세균 진핵세포 모두 기생 유전체에 대한 방어전략을 갖추고 있다는 사실이 확인되었다. 진화 생물학 시각에서 이 말은 이들 세 도메인 생명체의 공통 조상도 기생 유전체와 맞닥뜨렸다는 의미로 해석된다. 그리고 최초의 기생 유전체가 RNA의 형태였으리라 짐작한다. RNA가 DNA보다 먼저 지구상에 등장했다는데 대부분 과학자들이 합의를 한 상황이고 그에 관한 증거도 제법 쌓여 있다. 유진 쿠닌은 그것이 아마도 바이러스 유전체 형태가 아니었겠느냐고 조심스럽게 제안한다. 일단 그렇다고 해두자.

현재 세균이나 고세균을 침범하는 바이러스는 대부분 DNA 유전체를 갖고 있다. 하지만 식물에는 DNA 바이러스가 거의 범범하지 못한다. 곰팡이를 감염시키는 바이러스는 대부분 RNA 유전체를 갖는다. 동물은 그런 제약에서 그나마 자유롭지만, RNA 기반 유전체를 가진 바이러스는 대개 진핵세포를 제물로 삼는다. 왜 그런지 그 이유는 아직 확실히 말하기 어렵지만 진핵세포와 원핵세포가 기생 유전체를 다루는 방식이 다를 것이라 짐작할 수 있다.

원핵세포 생명체가 최초로 개발한 항바이러스 전략은 약 150개 염기를 가진 직은 RNA 분자일 것으로 짐작한다. 이들 안티센스antisense RNA는 상보적인 서열과 직접, 또는 이차구조를 형성해서 결합한다. RNA 유전체를 가졌던 초기 원핵세포는 이런 안티센스 RNA로 충분했지만 점차 DNA에 바탕을 둔 기생 생명체가 등장하면서 세균과 고세균도 다른 전략이 필요하게 되었다. 바로 핵산분해효소라고 칭하는 유전자가위다. 회문구조를 갖는 DNA의 특정한 염기 서열을 인식하고 잘라낼 수 있는 이 단백질 가위는 자신을 가공하는 효소 단백질과 함께 쌍을 이루어 작업한다.

이렇게 원핵세포는 두 가지 기법을 터득하게 된다. 안티센스와 핵산분해효소. 이 둘이 만남은 시간문제였고, 마침내 둘은 만났다. 아르고노테Argonaute라고 하는 단백질이 그것이다. 외부에서 들어온 DNA 혹은 RNA와 결합하는 작은 상보적 서열과 결탁한 아르고노테가 원핵세포의 방어 체계가 된 것이다. 이것 말고 쌍을 이루어 작업하는 두 번째 체계가 우리의 주제인 크리스퍼 및 카스 유전자가위다. 고세균의 90퍼센트, 세균의 40퍼센트가 이 체계를 기꺼이 받아들여 쓰고 있다. 안티센스 RNA와 핵산분해효소가 결탁한 세 번째 사례는 진핵세포의 피위결합 RNA이다. 하지만 이 체계는 생식세포 계열에서 주로 활동한다. 계통분석을 해보면 피위는 아르고노테와 유연관계에 있지만 크리스퍼와는 관계가 없다.

정리하면 안티센스 RNA, 제한효소 및 크리스퍼는 DNA 바이러스를 다루는 데는 능숙했지만, 빠르게 재생하고 DNA 바이러스보다 1,000배나 돌연변이율이 높은 RNA 바이러스에는 매우 취약했다. 그럼에도 불구하고 인플루엔자나 에이즈 바이러스와 같은 RNA 바이러스는 세균이 아니라 진핵세포를 주로 감염시킨다. 세균은 감기에 잘 걸리지 않는다는 뜻이다. 그 이유는 아직까지 추측에 머무르지만 단순히 DNA 바이러스의 DNA가 숙주의 핵을 통과하기 어렵기 때문이기도 하다. 그와 동시에 숙주의 세포질은 RNA만 있는 공간이기 때문에 RNA 바이러스가 선호

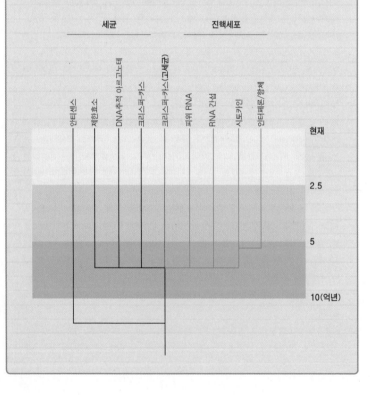

하는 생명체다. 어쨌거나 바이러스의 복제가 숙주와 궁합이 잘 맞아야 한다는 예측은 쉽게 할 수 있다. 또 숙주의 면역계가 주로 침범하는 바이러스의 유전체 특성에 맞게 설계되어야 한다고 어렵지 않게 유추할 수 있다.

위 말을 다른 방식으로 읽으면 '진핵세포는 RNA 바이러스에 대해 철저한 대비를 해야 한다' 정도가 될 것이다. 과학자들은 아마도 그렇기에 원핵세포의 아르고노테 체계를 물려받아 진핵세포가 RNA 간섭 interference 체계를 공고하게 했을 것으로 판단한다. 이 체계는 바이러스에서 유래한 두 가닥 RNA, 또는 한 가닥 RNA를 19~21개 조각으로 잘라버리고 다시 증폭시켜 바이러스의 유전체에 맞선다. 이와 유사한 방식인 마이크로 RNA 체계가 척추동물에서 발견되지만, 이들은 바이러스에 대항하는 데 쓰이지 않는다.

7억 년 전 쯤, 간섭 RNA 말고도 다세포 생명체는 단백질 시토카인을 만드는 방법을 개발했다. 이 체계가 더욱 정교해지면서 5억 5,000년 전쯤에 바이러스에 선택적으로 작용하는 시토카인인 인터페론이 등장하게 되었다. 동물의 화석이 갑자기 나타나기 시작한 캄브리아기가 시작되던 즈음이다. 바이러스 대응 전략으로써 RNA 간섭 현상에 대한 의존성이 줄어들 기회가 생긴 것이다. 나중에 척추동물은 자르고 이어 붙이는 다양한 조합을 통해 엄청난 수의 항체, 즉 면역 글로불린을 갖추게 되었다.

자르고 이어 붙이기

세균이 외부에서 침범한 바이러스의 DNA만을 잘라서 파괴한다면 '내가 아닌 것'을 제압하는 훌륭한 수단이 될 것이다. 앞에서 살펴본 것처럼 제한효소는 주로 네 개에서 여덟 개 정도의 짧은 DNA 서열을 인식하고 잘라낸다. '인식하고 잘라낸다'라는 의미에서는 크리스퍼 유전자가위도 제한효소의 범주에 들어간다. 유전공학 분야에서는 제한효소를 이용하여 특정서열의 DNA을 잘라내고 그 사이에 새로운 유전요소를 집어넣는다. 어떻게 그런 일이 가능할까?

세포는 끊임없이 자신의 유전체를 관리한다. DNA의 이중나선이 깨지는 경우가 자주 발생하기 때문이다. 깨진 부위를 수선하지 않아서 유전체가 불안정해지면 세포는 자살하거나 늙어간다. '선무당이 사람 잡는다'라고 수선을 잘못하면 멀쩡한 세포가 암세포로 변하기도 한다. 사람의 경우 하루에도 수만 번씩 DNA 이중나선에 손상이 일어나는데, 그중 가장 나쁜 것이 이중나선이 깨지는 경우다. 대사 과정에서 만들어지는 활성산소나 외부의 방사선, 항암제와 같은 화학요법이 DNA 손상의 원인이다. 유전체를 복제하는 과정에서 실수가 없으리란 법은 없겠지만 그 빈도는 그리 크지 않다. 흥미롭게도 면역을 담당하는 'B임파구'나 'T임파구'[06]는 의도적으로 DNA를 자르고 재조합하여 다양한 유전적 레퍼토리를 재구성할 수 있다.

결국 세포가 내적으로 혹은 외적으로 스트레스를 받으면 유전체도 덩달아 손상을 입거나 점핑 유전자의 준동을 피할 수 없게 된다. 그렇지만 세포라고 가만히 당하고 있지는 않는다. DNA 이중나선이 절단된 부위를 인식하여 땜질하는 단백질들이 존재하기 때문이다. DNA 가닥의 어딘가가 잘리고 그 부분이 붙는 접점에 유전공학의 엄청난 가능성이 끼어든다. 교과서에서는 비상동 말단연결과 상동재조합, 두 가지 방법을 써서 진핵세포가 손상된 DNA를 수선한다고 말한다. 수선 과정은 복잡하지만 대장균을 포함하는 세균은 상동 재조합 방법을 사용해서 DNA를 수리한다. 그러나 일부 세균은

---

06 척추동물의 적응성 면역계를 담당하는 대표적인 임파구 세포들이다. 이들은 과거에 경험했던 침입자 미생물을 기억하는 능력을 갖는다. B임파구는 주로 항체를 만들지만 T임파구는 세균을 직접 목표로 한다.

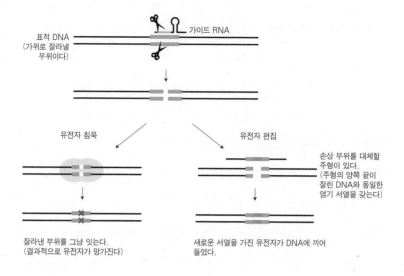

표적 DNA
(가위로 잘라낼
부위이다)

가이드 RNA

유전자 침묵

유전자 편집

손상 부위를 대체할
주형이 있다.
(주형의 양쪽 끝이
잘린 DNA와 동일한
염기 서열을 갖는다)

잘라낸 부위를 그냥 잇는다.
(결과적으로 유전자가 망가진다)

새로운 서열을 가진 유전자가 DNA에 끼어
들었다.

비상동 말단연결 방식을 도입하기도 했다. DNA 수선의 두 가지 방식은 상동성이 있는 주형을 갖느냐(상동재조합) 아니냐로 나뉘지만, 비상동 말단연결에 참여하는 단백질이 더 가변성이 있고 여러 가지 기능을 하기 때문에 세포는 이를 더 선호한다. 유전공학에서는 세포의 비상동 말단연결 수선 기제를 이용하거나 목표로 하는 외부 유전자를 상농재조합 방식으로 삽입한다.

부모로부터 물려받은 한 종류의 유전자가 말썽을 일으켜 생기는 질병을 선천성 유전병이라고 부른다. 글로빈 단백질 하나의 돌연변이로 인해 적혈구의 모양이 변하고 산소 운반능력이 격감되는 겸상적혈구 빈혈증이나 혈우병 등이 대표적인 유전병이다. 한국에는 드물지만 유럽에서는 흔히 발견되는 낭포성섬유증囊胞性纖維症, cystic fibrosis도 유전자 하나의 돌연변이에 의해 발병한다. 이들 질병의 유전자 돌연변이는 잘 알려져 있기 때문에 이 부위를 인식하고 잘라낼 수 있다면 유전병을 치료할 수 있다. 유전자 특정 부위를 편집하거나, 아니면 아예 잘라내서 기능을 없앨 수도 있다. 가령 HIV[07]는 진핵세포의 특정 단백질을 타고 세포 안으로 들어간다. 이때 그 특정한 수문장 단백질을 없애버리면 HIV는 에이즈를 유발하지 못한다.

또 다른 응용은 잘려진 유전자 틈새에 새로운 유전정보를 끼워 넣는 것이다. 크리스퍼가 되었든 제한효소든 잘린 부위의 서열과 상보적인 말단을 갖는 유전자를 끼워 넣으면 된다. 말은 쉽지만 제한효소에 따라 난이도와 적응 범위가 천차만별이다. 또 원하지 않는 자리에 외부의 유전 요소가 삽입되는 문제도 해결해야 한다.

유전자가위들

어린 시절 큰아버지는 조카들까지 둘러 모아 백호를 쳐주셨다. 백호를 친다는 것은 숫돌에 부엌칼을 쓱쓱 갈아서 머리칼을 미는 것을 말한다. 고3이 되었을 때 나는 한 번 더 백호를 쳤다. 선생님들은 끈끈한 민머리를 만지면서 "힘드냐"라고 묻곤 했다. 사실 머리를 민 것은 가위 때문이었다. 김도 썰고 떨어진 양말 기울 때도 쓰던 우리

---

07 Human Immunodeficiency Virus의 약자이며 에이즈acquired immunodeficiency syndrome, AIDS를 유도하는 바이러스다.

집의 유일한 가위는 머리카락을 자르는 데 적당한 가위는 아니었다. 군에서 휴가를 나온 형이 어설픈 솜씨로 내 머리카락을 잘랐는데, 내 머리에 울룩불룩 파도가 일었다.

인류가 가위를 사용한 것은 가축의 사육과 궤를 같이 하는 듯하다. 그리스에서 발견된 기원전 1,000년경으로 추정되는 양털을 깎는 가위로 가위의 등장 시기를 추정할 수 있다. 자신을 침범한 바이러스의 유전자를 자르기 위해 세균이 가위를 발명한 것은 길게 잡으면 40억 년은 되었을 것이다. 세균과 바이러스는 '일상의 영역'으로 복권復權되어야 한다. 본디부터 있어왔지만 이제야 인간의 눈에 띈 유전자가위들의 면면을 둘러보자.

항생제를 1세대, 2세대로 구분하듯이 유전자가위도 세대별로 구분한다. 그렇지만 여기서는 좀 다른 방식으로 접근해보자. 본질적으로 유전자가위는 우선 자를 부위를 인식하여 잘라내는 공통된 작업방식을 택한다. 가령 크리스퍼 유전자가위는 인식 부위와 가위 부위로 요소가 나누어져 있다. 세균에서 이 두 가지 요소는 DNA에 새겨져 있다. 해당 DNA가 전사되면 두 가지 요소가 생성된다. 하나는 RNA이고 그 자체가 외부 DNA의 인식 도구로 사용된다. 바로 크리스퍼에 해당하는 부위이다. 다시 말하면 이 RNA는 바이러스의 유전자에 상보적인 서열을 갖고 곧바로 바이러스 유전자를 인식할 수 있다. 또 하나는 RNA에서 더 나아가 번역까지 마친 유전자가위 단백

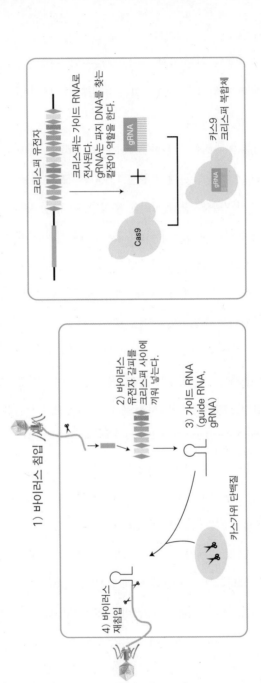

1) 바이러스 침입

2) 바이러스 유전자 감편을 크리스퍼 사이에 끼워 넣는다.

3) 가이드 RNA (guide RNA, gRNA)

4) 바이러스 재침입

카스가위 단백질

크리스퍼 유전자

크리스퍼는 가이드 RNA로 전사된다.
gRNA는 패치 DNA를 찾는 갈잡이 역할을 한다.

gRNA

Cas9

카스9
크리스퍼 복합체

gRNA

148

질이다. 이 RNA와 단백질이 크리스퍼 유전자가위의 실체이다. 그렇다면 세균은 RNA와 단백질을 서로 붙이는 방법도 고안했을 것이다.

따라서 바이러스의 DNA를 자르기 위해서는 세 가지 요소가 필요하다. 바이러스 DNA 조각을 인식하는 상보적인 크리스퍼 RNA, 카스 유전자가위, 이 둘을 연결하는 활성화 RNA, 이 세 가지다.

여기서 유전공학자들이 눈을 반짝거릴 대목이 있다. 바로 바이러스의 DNA 조각을 인식하는 상보적 크리스퍼 RNA이다. 스무 개 남짓한 이 RNA 서열을 우리의 입맛대로 바꿀 수 있기 때문이다. 프로그램이 가능하다는 말이다. HIV가 숙주로 들어가는 출입문 유전자의 상보적인 맞춤 RNA 제작도 가능하다. 출입문 유전자의 서열을 잘 알고 있기 때문이다. 이 출입문 유전자는 'CCR5'라는 이름의 단백질로 번역된다. T임파구 막에 존재하는 이 단백질을 통해 에이즈를 유발하는 바이러스가 세포 안으로 들어간다. 따라서 특정 위치에 돌연변이가 있는 'CCR5'단백질이 T세포막에 있으면 에이즈 바이러스에 끄떡없이 버틸 수 있다. 이처럼 크리스퍼 유전자를 이용해서 질병의 치료에 쓸 수 있는 가장 손쉬운 세포는 혈액 안 세포들이다. 혈액의 임파구는 꺼내서 유전자를 손을 본 다음 다시 집어넣기가 쉽기 때문이다

하지만 유전자가 무엇이든 여기서는 타깃 DNA를 인식하는 염기의 갯수가 중요하다. 기존의 유전자 재조합 기법에 사용되던 제한효소는 대개 4~6개, 길어야 여덟 개의 염기서열을 인식할 수 있었

다. 그러나 크리스퍼는 스무 개 이상의 서열을 인식할 수 있다.

인식하는 염기서열 갯수의 차이는 매우 중요하다. 가령 네 개의 염기가 무작위로 배열된 200만 개의 유전체가 있다고 해보자. 어떤 제한효소가 여섯 개의 염기를 인식한다고 하면 이런 계산이 가능하다.

4^6=4,096 그러니까 대략 4,000개의 조합이 가능하다. 무작위로 배열된 유전체의 염기가 200만 개이므로 '2,000,000/4,000=500'으로 500군데가 된다.

실제로 그렇지는 않겠지만 여섯 개의 염기를 인식하는 제한효소는 200만 개의 유전체 500군데를 잘라낼 가능성이 있다. 앞에서 특정 회문서열을 회피하는 현상에 대해 말했듯 제한효소가 인식하는 서열이 짧다면 매우 비극적인 결말을 초래할 수도 있는 것이다. 앞에서 살펴본 쿠닌의 논문에서 세균들이 자신의 제한효소에 파괴되지 않으려 노력한다는 사실을 기억해보자. 그렇다면 4^{20}은 어떨까? 이 값은 10^{12}을 넘는다. 따라서 인간 유전체 2억 개 염기서열과 단 한 군데에만 상보성을 띠는 RNA 염기서열의 제작이 최소한 이론적으로는 가능하다.

결국 유전자가위의 세대는 이들이 인식할 수 있는 염기의 숫자를 늘리려는 노력과 직접적으로 맞닿아 있다. 1세대 유전자가위는 아연-손가락 핵산분해효소$^{Zinc-finger\ nuclease,\ ZNF}$이다. 아연-손가락 핵산분해효소는 손가락 형태를 띠는 아프리카발톱개구리$^{Xenopus\ laevis}$의 DNA에서 유래했다. 짐작하겠지만 이 유전자는 아연과 결합하여 안정적인 구조를 만들기 때문에 아연-손가락이라는 별명을 얻었다. 구조적으로 보면 이들은 단백질-단백질 복합체이다. 아연-손가락 단백질은 세 개 정도의 아주 짧은 염기서열을 인식하기 때문에 여러 개를 이어 붙여야 한다. 그래서 보통 9~18개의 염기를 인식하도록 제작한다. 여기에 가위(FokI) 단백질이 추가되었다.

　1세대 유전자가위로 불리는 아연-손가락 핵산분해효소가 인식하는 염기가 열 개 내외이기 때문에 앞에서 제기한 선택성의 문제가 불거진다. 즉 원치 않는 곳을 잘라낼 가능성이 있는 것이다. 선택성을 높이기 위해 아연-손가락 인식 부위의 숫자를 늘리면 제작공정이 번거롭게 된다. 따라서 효율성이 떨어진다는 한계가 생겼다. 한편 이 아연-손가락 가위가 단백질로 변화하면 숙주세포가 이를 '내가 아닌 것'으로 여겨 면역반응을 일으킬 우려도 커진다.

　2세대 유전자도 아연-손가락 핵산분해효소와 기본적 특성을 공유한다. 탈렌Transcription Activator-like Effector Nucleases, TALEN이라고 불리는 인식체계 단백질은 식물 병원균에서 유래했다. 1세대 유전자가위보다 발전된 탈렌은 약 15개 정도의 염기서열을 인식할 수 있다. 선택성이 높아졌다는 의미이다. 그렇지만 여전히 복잡했고 효율도 생각만큼 높지 않았다. 게다가 크리스퍼 유전자가위가 등장하면서 이제 탈렌 유전자가위는 빠르게 역사의 저편으로 사라지고 있는 느낌이 든다.

　여기서 정리를 하고 지나가자. 아연-손가락, 탈렌 핵산분해효소

체계에서 가공하고자 하는 DNA 서열을 인식하는 부위는 단백질이다. 그러므로 어디를 잘라야 할지 탐색하는 역할, 그 부위를 자르는 역할 모두를 단백질이 담당한다. 하지만 크리스퍼 유전자가위는 저무딘 탐지 기구를 가벼울 뿐만 아니라 엄청난 정확성을 겸비한 RNA

녹아웃 마우스_ 1989년 최초의 녹아웃 마우스가 학계에 보고되었다. 약 20여 년 후인 2007년 미국의 과학자 Mario Renato Capecchi, Oliver Smithies, Martin John Evans, 이들 세 사람은 이 기법을 창안한 공로를 인정받아 노벨 생리의학상을 수상했다. 이 기법은 광범위하게 분자생물학계에 퍼져 나갔다. 따라서 어떤 유전자의 기능을 알아보려면 마우스의 유전체에서 그 유전자를 아예 제거한 다음 마우스의 표현형이나 행동을 관찰했다. 특정 유전자가 없는 녹아웃 마우스를 제작해주거나 상품처럼 만들어 파는 회사도 생겼다. 예컨대 미국 메인 주 바 하버의 잭슨 연구소는 수천 종의 돌연변이 마우스를 유지하고 공급한다.

크리스퍼 유전자가위가 현실화되기 전까지는 녹아웃 마우스를 만들기 위해 배아줄기세포를 사용했다. 수정란은 세포 분열하여 약 32개의 세포로 늘어난다. 이때 세포는 두 가지 종류로 구분되는데 하나는 배아가 될 내부세포덩어리inner cell mass이고 다른 하나는 태반이 될 영양외배엽세포trophectoderm다. 녹아웃 마우스를 만들기 위해 쓰는 세포가 바로 12개 정도인 내부세포덩어리 배아세포다. 이들은 수정란과 마찬가지로 전형성능을 가지고 있기 때문에 수정란 대용으로 사용될 수 있다. 다 자란 마우스의 모든 세포에서 유전자를 없애려면 수정란이나 배아줄기세포를 쓰는 방법 말고는 다른 방도가 없다.

이제 배아줄기세포에 특정 유전자를 적중targeting하여 변형을 일으킨다. 이렇게 특정 유전자가 사라진 배아 줄기세포를 선별하고 증식한 후 이들을 암컷 마우스 자궁에 이식한다. 키메라 새끼가 태어나면 다시 교배시켜 2세대에서 돌연변이 마우스를 얻는다. 하지만 언제든지 이렇게 성공적으로 녹아웃 마우스를 얻지는 못한다. 또 어떤 유전자는 너무 중요해서 없으면 아예 새끼를 얻지 못하기도 한다. 그렇기에 녹아웃 마우스를 얻는 데에 몇 년이 걸린다. 그러나 수정란을 직접 가공할 정도의 기술적 진보가 있다면 그 기간은 6개월 이내로 줄어들 수도 있다. 한국의 김진수 박사와 이한웅 박사는 수정란과 2세대 유전자가위를 사용하여 녹아웃 마우스를 빠른 기간 안에 만들었다고 보고했다. 배아 줄기세포는 여럿인 반면 수정란은 하나다. 그러므로 효율성이 담보되지 않으면 수정란은 함부로 건드리면 안 되는 세포다. 정자와 난자 각각에서 유전자를 제거한 후 수정시키는 방법도 생각해 볼 수 있다. 이 연구방법은 아직 진행된 적이 없다. 크리스퍼 유전자가위가 등장하면서 유전자의 기능을 연구하는데 속도가 붙을 것이라고 예상하는 사람들이 많다.

로 바꾸어버렸다. 아연-손가락이나 탈렌 유전자가위 복합체가 흡족할 만큼의 염기서열을 인식하려면 수백 개의 아미노산(DNA로는 수천 개의 염기)을 코딩하고 있는 유전자를 인공적으로 집어넣어야 한다. 그렇지만 크리스퍼 유전자가위는 크기가 작으면서도 인식할 수 있는 염기서열의 숫자도 충분하다. 3세대 유전자가위는 이전 세대의 유전자가위에 비해 첫째 RNA-단백질 하이브리드이고, 둘째 제작이 간편하기 때문에 그 효용성이 엄청나게 크다.

크리스퍼 유전자가위가 등장하자 지금까지 아연-손가락 혹은 탈렌을 기웃거리던 유전공학자들이 서둘러 배를 갈아탔다. UC 버클리의 제니퍼 다우드나, MIT의 장펑, 한국의 김진수 박사 등이 크리스퍼 유전자가위를 이용한 논문을 하루가 멀다 하게 쏟아내고 있다. 이 논문들은 참고문헌에 모아두었다. 세포뿐만 아니라 특정한 유전체가 결핍된 마우스 혹은 특정 조직에서만 유전체가 없는 조건부 결손 마우스(녹아웃 마우스Knock out mouse)도 쉽게 만들 수 있게 되었다. 아직까지 연구된 바는 없지만 유전자 드라이브 시스템이 마우스 유전조작과 결부된다면 더욱더 파급력 있는 생체의학 연구도 곧 가시화할 것으로 보인다.

한 가지 예를 들자면 유전자가위의 기능을 변화시켜 크리스퍼 유전자가위기계를 유전자 기능연구에 사용하기도 한다. 한편 특정 유전자의 발현을 억제하거나 반대로 활성화하는 일이 가능해졌다. 또 가위 기능 대신 이들이 세포 내 특정 대사체를 인식하여 번역을 멈추거나 촉진하게 하는 등, 무언가 다른 일을 하도록 변형시키는 것도 크리스퍼의 활용법이 될 것이다. 이 부분은 아직까지 나의 상상력의 소산일 뿐이지만 가능하지 않을 이유가 없다. 그렇다면 크리스퍼 유전자가위는 어떻게 우리에게 알려지게 되었을까?

크리스퍼를 찾아서

사실 크리스퍼의 발견은 요구르트 산업과 관련이 있다. 우리가 흔히 '요플레'[08]라 부르는 이름의 걸쭉한 요구르트는 한국에서 1983년 첫선을 보였다. 요구르트의 발효를 매개하는 미생물은 락토바실러스나 테르모필리우스 연쇄상구균$^{Streptococcus\ thermophilius}$이 대표적이고 이 미생물의 발효산물은 주로 젖산^{lactate}이다. 이 젖산이 우유의 단백질과 결합하여 걸쭉한 모습으로 변하면 요구르트가 된다. 대규모 미생물 균주가 바이러스인 박테리오파지^{bacteriophage}에 감염되면 죽음을 면치 못하기 때문에 공장 관리자는 바이러스 감염에 세심한 신경을 써야 한다.

여기저기서 반복적으로 설명이 등장하겠지만 크리스퍼는 세균 유전체의 특정한 염기서열을 의미한다. 크리스퍼 연구를 통해 현재 노벨상 수상 일순위로 꼽히는 사람은 제니퍼 다우드나와 스웨덴 우

---

08 요플레는 원래 미국과 프랑스 기업이 공동 생산하는 요구르트의 상품명이다. 최근에는 이 상품명이 걸쭉한 요구르트의 보통명사처럼 쓰인다.

미아 대학의 에마뉘엘 사르팡티에Emmanuelle Charpentier이다. 그런데 크리스퍼의 단초는 실상 삼십 년 전부터 시작되었다.

2016년 노벨 생리의학상을 받은 오스미 요시노리 박사를 보며 부럽기도 하고, 조용히 자신의 길을 묵묵히 걷는 과학 풍토가 절실하다 생각했다. 노벨상은 세포 내부에서 일어나는 분해만 꼬박 50년 연구한 오스미 박사의 노력에 대한 일종의 보답이다. 공교롭게도 크리스퍼의 기본적인 형태를 찾아낸 과학자도 일본인인 오사카 대학의 이시노 요시즈미石野 良純다. 이시노 박사는 장내 상주 대장균에서 'iap'라는 유전자의 서열을 살펴보다가 이상한 사실을 발견했다. 이 결과는 1987년《세균학 저널Journal of Bacteriology》에 실렸다.

이 'iap' 유전자가 암호화하는 단백질은 단백질을 분해하는 효소로 알칼리 인산 분해효소를 변환하는 역할을 한다. 이시노가 이상하게 여겼던 유전자 염기서열을 잠깐 살펴보자. 앞에서 얼마간 보아 왔으니 이제 유전자 염기서열이 그리 낯설지는 않을 것이다.

CGGTTTA**TCCCCGC**TGG(or AA)C**GCGGGGA**ACTC

이시노는 위와 같이 29개의 잘 보존된 염기서열이 32개의 염기를 사이에 두고 다섯 번이나 반복된다는 사실을 알게 되었다. 유전자 샌드위치처럼 이렇게 지속적으로 반복되는 서열은 대장균에서도, 식중독을 유발하는 살모넬라균에서도 발견되었기에 세균계에 보편적인 현상으로 여겨졌다. 그런데 그 반복서열의 의미에 대해서는 아무것도 몰랐다. 이시노는 그 서열이 전령 RNA를 안정하게 유지하는 역할을 할 것이라고 추측했다. 같은 해 《셀》에 이 서열이 그런 역할을 할 것이라는 연구결과가 게재되었기 때문이다. 아마도 굵게 표시된 저 회문서열을 보며 그도 곰곰이 생각했을 것이다.

크리스퍼 서열의 중요성이 처음 알려진 것은 이시노의 발견 이후 20년이나 지난 뒤였다. 1987년만 해도 미생물학자들이 가진 실험수단은 지금의 시각으로 보면 소박하기 그지없었다. 클로닝 기법만으로도 좋은 논문을 낼 수 있던 시절이었다. 내가 병역 의무를 마치고 프리드리히 엥겔스의 『자연의 변증법』을 읽던 시절이었다. 당시 나는 클로닝의 '클'도 몰랐다. 1987년은 공교롭게도 MIT 교수인 일본계 과학자 도네가와 스스무Tonegawa Susumu가 노벨 생리의학상을 받은 해이다. 기묘하게도 스스무는 면역을 담당하는 항체가 어떻게 여러 가지 모습을 가질 수 있는지에 대한 기전을 밝혔다. 항체가 하나의 유전자에 암호화되어 있더라도 면역계는 수십만 개의 각기 다른 항체를 만들 수 있다. 항체를 만드는 유전자들이 돌아다니고 재결합하고 삭제될 수 있기 때문에 이렇게 많은 항체를 만들 수 있는 것이다. 이 부분은 나중에 'B임파구'가 어떻게 항체를 만드는지, 그것이 크리스퍼와 어떤 연관성이 있는지 살펴볼 때 다시 이야기하겠지만 참 공교로운 일이었다.

1990년부터 유전자 서열을 밝히는 기법이 진보하면서 유전학과 분자생물학은 새로운 국면으로 접어들었다. 토양이나 바닷물에 사는 세균 집단의 유전자 서열을 빠르게 분석하고 그들의 계통을 파악하는 메타유전체학metagenomics이라는 분야가 생긴 것도 그즈음이다. 9·11 테러의 이듬해인 2002년, 네덜란드 위트레흐트 대학 루드 얀센Ruud Jansen은 이시노가 발견한 유전자 샌드위치를 '크리스퍼CRISPR'라고 명명했다. 몇 종류의 세균 유전체를 살피던 얀센이 다양한 종류의 세균과 고세균에 특정한 유전자 염기서열이 존재한다는 사실을 발견한 다음, 여기에 이름을 붙였다. 그리고 그 유전자 샌드위치 주변에 비슷한 아미노산을 가진 단백질이 존재한다는 사실도 덤으로 알아냈다. '카스Cas'라고 불리는 단백질 군이었다. 영어로 크리스퍼와 연관되CRISPR-associated었다는 말이다. '카스 단백질'은 DNA를 자르는 역할을 했지만 당시만 해도 왜 DNA를 자르는지, 또 왜 특정 유전자 샌드위치 주변에서 '카스' 유전자가 발견되는지에 대해서는 아무것도 알지 못했다. 하지만 마치 퍼즐을 맞추는 것처럼 크리스퍼의 발견이 차츰차츰 진행되고 있었다.

쿠닌의 가설: 세균의 적응성 면역계

크리스퍼와 카스의 정체에 관한 그럴싸한 가설을 세운 사람은 미국 국립보건원 생물공학정보센터의 진화생물학자 유진 쿠닌이다. 쿠닌은 유전자 달랑 하나가 아니라 유전자 집단, 즉 유전체를 다루는 사람이다. 그렇지만 쿠닌은 유전체의 시원과 진화에 연구의 초점을 맞추고 있다. 따라서 이 책에서 등장하는 제한효소, 인트론, 크리스퍼의 진화에 대해 걸출한 논문을 쏟아내고 있다. 세포가 존재하기 위해 필요한 최소한의 유전자가 250개 정도라는 사실을 컴퓨터로 찾아내 《미국 국립과학원회보》에 게재한 사람이기도 하다. 1990년 후반까지 알려진 생물 종에서 유전체가 가장 단출한 것은 525개의 유전자를 가진 성병을 매개하는 세균인 마이코플라즈마 제니탈리움이었다.

헤모필루스 인플루엔자*Haemophilus influenzae* 유전자 1,815개와 미코플라즈마가 공통적으로 보유한 유전자 233개를 고르고 여기에 물질대사에 필요한 유전자 23개를 더하고, 인간 세포에 침범하기 위해 필요한 유전자 여섯 개를 빼면 250개, 이것이 세포가 존재하기 위한 최소 유전자의 개별 명세서다. 이런 정보를 모아 최근 크레이그 벤터 Craig Venter의 실험실에서는 군더더기 없는 '최소세포minimal cell'를 만들기도 했다. 유진 쿠닌이 분자생물학의 새로운 영역인 정보학에 기여한 공은 지대하지만 이 책에서는 제한효소와 크리스퍼 진화에 국한해서만 소개하려 한다.

2005년에 세 개의 연구팀이 독자적으로 크리스퍼 서열의 중간에 낀 부위가 무슨 의미를 갖는지 발표했다. 크리스퍼 서열 사이사이에 들어간 것이 바이러스의 DNA라는 것이다. 쿠닌은 "이제서야 모든 상황이 알려졌다"라고 논평했다. 크리스퍼 사이사이에 바이러스

DNA가 있다는 사실을 알게 된 쿠닌은 바이러스에 대한 무기로 세균의 크리스퍼가 사용된다고 결론을 내렸다. 고세균 또한 크리스퍼 전략을 사용한다. 따라서 크리스퍼 체계는 꽤 오랜 전략이고 '카스 유전자'의 서열을 조사하면 바이러스와의 전쟁사도 새롭게 쓸 수 있을 듯하다. 그렇지만 아직까지 이에 관한 정보는 거의 없는 실정이다.

사실 세균이라고 속수무책으로 바이러스에 당하지 않는다. 그들도 몇 가지 전략을 가지고 저 '담비'[09]에 대항한다. 세균을 침입하는 박테리오파지는(줄여서 파지라고 한다) 이 지구에 가장 풍부한 존재 중 하나이다. 따라서 이들의 존재 자체가 세균의 생태계를 들었다 놨다 한다. 세균은 파지의 생활사 전반에 걸쳐 방어벽을 친다.

1. 파지의 침입을 저지한다.
2. 파지가 자신의 유전체를 주사injection하지 못하게 막는다.
3. 들어온 DNA를 제한한다. 제한한다는 말은 유전자를 조각내 갈기갈기 찢는다는 뜻이다.

당시 쿠닌은 카스 단백질이 바이러스의 유전자 조각을 잡아 크리스퍼 서열 사이에 집어넣는다고 가설을 세웠다. 따라서 크리스퍼는 위치를 추적하기 위해 개가 영역을 표시하는 행동과 비슷한 역할을

---

09 칼 짐머의 『바이러스 행성』을 보면 바다에 사는 바이러스는 매일 세계의 바다에 있는 세균 약 절반을 죽일 수 있다. 가히 담비(바이러스)는 작지만 범(세균)을 잡기도 한다.

해야만 했다. 쿠닌의 이러한 가설이 증명된 것은 2년이 지난 뒤였다.

대니스코의 발효세균

대니스코Danisco는 요구르트 같은 유제품을 만드는 회사이다. 회사가 제품을 만드려면 우유에 세균을 발효시키는 장치가 필요한데, 문제는 크기다. 대량생산을 하려면 발효장치의 크기가 엄청나게 커야 한다. 특정한 발효균 이외의 다른 세균이 자라게 되면 먹이를 두고 경쟁하느라 온 힘을 상대 세균과 다투는 데 사용하게 된다. 그러면 발효균이 요구르트를 만드는 일에 전념할 수 없을뿐더러 오염된 세균의 대사산물 때문에 품질도 저하된다. 게다가 오염된 세균이 발효균보다 1초라도 빠르게 자란다면 발효균은 얼마 못 가서 굶어 죽게 된다. 대니스코의 필립 호바스Philippe Horvath 박사는 쿠닌의 가설에 매료되어 회사의 골칫덩이 문제도 해결할 겸 실험에 착수했다.

호바스 연구진들이 사용한 세균은 호열성好熱性 연쇄상구균이다. 구균球菌이란 이름이 붙으면 비엔나소시지처럼 둥글둥글한 세균이 줄지어 포개져 있는 모습을 연상하면 된다. 세균이므로 우리 눈에는 보이지 않은 생명체라는 사실도 잊으면 안 된다. 또 높은 온도를 견디기 때문에 40℃가 넘는 온도에서도 잘 자란다. 두 종류의 바이러스를 세균이 자라는 발효장치에 집어넣었더니 예상대로 많은 수의 세균이 떼죽음을 맞았다. 그렇지만 죽지 않고 살아남은 세균도 있었다. 연구진들은 이들 세균을 더 증식시켜 숫자를 늘린 다음, 바이러스에 감염시켰다. 물론 살아남은 세균 자손들은 바이러스의 공격을 잘 견뎠다.

앞에서 말했듯이 크리스퍼는 주기적으로 반복되는 서열이 여러 벌 있는 특징적 구조이다. 다시 말하면 크리스퍼 사이에 뭔가가 끼어들어간다는 의미이다. 나는 그 뭔가를 책갈피의 '갈피'라고 쓸 것이다. 사전적 의미에서 갈피는 '겹치거나 포갠 물건 하나 하나의 사이, 또는 그 틈'이란 뜻이다. 그렇다면 여러 개의 크리스퍼 사이에는 여러 개의 갈피가 끼어 들어간다. 결과를 먼저 말하면 이 갈피는 바이러스의 유전자 일부를 잘라낸 것이다. 바이러스 유전자의 어느 부위를 자르고 누가 자르는지는 최근에야 그 연구결과가 나오기 시작했다. 바이러스가 자신의 유전체를 세균에 집어넣을 때는 자신을 여러 개로 복제하려는 흑심만 있다. 복제된 바이러스가 다시 밖으로 나오면서 세균막을 파괴하기 때문에 세균은 죽을 수밖에 없다. 바야흐로 숙주와의 전쟁인 것이다. 그러나 유제품을 만드는 발효균이 빈번하게 침입하는 바이러스의 특정 부위를 미리 지니고 있다면 마치 백신을 맞은 것처럼 바이러스에 내성을 가질 수 있을 것이다.

비유하자면 크리스퍼는 현상수배 전단이고 카스 유전자가위는 일종의 포승줄 역할을 한다. 다시 말하면 크리스퍼 유전자가위는 서로 성질이 다른 RNA 형태의 염기와 단백질이 양동작전을 펼치는 셈이다. 유전자의 자를 부위를 정확하게 인식하는 '새로운' 도구가 탄생했다. 바로 이 지점에서 크리스퍼-카스 유전자가 이전 세대의 유전자가위와 다른 길을 걷게 된다.

크리스퍼 진화

거대한 진핵세포 생명체와 사뭇 다른 면역계인 크리스퍼는 어떻게 진화한 것일까? 컴퓨터를 이용해 방대한 양의 유전정보를 다루는 쿠닌은 여러 종류의 세균집단이 매우 다양한 조합의 크리스퍼-카스 시스템을 지닌다는 사실을 알게 되었다. 이 내용은 2015년《네이처 리뷰 제네틱스》에 자세히 실렸다. 방대한 데이터를 통해 쿠닌 연구진들은 카스 단백질 중 '카스1^{Cas1}'이 세균집단에서 잘 보존되어 있어서 계통수를 찾기에 적합한 대상이라는 것을 밝혔다. 이 효소가 하는 일은 바이러스의 DNA를 잡아서 크리스퍼 서열 사이에 책갈피처럼 끼워 넣는 일이다.

파스퇴르 연구소$^{Institut Pasteur}$ 마트 크루포빅$^{Mart Krupovic}$과 함께 쿠닌은 카스포존^{casposon}이라는 바이러스의 점핑 유전자가 크리스퍼의 전신이라고 보았다. 알다시피 점핑 유전자는 기생성이 매우 뛰어나 유전자 사이를 널뛰듯 왔다 갔다 하면서 자신을 복제해 끼워 넣을 수 있는 능력을 지녔다. 이런 특성 때문에 점핑 유전자는 중요한 단백질을 암호화하고 있는 유전자를 포함해 유전체를 통째로 파탄에 이르게 할 수도 있지만, 숙주세포의 중요한 유전자로 자리매김할 수도 있다. 점핑 유전자가 어디로 튀느냐는 우연의 영역이다. 그렇지만 바로 그 우연성 때문에 점핑 유전자는 자연선택의 폭을 넓히는 유전자 재료를 가공할 수 있는 힘을 지녔다.

그러니까 적군인 바이러스의 카스포존이 세균의 유전자로 우연히 침입해 들어갔다가 회유를 받아 귀순한 셈이 된다. 쿠닌은 계속되는 바이러스와 세균의 전쟁이 세균의 크리스퍼-카스 체계를 담금질했다고 생각한다. 물론 바이러스도 자신의 무기를 계속 바꾸면서 변화를 모색한다. 바이러스가 세균의 카스가위Cas-cutter 정찰병을 막는 방패물질을 끊임없이 만들어내기 때문이다. 아마도 이런 식의 진화는 두 생물계가 존재하는 한 끝나지 않을 것이다. 다시 말하면 지금 이 순간에도 모사꾼들이 눈을 부릅뜨고 적의 허점을 공략할 것이라는 점이다. 그렇기에 과학자들도 바로 그 진화의 격전장에서 눈을 뗄 수 없다. 여기서 놓치지 말아야 할 점은 세균과 바이러스의 진화가 인간의 세대와 비교하여 무척 빠르게 진행될 수 있다는 사실이다. 과학자들이 해야 할 일은 끊임없이 생긴다.

세균의 세계를 들여다보면서 보다 효율적인 새로운 가위를 찾으려는 과학자들의 노력도 같은 맥락이다. 다우드나는 피오제네스연쇄상구균Streptococcus pyogenes에서 확보한 '카스9'을 응용했지만 다른 종류의 세균의 유전자가위도 언제든 목적에 맞게 사용할 수 있다. 에디타스 메디신이라는 회사의 과학자들은 포도상구균인 스타필로코쿠스 아우레우스Staphylococcus aureus의 유전자가위를 사용하는 방법을 개발했다. 과학자들은 피오제네스 유전자가위보다 아우레우스 유전자가위의 크기가 작아서 장점이 더 크다고 말한다. 세포 안으로 집어넣기가 쉽기 때문이다.

크리스퍼의 기본적 특성은 외부에서 들어온 유전물질을 감지하는 것이다. 그런 다음에 단백질가위를 써서 외인성 DNA를 잘라낸다. 여기서 후자의 기능을 강조하면 제한효소에 가깝고 전자의 기능을 강조하면 마이크로 RNA의 탐지 기능을 부각시킬 수 있다. 탐지 기능을 강조하여 암세포 돌연변이를 감지하는 진단의 수단으로 쓰지 말라는 법도 없다. 크리스퍼의 기능이 어디까지 확장되는지, 팔색조 세균의 무한 변신이 어디까지 이어지는지를 앞으로 눈여겨보자.

한편 적응성 면역계 말고도 크리스퍼가 또 다른 역할을 할 것인지 탐색하는 소수의 연구자들도 존재한다. 크리스퍼 갈피에 있는 바이러스 유전자 서열을 조사하며 바이러스의 역사에 대해 연구하는 사람들도 있다. 미국과 러시아를 오가며 연구하는 콘스탄틴 세브리노프Konstantin Severinov가 바로 그런 목적으로 크리스퍼를 연구하는 과학자이다. 세균과 바이러스의 진화사뿐만 아니라 그와 관련된 과학의 역사는 지금 우리 목전에서 눈부신 속도로 '핑핑' 돌아가는 중이다.

작고 작은 것들의 세계

유전공학이라 부르든 유전자 재조합이라 부르든 이 생물학적 기법은 자연계를 모방한 것이다. 세균 또는 고세균이 다른 종류의 생명체 다시 말해 생태적 지위를 두고 경쟁하는 이웃 세균과 바이러스에 대한 방어 체계를 흉내 낸 것이다. 앞에서 살펴본 제한효소 및 가공 과정이 그 하나이고 이 책의 주인공인 크리스퍼 유전자가위도 그렇다.

그러나 세균과 고세균을 포함하는 미생물의 방어 전략은 면역계로 비유하는 위 두 가지 말고도 더 있다. 독소-항독소toxin-antitoxin 체계라 불리는 것도 있고 불발不發, abortive감염이라는 방어전략도 알려져 있다. 독소-항독소와 불발감염은 적극적으로 바이러스를 공략하는 대신 미생물 스스로의 방어체계를 공고화한다든지, 아니면 스스로 죽음으로써 바이러스의 복제를 막는, 비유하자면 생물학적 '논개'의 처절함이 느껴지는 방어전략 같다. 하지만 미생물이 취하는 위 네 가지 방어 전략 중 독소-항독소 체계가 가장 빈번하게 발견된다. 2017년 발표된 논문에 의하면 독소-항독소 체계는 조사한 균주 전체의 30퍼센트, 제한효소와 가공 전략은 20퍼센트, 그리고 크리스퍼는 15퍼센트에서 발견되었다. 그러나 방어 전략으로 예측되는 유선제 염기서열을 가졌지만 위의 어디에도 속하지 않는 방어체계가 약 30퍼센트에 육박한다고 한다. 하지만 이 분석에 사용한 유전체의 수가 그리 많지 않기 때문에 미생물의 방어체계의 목록은 더 늘어날 가능성이 있다. RNA의 전사를 막는 과정에 참여한다고 알려진 단백질인 아르고노테가 밖에서 침입한 RNA나 DNA를 인지하는 적응성 면역계의 구성 요소라는 실험 결과가 나오기 시작한 것은 좋은 예이다.

한편 이런 방어체계의 비율은 종마다 달라서 헬리코박터^{Helicobacter} 는 제한효소나 가공 전략을 훨씬 선호한다. 수평적 유전자 이동을 통해 유전자를 받은 세균은 그 유전자 대부분을 다시 버린다. 빠른 증식을 위해서라면 유전체의 크기는 생존을 보장하는 선에서 최소로 유지될 것이기에 그런 조치는 당연한 듯하다. 대부분을 버리되 그렇지 않아야 할 무언가를 선택하는 작업은 매우 중요할 것이고, 그것은 미생물의 방어전략에서도 마찬가지다. 제한효소와 크리스퍼는 자세히 살펴보았으므로 여기서는 간단하게 독소-항독소 체계와 불발감염 전략에 대해 살펴보겠다.

미생물이 가장 선호하는 방어 전략인 독소-항독소 체계는 무척 복잡하고 아직도 그 기능이 밝혀지지 않은 부분도 많다. 먼저 잘 알려진 사실을 확인하고 넘어가자. 첫째 독소-항독소 유전자는 하나의 오페론을 구성하는 기원이 같다. 독소는 단백질이지만, 항독소는 단백질이거나 혹은 RNA다. RNA라면 독소 유전자에 딱 달라붙어 이들의 전사를 막을 것이고, 단백질이라면 단백질-단백질 상호 작용으로 기능을 조절할 것이다. 독소-항독소 체계가 하는 일은 매우 다양하지만, 뭉뚱그려 말해 미생물의 스트레스 반응을 조절한다고 보면 된다. 바이러스의 침입에 대처하는 일이나 먹을 것이 없어서 곤란을 겪는 일 모두 미생물의 생존과 번식을 위협한다는 점에서 다를 것이 없다. 따라서 일반적인 스트레스에 대응하는 전략을 구비하는 것은 생존에 꼭 필요하다. 심지어 삼십육계 줄행랑 할 때 필요한 이동 수단을 만들 경우에도 이 체계가 관여한다. 최근에는 독소-항독소 체계를 유전공학적으로 이용하여 인간에게 필요한 단백질을 생산하기도 하지만, 시작하기도 전에 크리스퍼 유전자가위의 위세에 눌리는 추세가 역력하다.

하지만 불발감염은 HIV와 결부해서 이야기할 것이 있다. 먼저 세균이 바이러스의 침입에 대응하는 방식에 대해 알아보자. 바이러스는 보통 세균의 세포막에 있는 통로 단백질이나 융합 단백질을 통해 세포 안으로 들어온다. 특정 바이러스의 침입을 허용하지 않는 경우도 물론 많다. 바이러스의 침투를 허용한 경우 세균은 다른 방식으로 반응한다. 첫째로 숙주 세균에 침투한 바이러스가 무사히 자신을 복제해 감염시키는 방식으로 우리에게 잘 알려진 방식이다. 둘째는 바이러스의 증식이 일어나지 않지만 이들의 유전자가 숙주 세균 안에 잠복하는 경우다. 마지막으로 세균이 스스로 죽어버리면 바이러스는 재생산을 하지 못한다. 집단의 대의를 위해 일부 세균이 죽는다면 그 세균 종은 무사히 유지될 것이다.

2013년에 인간의 세포에서도 이와 비슷한 현상을 발견했다는 논문이 발표되었다. 인체가 HIV에 감염되면 림프 조직에 있는 T세포(CD4)가 죽는다. 흥미로운 점은 바이러스에 감염되어 오쟁이를 진 채 이들의 숙주 노릇을 하는 T세포와 잠복 형태로 바이러스의 유전체를 가진 동종의 T세포가 각기 다르게 반응한다는 사실이다. 바이러스에 감염된 세포는 자살한다. 그냥 깔끔하게 세포가 사라진다고 보면 된다. 그러나 어설프게 바이러스 유전체를 가진 T세포는 카스파제-1 사무라이 단백질이 관여하는 형태로 죽는다(164쪽 참조). 여기서 세포 내부의 단백질을 칼질하는 무사의 이름은 그리 중요하지 않다. 다만 눈여겨볼 일은 잠복 바이러스 유전체를 가진 T세포가 선천성 면역계처럼 죽어가며 인터루킨1-베타interleukin1-β라는 염증성 단백질을 분비한다는 점이다. 이 단백질에 이끌려 T세포가 계속 몰려들고 HIV에 감염되어 죽임을 당한다. HIV바이러스는 움직이지 않고 T세포를 트로이 목마처럼 사용해서 인간의 적응성 면역계를 타파한다. 그렇다면 인터루킨1-베타를 만들어내는 카스파제-1 단백질의 활성을 무력화시키는 물질을 에이즈 환자에게 투여하면 면역계를 유지하고 에이즈 감염에서 무사히 빠져나올 수 있을까?

캘리포니아 대학 연구진들이 에이즈 환자에게 카스파제-1 억제 물질을 투여했더니 T세포가 무참히 죽는 현상을 효과적으로 막을 수 있었다. 사실 카스파제-1은 인플라마좀inflammasome[10]이라고 하는 새로운 면역반응을 매개하는 중요한 효소이다. 특히 외부에서 침입한 세균이 아니더라도 생명체 내부에서 평소보다 급격히 대사물질의 양이 늘어나도 인플라마좀 면역반응이 작동한다. 혈중에 포도

---

10 우리 몸은 세균에 감염되지 않더라도 위험danger 물질에 대응하여 면역반응을 진행한다. 예를 들어 석면가루, 요산, 과량의 콜레스테롤에 노출된 대식세포는 인플라마좀이라 불리는 단백질 복합체를 형성하고 카스파제-1 단백질을 활성화한다. 활성화된 이 효소는 인터루킨-1을 세포 밖으로 내보낸다.

당의 양이 많은 당뇨병도 이러한 면역반응을 일으킨다. 어쨌든 T세포를 죽지 않게 구함으로 HIV와 맞서 싸울 가능성은 높아진 듯하다. 하지만 생명체는 늘 진화하고 있고 바이러스의 진화는 거의 빛의 속도로 진행된다.

제3장. 크리스퍼 연대기

CRISPR

Clustered Regularly Interspaced Short Palindromic Repeats

지금까지 크리스퍼 유전자가위가 어떻게 진화해왔는지를 포함해서 이들 유전자가위의 지위와 역할에 대해 살펴보았다. 이번 장에서는 크리스퍼 유전자가위의 몇 가지 쓰임새를 살펴볼 것이다. 한편 크리스퍼 유전자가위와 관련된 굵직굵직한 사건과 그 사건의 배후에 있었던(대부분 지금도 건재하지만) 사람들의 활약상도 알아보겠다. 제한효소나 다른 형태의 유전자 조작기법에 비해 크리스퍼의 특별한 강점은 무엇이기에 사람들은 열광하고, 특히 분쟁까지 일으키며 인간의 미래를 걱정하는 것일까?

유전자를 자르고 새로운 염기서열을 집어넣는 방법 중에서 크리스퍼는 무엇보다 정확하다. 여기서 '정확하다'는 크리스퍼를 이용하면 우리가 원하는 유전자만을 조작할 수 있다는 뜻이다. 또한 작동시간도 빠르다. 특정 유전자가 없는 녹아웃 마우스를 만드는 데 6개월에서 1년이 걸리는 작업을 몇 주 만에 끝낸다면 그 파급력이 어떻겠는가? 그중에서도 사람들에게 가장 매력적으로 어필하는 부분은 바로 저렴한 가격이다. 단돈 몇만 원으로 유전자를 바꾸거나 돌연변이를 제거할 수 있다면 누군들 이를 마다하겠는가?

크리스퍼가 인류의 식량난을 구제할 구세주로 거듭날지도 모르겠다. 바나나를 사례로 들어 크리스퍼의 파급력을 살펴보고, 말라리아를 억제하는 모기를 다루는 새로운 방법도 소개하도록 하자. 퇴행성 질환을 억제할 수 있는 유전자 개선이나 불임 시술에도 크리스퍼가 사용될 모양이다. 이미 멸종되어 지구상에서 사라진 매머드도 되살리겠다고 한다. 구체적인 예를 들면서 크리스퍼의 응용 범위를 생각해보도록 하자.

그러나 이 모든 거센 파급력에도 불구하고 여전히 크리스퍼 체계는 세균, 고세균에서 지금도 작동하고 있다. 따라서 인간본위의 관점에서 잠깐 벗어나 세균 내부에서의 본래 역할도 살펴볼 것이다. 사실 제한효소나 크리스퍼 또는 간섭 RNA 모두 현미경으로 인간의 시야에 들어오는 생명체를 관찰하여 얻은 결과인 것은 부정할 수 없다. 잘 알려지지 않았지만 세균이나 고세균의 면역계는 척추동물 면역계와 그 기원이 맞닿아 있다. 세균이나 고세균을 포함하는 원핵세포의 면역계를 알면 인간 면역계에 관한 귀중한 암시를 얻을 수 있을지도 모른다.

'10퍼센트 인간'이라는 말도 있듯이 우리 인간의 몸에는 총 세포수의 10배가 넘는 세균이 상주하고 있다. 아직 많이 알려지지는 않았지만 바이러스가 항시 세균을 침범하기 때문에 바이러스도 우리 몸속에 늘 자리 잡고 있다. 모양은 같지만 크기가 다른 인형 여러 개가 하나의 커다란 인형에 차곡차곡 들어간 러시아의 민속 인형 마트로슈카가 연상된다.

바이러스의 숫자는 세균, 고세균, 진핵세포를 포함하는 모든 생명체의 10배 혹은 100배가 될 것이라 추산한다. 바이러스는 이 세상 어디에나 있다. 바다에 사는 세균의 절반 정도가 매일 바이러스 때문에 유명을 달리한다. 그런 의미에서 바이러스는 매우 중요한 생태계 조절자이다. 그러나 세균에 깃들어 사는 바이러스와 사람에 침투하는 바이러스는 그 종류가 현격히 다르다. 그렇기에 크리스퍼를 이용해서 바이러스 질환을 치료하려면 다른 시도가 필요할지도 모른다.

이러다 보면 바이러스에 대해서도 이야기를 해야 하고, 세균과 고세균도 잠시 살펴보아야 한다. 제한효소 연구로 노벨상을 받던 때만 해도 생명체는 나섯 개의 계로 분류되었나. 서늡 언급하시만 이 다섯 계는 동물계, 식물계, 균계, 원생생물계 그리고 세균·고세균을 포함하는 모네라계였다. 20세기 후반에 접어들며 이 분류체계는 사라졌다. 다섯 종류의 계에서 앞의 네 가지 계는 진핵세포 도메인으로 편입되었고, 모네라계는 세균과 고세균 도메인으로 각각 독자적인 지위를 확보했다.

동물이나 식물처럼 눈에 보이는 생명체가 등장하면서 세균이나 고세균, 더 나아가 바이러스에게는 새로운 생태계가 열리고, 생태적 지위가 확장된 셈이다. 그러므로 크리스퍼는 이들 생명체 간의 상호작용을 증명하는 현장의 증인이다. 그렇지만 아직도 침묵하는 목격자들이 많이 있을 것이다. 인간 유전체 분석을 필두로 지금까지 수천 종의 유전체 전체 서열이 확보되었다. 하루가 지나면 새로운 종의 유전체를 만날 수 있다. 크리스퍼는 바로 이러한 기술의 진보를 바탕으로 탄생했다.

이른바 3세대 유전자가위라고 불리는 크리스퍼가 다루는 재료는 세균에 침투한 바이러스 유전자이다. 나중에 살펴보겠지만 바이러스의 유전체는 유전정보만을 가졌기에 이 바이러스를 생명체라고 인정하기 주저하는 과학자들도 많다. 물질대사라는 알맹이가 빠져 있다고 간주하기 때문이다. 그렇지만 바이러스는 인간의 호불호 따위는 거들떠보지도 않는다. 최근 세균 크기의 거대 바이러스가 발견되면서 바이러스 복권 작업이 시작되고 있다. 어떤 측면에서 생명체는 두 가지로 구분할 수도 있다. 하나는 리보솜을 가졌고 다른 하나는 그렇지 않다. 전자는 세균, 고세균 및 인간을 포함하는 진핵세포들이고 후자는 바이러스다.

바이러스와 세균의 투쟁에서 잘 훈련된 저격수 역할을 하는 크리스퍼는 미토콘드리아 유전자도 편집할 수 있다. 만약 미토콘드리아가 파괴되면 에너지를 많이 사용하는 기관인 심장과 뇌가 우선적으로 타격을 입는다. 그러므로 미토콘드리아를 재건하는 작업에 크리스퍼가 사용될 가능성은 언제든 열려 있다. 이런 점에서 우리 진핵세포가 가진 여벌의 유전자인 미토콘드리아 유전자의 대물림도 나중에 5장에서 잠시 살펴볼 것이다.

알파고가 크리스퍼를 만나다

인공지능 상용화에 박차를 가하고 있는 소수의 기업들은 크리스퍼 유전자가위를 질병 치료에 사용하려는 신생 기업에 많은 투자를 한다. 마이크로소프트의 빌 게이츠Bill Gates도 에디타스 메디신 Editas Medicine이라는 기업에 약 2,000억 원을 투자했다. 기업의 이름에서 편집edit이라는 의미를 확실히 전달하고 있다. 여기서 편집이란 당연히 유전자 편집이다.

다우드나는 우리말로 '천지개벽상'으로 해석할 수 있는 '브레이크스루 상Breakthrough Prize Awards'을 수상했다. 이 상을 만든 러시아 출신 기업가인 유리 밀너Yuri Milner01는 이렇게 말했다. "우린 대부분의 시간을 재미없는 일에 소비한다. 오늘밤에도 우리는 생명체를 구성하는 분자, 소수素數의 구조, 우주의 운명을 생각한다. 하지만 그것은 모두에게 희망을 주는 일이다." 상은 기초과학에 헌신하는 젊은 과

---

01 스탠리 밀러와 해럴드 유리는 지구의 원시 대기를 흉내 내 화학 진화에 관한 유명한 실험을 했다. 유리 밀너는 러시아 출신 투자가로 알려져 있다.

학자들에게 일종의 격려금을 지원한다. 다우드나도 여기에 한마디 덧붙이는 것을 잊지 않았다. "우리의 연구는 먼저 단일 유전자 결함에 의해 발생하는 선천성 유전질환을 치료하는 데 사용되겠지만 궁극적으로는 다수의 유전자들이 관련된 복잡한 질환으로 그 영역을 확대해갈 것이다."

다우드나와 에마누엘 샤르팡티에가 원하는 바이러스의 유전자 부위를 싹둑 자르는 분자를 세포에 집어넣은 때가 2012년이다. 크리스퍼가 현현顯現하는 순간이었다. 그러나 당시에는 그 위력의 진가를 알아보는 사람은 별로 많지 않았다.

한 걸음 더 나아가 2013년 1월에는 인간 세포 안에 있는 유전자의 특정한 부위를 잘라내고 새로운 것으로 대치하기에 이르렀다. 같은 달, 하버드 대학의 브로드 연구소에서도 그와 유사한 유전자 편집 결과를 논문으로 제출했다. 크리스퍼의 약진은 계속됐다. 지난 2년 동안 수백 편의 논문이 크리스퍼에 바쳐졌다. 이런 비약적인 연구 속도와 결과에 놀란 사람들인 이제 이 기술이 의학과 농업 분야를 완전히 바꾸어놓을 것이라고 생각하기에 이르렀다.

어떤 과학자들은 손상된 쥐의 유전자를 수리하고 유전병을 치료하려 한다. 식물학자들은 크리스퍼 유전자가위를 이용해 유전자를 편집하여 식량의 생산성을 높이려고 애를 쓴다. 코끼리 유전자를 일부 손봐서 멸종한 매머드를 만들려는 사람들도 있다. 모든 길이 로마로 향하듯 모두가 하나의 도구를 사용한다. 이것이 바로 크리스퍼 유전자가위가 지닌 위력이다.

제약업계도 발 빠르게 이 새로운 도구에 눈을 돌렸다. 2015년 1월 다국적 기업 노바티스Novartis는 크리스퍼를 이용해 암 치료에 나서겠다고 선언했다. 면역세포의 유전자를 편집해서 암세포를 공격하겠다는 전략이다. 2016년 8월, 미국 국립보건원은 펜실베이니아 대학이 암 치료에 크리스퍼 유전자가위를 사용하겠다는 연구 제안을 승인했다. 미국 정부가 크리스퍼의 파급력을 인정하고 임상에서의 적용을 사실상 허락한 것이다.

지금까지 이야기해온 것처럼 크리스퍼는 인간이 발명한 것이 아니다. 은연중에 사람들이 이 사실을 무시해왔지만 더 이상은 간과할 수 없는 중요한 문제다. 크리스퍼는 자연계에 존재하는 것이다. 그리고 지금도 잘 작동하고 있다. 따라서 크리스퍼는 '발견된' 것이다. 흔히 세균이 생화학적 레퍼토리에서 인간을 포함하는 진핵세포 집단을 압도한다고 말한다. 거짓으로 판명나긴 했지만 세균이 비소arsenic를 먹고 산다고 떠들썩했던 적도 있다. 비소는 수기율표에서 질소 및 인phosphate과 같은 족에 속하는 원소이기 때문에 극단적 상황에 몰려 선택압에 시달린다면 세균이 비소를 에너지원으로 쓸 수도 있다. 이제 유전적으로도 세균의 중심 도그마를 살펴볼 때다. 유전자 수평이동이 밥 먹듯 행해지고, 바이러스는 세균의 유전체를 넘본다. 바로 이 이전투구 속에서 크리스퍼라는 연꽃이 피어났다.

세균도 크리스퍼를 인간과 동일한 목적으로 사용한다. 수억 년 동안 그래왔다. 인간의 몸속에 있는 세균도 바이러스에 시달릴 터이니 그들이라고 이런 전략을 쓰지 말라는 법은 없다. 다만 우리가 그 사실을 모를 뿐이다. 달랑 세포 하나만 있는 세균이지만 여기에도 '범 잡는 담비'가 있다. 바로 바이러스다. 바이러스가 세균을 침범하면 세균도 저 침입자를 '남'으로 인식한다. 면역계가 작동하는 것이다. 그 면역계를 다른 말로 크리스퍼라고 부른다.

면역계가 작동하는 방식은 상당히 보편적이다. 우선 '나'를 알아야 한다. 그래야 '남'을 인식할 것이 아닌가? 이것이 우리가 자연을 관찰하고 공부해야 하는 이유이다. 엄밀히 말해 우리 조상의 과거를 인식한다는 말이 더 이치에 맞겠지만, 어쨌든 우리를 알기 위해서는 우리 조상에 대해서도 잘 알고 있어야 한다. 세균은 크리스퍼를 다른 용도로도 사용한다. 비록 크리스퍼는 다우드나에 의해 발견됐지만, 자연계에서 유전자를 효과적으로 편집하는 도구는 무척이나 다양하다는 사실을 과학자들은 이제서야 눈치를 채는 중이다.

면역계 말이 나왔으니 식물 이야기도 좀 짚고 넘어가자. 청설모가 탁탁 소리를 내며 까먹는 잣나무 열매는 나무의 우듬지나 가지 끝에 무리 지어 몰려 있다. 자웅동체인 잣나무는 암꽃과 수꽃이 함께 피는데 가지 끝에 녹황색 암꽃이 피고 붉은색 수꽃은 그 아래에 핀다. 바람의 덕을 보아야 수정이 일어나기에 잣나무 잎의 영향을 덜 받도록 가지 끝에 생식기관이 무리 짓는 것은 당연하다.

자, 이제 바람이 분다. 수술의 꽃가루가 먼지처럼 날아간다. 그 렇지만 이 수술의 꽃가루가 같은 나무의 암술머리에 묻으면 암술대 를 만들지 않는다. 그러면 수술의 꽃가루는 씨방에 도달하지 못한다. 식물은 같은 나무에 있는 수술 꽃가루를 인식하고 거부한다. 면역학 적으로 잣나무는 '나'를 인식하는 것이다. 하나 더 있다. 옆에 있던 소나무 수술에서 꽃가루가 날아와도 잣나무의 암술은 데면데면하게 군다. '내가 아닌 것'를 인식하는 행위이다. 동물의 수정에 비해 한 단계 더 복잡하지만 우리는 그 내막을 상세하게 알지 못한다. 자연에 게 배우려면 식물도 꼼꼼히 살펴보아야 한다.

이렇게 크리스퍼 생물학이라 할 만한 영역이 펼쳐지기 시작했 다. 크리스퍼는 세균의 다른 방어체계인 제한효소계를 압도하면서 인간 세계에서 단연 독주를 펼칠 준비를 마쳤다. 크리스퍼가 매우 정 확하게 바이러스의 유전체를 찾아낼 수 있었기에 가능한 일이었다. 그러나 여기서 바이러스를 빼면 어떨까? 다시 말하자면 크리스퍼의 염기서열을 가공하고자 하는 특정 유전자 DNA와 상보성을 띠게 만 들면 무슨 결과가 나올까?

바로 이런 발상의 전환이 크리스퍼의 실용화의 기반이 되었다. 자연에서 배우자는 생체모방학Biomimetics의 또 다른 쾌거라 할 것이 다. 자연을 세밀하게 관찰하고 기록하는 것은 언제나 중요한 일이다. 크리스퍼는 토란이나 연잎의 전자현미경적 구조를 흉내 내 물기가 맺히지 않는 자동차 유리를 만드는 시도와 원리상 다를 것이 하나도 없다.

앞에서 살펴본 제한효소도 생체모방학의 성과이다. 제한효소는 세균의 선천성 면역계를 구성한다. 특정한 서열을 가진 DNA를 자를 수 있기 때문이다. 그러나 인식할 수 있는 염기서열의 수가 한정되어 있어서 선택성이 현저하게 떨어진다. 또한 세균의 제한효소계는 단백질만의 작업이다. 오른손잡이가 왼손으로 성능이 떨어지는 가위를 사용하는 것처럼 효율이 시원치 않다는 말이다. 그렇지만 제한효소는 근대적 의미의 바이오테크놀로지 산업을 잉태하게 했다. 돌리가 탄생했고 역분화 줄기세포가 선을 보였다. 그러나 제한효소를 유전자 조작 도구로 사용하는 데에는 결정적인 한계가 있다.

크리스퍼 유전자가위에 대해서도 찬사와 우려가 동시에 쏟아진다. 뉴스에서 볼 수 있는 크리스퍼 관련 내용을 살펴보자. 현재 크리스퍼는 3세대를 지나 4세대에 접근했다고 말한다. 세대라는 용어를 사용하면 뭔가가 획획 지나가고 있다는 인상을 받는다. 어쨌든 1세대 유전자가위는 1996년에 최초로 등장한 아연-손가락 핵산분해효소이다. 2세대는 2009~2011년에 소개된 탈렌, 그리고 2012~2013년에 개발된 3세대 유전자가위는 RNA에 세균에서 유래한 '카스9' 단백질을 붙여 만든 하이브리드다. 그리고 3.5세대 크리스퍼, 크리스퍼-Cpf1까지 등장했다. 이전 세대에 비해 최근에 등장한 유전자가위들은 효율이 훨씬 좋고, 건당 수십 달러 정도로 저렴한 데다 작동시간도 빠르고 사용하기에 수월하다.

크리스퍼 유전자가위를 사용하는 기술은 축산, 농작물, 어류, 곤충 등의 연구용으로 광범위하게 퍼져나가고 있다. 심지어는 이를 이용해서 사라진 뱀의 다리를 다시 만들기를 시도하기도 한다.

유전자가위 기술은 3년도 채 되지 않아 상용화 단계로 진입해 이를 전문적으로 이용하는 여러 회사가 나타났고 나스닥NASDAQ에도 상장되었다. 크리스퍼 유전자가위를 이용한 임상시험도 시작됐다. 앞서 말했듯이 미국은 암 치료를 위한 임상시험을 허가했고, 이에 뒤질세라 중국도 임파구에 크리스퍼 유전자가위를 도입하여 폐암을 치료하겠다는 계획을 승인했다.

이 기술이 실용화 단계에 접어들면서 연구자들은 GMO의 문턱을 넘으려고 노력한다. 유전자를 삽입하지 않고 유전자가위 기술을 써서 변이를 일으키는 것이라면 자연적인 변이인 육종育種에 가깝다고 보기 때문이다. 교배를 통해 좋은 형질을 선택하는 유전자가위는 유전체의 특정 부분만 잘라서 변이를 유도한다. 다만 시간의 차이가 있을 뿐이다. 자연적인 교배 산물이 GMO가 아니라 한다면 유전자가위 기술로 만든 변이종도 GMO가 아니라는 게 전문가들의 판단이다.

농축산업계도 발 빠르게 움직이고 있다. 벨지언블루Belgian Blue라고 불리는 소는 정상적인 소에 비해 골격근이 월등하게 발달하도록 개량된 종이다. 근육량이 평균보다 두세 배 많아서 목축인들을 혹하게 만들었다. 1997년 발행된《미국 국립과학원회보》에 따르면 벨지

언블루는 근육의 발달을 억제하는 미오스타틴 유전자 염기 11개가 사라진 돌연변이 때문에 골격근육이 비정상적으로 발달했다. 이 유전자가 망가진 쥐는 엄청나게 살이 찐다. 다시 말하면 척추동물의 근육 발달에 이 유전자가 공통적으로 관여한다는 뜻이다. 한국과 중국의 연구진들은 탈렌 유전자가위를 이용해 돼지의 미오스타틴 유전자 서열을 일부 잘라내는 데 성공했다.

한국의 김진수 교수팀은 카스9 단백질과 RNA 하이브리드를 세포에 전달해 병충해에 강한 상추를 개발했다. 미국 펜실베니아 주립대학 연구진은 유전자가위 기술로 갈색으로 변하지 않는 양송이버섯을 만들기도 했다. 버섯 유전자 서열 두어 개를 잘라내 갈변에 저항성이 생기도록 만들었다.

2015년, MIT의 장펑 연구팀은 크리스퍼와 공동으로 작업하는 3.5세대 유전자가위 'Cpf1'를 발견했다. Cpf1은 카스 유전자가위보다 크기가 작다. 한국 연구진들은 이 가위가 3세대 크리스퍼-카스9 유전자가위에 비해 정확도가 높다는 점을 입증했다.

2016년 영국 정부는 인간 배아를 교정하는 데 연구 유전자가위를 이용하도록 허락했다. 런던의 프랜시스 크릭 연구소는 인간 배아를 대상으로 불임에 관여하는 유전자를 크리스퍼 유전자가위로 잘라내는 연구를 하고 있다. 중국 정부도 크리스퍼 유전자가위의 상용화에 진취적인 자세를 보인다.

간략하게 크리스퍼가 어떻게 발견되었는지, 또 크리스퍼 유전자가위의 작용 메커니즘은 어떤 경로를 거쳐 밝혀졌는지를 정리하는 뜻에서 시간의 흐름순으로 적어보겠다. 간략히 정리한 것이지만 여기저기 중복되는 부분이 있을 것이기에 슬쩍 보고 지나가도 크게 무리는 없다.

크리스퍼 연대기

이시노, 대니스코 연구진 그리고 유진 쿠닌과 다우드나, 그리고 장펑, 한국의 김진수 박사 등이 활발하게 크리스퍼 유전자가위 연구를 진행하고 있다. 참고문헌은 뒤에 따로 실었다.

1987. 세균 유전체에서 크리스퍼 반복서열 관측했다. 저자들은 이렇게 말했다. "원핵세포 어디에서도 비슷한 서열을 찾아볼 수 없으며 이 서열의 생물학적 의미도 전혀 알지 못한다." 이시노 요시즈미, 《세균학 저널》, 169, 5429.[02]

2002. 세균과 고세균 유전체에서 발견되는 반복서열이라는 뜻을 담아 크리스퍼라는 용어가 만들어졌다. 카스^{Cas}는 크리스퍼와 결탁된 단백질(CRISPR-associated protein)이란 뜻이다. 루드 얀센, 《분자 세균학^{Molecular Microbiology}》, 43, 1565. 뒤에 등장할 프랜시스코 모히카

---

02 169는 권 번호, 5429는 논문의 첫 번째 쪽수이다.

Francisco Mojica도 크리스퍼라는 용어를 만드는 데 참여했다.

2005. 크리스퍼 사이에 낀 갈피 서열이 세균 자신이 본디 갖고 있던 것이 아니라 외부에서 유래한 DNA로 밝혀졌다. 알렉산드르 볼로탱Alexander Bolotin, 《세균학 저널》, 151, 2551.

2006. 크리스퍼가 세균의 적응성 면역계일 것이라는 의견이 있었다. 키라 마카로바Kira Makarova, 《바이올로지 다이렉트Biology Direct》 1, 7. 본문에서 살펴보았듯이 쿠닌은 생체정보학 기법을 써서 이 가설을 폭넓게 살펴보았다.

2007. 크리스퍼 영역이 바이러스에 저항성을 부여한다. 다시 말해 크리스퍼와 카스 유전자가 크리스퍼 사이에 낀 갈피 서열과 상보적인 유전체를 갖는 파지에 대한 저항성을 부여한다는 사실이 알려졌다. 루돌프 바랑고우Rodolphe Barrangou, 《사이언스》, 315, 1709.

2009. RNA의 인도를 받아 DNA뿐만 아니라 RNA도 깨질 수 있다는 사실이 처음으로 알려졌다. 카린 헤일Caryn Hale, 《RNA》, 2, 2572.

2011. 피오제네스 연쇄상구균의 유전자가위인 '카스9'이 두 종

류의 RNA 분자인 '가이드 RNA(crRNA)'와 '활성화 RNA(tracr RNA)'와 결합한다는 사실이 밝혀졌다. 이들 요소 전부가 바이러스 감염으로부터 벗어나는 데 필요하다. 엘리차 델트체바[Elitza Deltcheva], 《네이처》, 471, 602.

2012. '카스9'은 핵산내부절단효소[endonuclease]이며 DNA 양쪽 나선을 자를 수 있다. DNA와 상보적으로 결합하는 가이드 RNA가 필요하다. 핵산내부절단효소에는 두 가지 부위가 있다. 하나는 상보적인 부위를 자르는 HNH 도메인, 상보적이지 않은 나선 부위를 자르는 BuyC 유사 도메인이다. 마틴 지넥[Martin Jinek], 《사이언스》, 337, 816.

2013. 인간과 생쥐 세포에서 유전자를 편집, 교정하기 위해 가이드 서열을 설계하다. 르 콩[Le Cong], 《사이언스》, 339, 819.
    식물에서 최초로 사용되다. 쟌펑 리[Jian-Feng Li], 《네이처 바이오테크롤로지[Nature Biotechnology]》, 8, 688; 발디미르 네크라소프[Vladimir Nekrasov], 《네이처 바이오테크롤로지》, 8, 691.

2014. 가이드 RNA와 가이드 RNA가 목표로 하는 DNA와 카스9 복합체의 결정 구조를 밝히다. 니쉬마스[Nishimasu H], 《셀》, 156, 935.
    표적 DNA에 끼어들기 위한 PAM[Protospacer adjacent motif] 부위가 필요하다. 카스9 효소가 인식하는 부위이다. 캐롤린 앤더스[Carolin Anders], 《네이처》, 513, 569.

　　설계한 가이드 RNA와 카스9을 벡터 없이 세포 안에 직접 도입하다. 수레쉬 라마크리쉬나Suresh Ramakrishna, 《게놈 리서치Genome Research》, 24, 1020.

　　2015. 크리스퍼-카스9 유전자가위를 사용, 세 종의 염색체를 가진 착상 전 인간 배아를 조작하다. 지중해성 빈혈을 치료하기 위해 베타 글로빈 유전자를 교정하다. 목표하지 않은 곳에서도 DNA가 잘려 나갔다. 량Liang. 《단백질과 세포 셀Protein and Cell》, 6, 363.

　　2015. 중국 과학원, 미국 과학원 의학부, 런던 왕립협회 소속 과학자들이 모여 인간의 유전자를 편집하여 후손에 대물림될 수 있는 변화를 주는 어떤 행위도 해서는 안 된다는 데 뜻을 모았다. 그러나 법적인 규제력은 없다. 1975년 캘리포니아에 모인 과학자들은 어떤 종의 생명체 유전체도 변형해서는 안 된다는 합의를 한 바 있다.

　　2016. 미국 농무성은 크리스퍼 카스9을 이용한 얻은 곡물류가 유전자 변형 생물로 규정되지 않을 것이라고 말했다. 외부 DNA가 들어가지 않은 데다 전통적인 방식에 의해 경작한 식물과 다르지 않기 때문이었다.

2016. 미국 국립보건원은 크리스퍼를 이용해서 인간의 유전자 편집을 허용했다. 국립보건원 자문단은 암 치료에 크리스퍼 카스9을 사용하도록 허락했다. 환자 자신의 T임파구 유전자를 편집하여 암 치료에 적용한다.

크리스퍼의 숨은 얼굴들

2016년 1월 《셀》에 발표된 「크리스퍼의 영웅The Heroes of CRISPR」이라는 논문에는 미생물에서 발견된 괴상한 서열의 정체를 밝히기 위해 노력한, 성공했거나 한편으로 좌절한 사람들이 뒷이야기가 실려 있다. 저자가 미국인임을 감안하면 과학계에서 아시아인의 비중이 의도적으로 축소되고 있다는 느낌이 강하게 든다. 미생물에서의 크리스퍼 서열은 일본 과학자 이시노 박사가 1987년 처음 발견했다. 하지만 미국인 저자는 알리칸테 대학의 프랜시스코 모히카 박사의 손을 들어주었다. 모히카 박사가 크리스퍼 서열을 밝힌 논문은 1993년 발표되있다. 그의 나이 30세 때의 일이다. 흰새 크리스퍼 연구를 주도하고 있는 MIT의 장평 박사는 36세이다. 크리스퍼 연구진들은 특히 젊다.

이번에는 사건을 중심으로 크리스퍼 연구의 역사를 정리해보자.

크리스퍼의 발견: 스페인 알리칸테 대학 프랜시스코 모히카는 1990년에서 2000년에 걸쳐 현재 크리스퍼 부위라 불리는 실체에 대해 연구했다. 그는 루드 얀센과 함께 크리스퍼라는 용어를 만들어 대중화시킨 과학자이다(2002년). 모히카 박사는 크리스퍼 갈피 서열이 바이러스와 상보적이라는 점을 밝혔다(2005년). 이 결과를 바탕으로 그는 크리스퍼가 적응성 면역계라고 가정했다. 푸어셀Pourcel 그룹도 비슷한 연구 결과를 발표했다(2005년).

카스9과 PAM의 발견: 프랑스 국립보건원 농업연구소의 알렉산드로 볼로탱은 테르모필러스 연쇄상구균을 연구했다. 유전체 서열을 연구하던 그는 요상한 크리스퍼 부위를 발견했다. 크리스퍼 배열은 기존에 알려진 것과 비슷했지만 카스 유전자 부위는 달랐다. 요상한 크리스퍼 부위는 새로운 카스 유전자를 포함하고 있었다. 예상했던 핵산분해효소보다 큰 단백질을 암호화하는 이 유전자는 지금 카스9이라는 이름으로 불린다. 또 바이러스 유전자와 상동성이 있는 갈피 부위의 서열 모두가 예외 없이 한쪽 끝에 동일한 서열을 갖는다는 사실도 알아냈다. 목표 인식에 필요한 바로 그 서열을 'PAM'이라고 부른다.

적응성 면역계 전략이라는 가설: 2006년 3월, 미국 국립보건원의 유진 쿠닌은 컴퓨터 분석을 통해 상동 유전자 집단의 서열을 연구했다. 크리스퍼 사이사이에 끼어 들어간 갈피 서열이 바이러스의 DNA

와 일치한다는 점에 기초하여 크리스퍼 체계가 세균의 적응성 면역계 역할을 한다는 가설을 제시했다.

적응성 면역계라는 사실을 실험으로 증명: 2007년 3월, 대니스코의 필립 호바스 연구진은 세균의 적응성 면역계를 연구했다. 요구르트나 치즈를 만드는 유가공식품 산업에서 애용하는 세균은 테르모필러스 연쇄상구균이다. 대니스코 과학자들은 유가공 산업의 문제점인 바이러스의 습격에 대해 이 세균이 어떻게 대응하는지 알고자 했다. 연구를 통해 호바스는 크리스퍼 체계가 진짜로 적응성 면역계임을 밝혔다. 이들은 새로운 바이러스의 DNA를 크리스퍼 서열 사이에 집어넣은 다음 파지의 공격에 대응하여 이들이 잘 싸울 수 있음을 보여주었다. 게다가 그들은 카스9이 공습해오는 바이러스를 무력화시키는 유일한 단백질임을 알게 되었다.

크리스퍼 사이에 낀 갈피 서열이 가이드 RNA로 전사된다: 크리스퍼 카스 복합체가 어떻게 공습하는 바이러스를 다루는지 알아보려는 시도가 여러 곳에서 수행되었다. 2008년 8월, 대장균을 연구한 네덜란드 와게닌겐 대학의 욘 반 데르 오스트John van der Oost 실험실에서 첫 번째 중요한 결과가 나왔다. 이들은 바이러스에서 유래한 갈피 서열이 작은 RNA로 전사됨을 밝혔다. 그 물질의 이름이 앞서 가이드 RNA라고 말한, 크리스퍼 RNA(crRNA)다.

크리스퍼가 DNA 목표물에 작용하다: 2008년 12월, 일리노이 주 노스웨스턴 대학의 루치아노 마라피니Luciano Marraffini와 에릭 손테이머 Erik J. Sontheimer에 의해 두 번째 중요한 단서가 나왔다. 두 번째 중요한 단서는 크리스퍼-카스 체계가 RNA가 아니라 DNA에 작용함을 밝힌 것이었다. 많은 과학자들이 크리스퍼가 RNA를 대상으로 하는 진핵세 포의 RNA 간섭 현상과 비슷할 것이라고 믿고 있었던 시절이었기에 이 결과는 가히 놀라웠다. 마라피니와 손테이머는 세균이 아니라 다른 시스템에서 유전자를 다룰 강력한 수단이 될 것이라고 논평했다. RNA 를 목표로 하는 크리스퍼 시스템도 알려졌다.

카스9이 목표 DNA를 잘라낸다: 2010년 12월, 캐나다 라발 대학 의 실바인 모이노Sylvain Moineau는 동료 연구진들과 함께 크리스퍼-카스 9 유전자가위가 이중나선 두 쪽을 잘라냄을 보였다. PAM에서 앞쪽으 로 정확히 세 번째 염기를 지난 곳이었다. 크리스퍼-카스9 복합체에서 DNA 절단에 필요한 단백질은 카스9뿐이라는 사실도 부가적으로 밝 혀냈다. 가이드 RNA와 함께 결탁해서 일하는 커다란 단백질인 카스9 은 제2형 크리스퍼 체계이다.

카스9 단백질을 인도할 활성화 RNA(tracrRNA) 발견: 2011년 3 월, 에마누엘 샤르팡티에는 스웨덴 우미아 대학과 오스트리아 비엔나 대학에서 자연계의 크리스퍼-카스9이 진행하는 유전자가위의 마지막

비밀을 밝혀낸다. 사르팡티에는 크리스퍼-카스9 체계를 함유한 피오제네스 연쇄상구균의 RNA 서열을 조사하다가 가이드 RNA가 아닌, 활성화 RNA라고 이름붙인 또다른 RNA를 찾아냈다. 이 활성화 RNA는 크리스퍼 RNA와 짝을 지어 카스9을 목표 지점으로 인도한다.

크리스퍼 체계는 다른 종에 이식해도 기능에 전혀 문제가 없다: 2011년 7월, 리투아니아 빌리우스 대학의 비르기니우스 시크니스Virginijus Siksnys는 테르모필러스 연쇄상구균의 크리스퍼-카스 유전자 전체를 클로닝한 다음 이를 대장균에서 발현시켰다(대장균은 제2형 크리스퍼 체계가 없다). 대장균 안에서 크리스퍼-카스는 대장균에 저항성을 부여했다. 제2형 크리스퍼 체계는 자신의 구성 요소를 다 갖추고 있기 때문에 크리스퍼 체계가 대장균에서도 스스로 작동할 수 있음을 의미한다.

카스9이 매개하는 DNA 절단의 생화학적 특징: 2012년 9월, 비르기니우스 시크니스는 대장균에서 크리스퍼-카스 체계를 발현시킨 다음 가이드 RNA와 짝을 이룬 카스9 단백질을 정제했다. 다양한 생화학적 연구를 수행할 재료를 확보한 것이다. 이들은 절단부위를 확인했고 반드시 PAM이 필요하다는 사실도 알게 되었다. 핵산 절단효소가 DNA의 나선 양쪽을 다 잘라내는 부위도 새롭게 알아냈다. 이들은 가이드 RNA 염기가 스무 개 정도만 있어도 효과적인 절단이 가능하다는 점도 밝혔다. 가장 인상적인 점은 이들이 크리스퍼 RNA를 변화시켜 카스9이 활동하는 위치를 바꿀 수 있다는 것이다. 사르팡티에, 다우드나와 함께 크리스퍼-카스9을 프로그램화할 수 있다는 사실을 증명한 과학자 그룹에 속한다.

2012년 6월, 사르팡티에와 제니퍼 다우드나는 시크니스가 논문을 발표하던 거의 같은 시기에 비슷한 연구 결과를 내놓았다. 크리스퍼 RNA와 활성화 RNA를 융합하면 단순한 하나의 합성 크리스퍼 RNA를 제작할 수 있다는 것이 이 연구의 결과였다. 비록 2012년 6월에 발표되었지만 논문을 처음 제출한 시기는 시크니스 쪽이 앞섰다.

크리스퍼-카스9이 유전자 편집에 동원되다: 2013년 1월, 탈렌과 같은 이전 세대 유전자가위를 사용하던 장펑은 크리스퍼-카스9 유전자가위 복합체를 진핵세포에서 성공적으로 적용한 첫 번째 과학자가 되었다. 이들은 테르모필러스 연쇄상구균과 피오제네스 연쇄상구균 각각 두 개의 카스9 상동유전자를 제작했고 인간과 생쥐 세포에서 성공적으로 작동함을 입증했다. 장펑은 크리스퍼-카스9이 유전체 여러 부위를 목표하도록 조절하고, 또 동일 염기서열을 도입하여 새로운 DNA를 삽입했다. 이를 두고 '에러 없는 복구 방식'이라고 김진수 박사는 말한다(145쪽 참조). 하버드 대학 조지 처치George Church 실험실에서도 비슷한 결과를《사이언스》에 발표했다.

크리스퍼 삼인방

크리스퍼 유전자가위는 RNA와 단백질의 하이브리드이다. 그래서 리보핵산단백질ribonucleoprotein이라는 용어를 쓰기도 한다. 다른 어떤 유전자가위 체계보다 정확성이 좋다. 그리고 계속해서 개선되고 진보하는 중이다. 현재 RNA 유전자가위가 가장 많이 활용되는 분야는 인간배양세포, 생쥐, 초파리, 제브라피쉬zebrafish 등 동물 모델 시스템에서 특정 유전자를 제거한 다음 그 기능을 연구하는 분야이다. 이전에는 유전자 기능을 연구하기 위해 RNA 간섭현상, 키메라 등을 많이 활용해왔지만 이제 급속도로 크리스퍼 유전자가위로 대체되고 있다. 여기서는 현재 크리스퍼 연구를 주도하고 있는 세 명의 과학자 제니퍼 다우드나, 장펑, 김진수 박사의 논문을 중심으로 크리스퍼 연구의 방향을 짐작하고 비교해보려 한다.

인터넷에서 크리스퍼와 특허라는 단어를 검색하면 하버드 대학과 MIT가 공동으로 설립한 브로드 연구소가 미국에서의 특허 전쟁에서 '사실상' 이겼다는 내용의 글을 찾을 수 있다. 사실 크리스퍼 관련 특허에서 문제가 되는 부분은 과학적인 실제가 아니라 응용에 관한 것이다. 2012년 특허출원 시기를 보면 다우드나(5월), 김진수(10월), 장펑(12월) 순서로 출원을 했다. 그렇지만 이듬해인 2014년 미국 특허청은 브로드 연구소의 장펑 박사의 특허권을 인정했다. 장펑이 인간과 포유류 세포에서 크리스퍼 유전자가위를 최초로 사용했음을 인정한 것이다. 그러자 다우드나 측이 특허에 대한 무효소송을

냈다. 그 결과가 2017년 2월에 나왔다. 이는 두 측의 특허 내용이 다르다고 판정한 셈이지만, 결국 특허의 파급력에서 장평이 우세함을 인정한 것이다.

그 뒤로 유럽 특허청은 UC 버클리 다우드나의 손을 들어주었다는 기사도 볼 수 있다. 그렇지만 브로드 연구소의 장평은 대리인을 내세워 각각 유럽 특허청에 항소를 준비하고 있다. 한국의 대표선수인 김진수 박사는 한국과 호주에서 특허를 획득했다. 수조 원에 달한다는 특허료가 걸린 일이니 모두 사활을 걸어야 하지만, 여기서도 힘의 논리가 작동할 듯하다. 중국과 일본에서 특허권이 아직 부여되지 않았기 때문에 여전히 상황을 지켜봐야 할 형편이다.

세계의 명문 대학과 과학자들이 앞을 다투어 특허 소송을 벌이는 이유는 엄청난 돈과 명예 때문이다. 마켓앤마켓MarketsAndMarkets은 크리스퍼 유전자가위 관련 시장 규모가 2021년에는 6조 3,000억 원에 달할 것이라고 예상했다. 다우드나와 장평 모두 순수 학문 연구자에게는 특허료를 받을 생각이 없다고 말했지만, 천문학적인 연구비를 쏟아부으며 제품을 개발 중인 다국적 기업들은 특허권자에게 주머니를 열어야만 할 것이다.

관련 연구도 이미 임상시험에 돌입했을 정도로 빠르게 진행되고 있다. 하버드 대학 조치 처치 연구팀은 돼지 유전자에서 사람에게 면역거부반응을 일으키는 유전자 62개를 한꺼번에 잘라내는 데 성공했다. 크리스퍼 유전자가위를 사용해서 빠르게 작업을 진행할 수 있었기에 가능한 일이다. 인간과 가장 유사하다는 돼지의 장기를 인간에 이식하기 위해, 사전 실험인 개코원숭이를 대상으로 한 실험도 빠르게 진행되고 있다. 회사 로고가 미토콘드리아를 연상시키는 미국의 생가모 바이오사이언스^{Sangamo BioSciences Inc.}는 혈우병 유발 유전자를 교정하는 임상시험을 진행하고 있다. 황쥔지우黃軍就 중국 중산대 교수는 2015년 인간 배아에서 지중해성 빈혈을 일으키는 유전자를 잘라내는 데 성공했다. 황 교수는 《네이처》가 뽑은 2015년 과학 인물 1위에 선정되기는 했지만, 다른 한편으로 인간 배아를 사용했다는 논란의 중심에 서기도 했다.

특허뿐만 아니라 인간이 가진 모든 세포의 유전체 구조를 알아내려는 야심 찬 프로젝트도 진행 중이다. 장펑이 있는 브로드 연구소와 페이스북의 마크 저커버그가 투자한 기업 챈 저커버그 바이오허브^{Chan Zuckerberg Biohub}에서 동시에 이뤄지고 있다. 이들 말고도 규모의 크고 적음은 있겠지만 각국의 연구진들이 궁극적으로 인간 세포의 개별 유전자 기능을 파악하려고 한다. 이러한 시도는 두 가지 의미를 지닌다. 첫째 근육이나 간세포 등을 포함하는 인간의 세포는 농일한 유전자를 가지고 있지만 각 세포가 만드는 단백질은 각기 다르다. 물론 세포의 가장 기본적인 기능을 수행하는 단백질은 같겠지만, 세포 특유의 기능을 수행하는 단백질은 모두 다르다는 뜻이다. 그러므로 인간의 특정한 세포의 유전자 기능을 연구한다는 것은 세포 특유의 기능을 수행하는 단백질의 기능을 살펴보겠다는 뜻이다. 그러므로 저 연구소들이 치중하고 있는 세포나 조직이 어디냐에 따라 매우 다양한 결과들이 한꺼번에 쏟아져 나올 가능성이 있다. 둘째 이 연구의 결과가 생각했던 것보다 훨씬 빠르게 나올 것 같은 느낌이 든다. 그리고 거대 자본이 그 성과를 잠식할 것 같은 불안감도 동시에 든다.

어쨌든 다우드나, 장펑, 김진수 이 세 사람을 중심으로 크리스퍼 연구가 진행되고 있는 형국이다. 다우드나는 원시 지구의 화학과 화합물질의 진화 과정을 연구하면서 텔로미어 연구로 노벨상을 받은 하버드 대학, 잭 조스택Jack Szostak 교수의 제자다. 원시 지구의 무생물적 조건에서 어떻게 화합물질이 진화해왔는지 연구하다 보면 누구나 RNA에 도착하게 된다. 그러니 다우드나의 실험실 이름이 'RNA 생물학 연구실'인 것은 어찌 보면 너무나 당연한 일이다.

1963년에 태어난 다우드나는 하와이 대학 문학과 교수였던 아버지를 따라 어린 시절을 하와이에서 보냈다. 포모나 대학 화학과를 졸업한 다우드나는 1989년 하버드에서 생화학 박사를 밟던 중 단백질이 아닌 RNA가 촉매작용을 한다는 사실을 발견했다. 이를 계기로 노벨 생리의학상 수상자인 토머스 체크 박사 실험실에서 연구를 계속 이어갔다. 예일 대학을 거쳐 UC 버클리에 합류할 때까지도 그녀의 관심사는 줄곧 RNA였다. 200여 편이 넘는 논문을 출간하면서 RNA 간섭현상의 기전, RNA의 구조, 기능 등 모든 면을 줄기차게 연구했다. 사르팡디에와 크리스퍼 유전자가위를 발견한 뒤로는 원핵

세포 생명체인 세균과 고세균에서 새로운 유전자가위를 찾는 일에
도 주력하고 있다. 환자의 혈액을 통해 쉽게 몸 밖에서 유전자가위질
이 가능한 T세포를 사용하여 새로운 유전자를 집어넣기도 한다. 그
러나 무엇보다도 인상적인 것은 다우드나가 줄기차게 진화를 피력
하고 있다는 사실이다. 이는 장펑이나 김진수 박사가 비교적 실용적
인 면을 강조하는 경향과 사뭇 대조적이다. 그래서 사람들이 크리스
퍼를 일컬어 "생명의 비밀을 풀었을 뿐 아니라 생명 조작의 가능성
도 열었다"라고 말할 때 다우드나는 전자 쪽에 무게가 실린다.

장펑 박사는 현재 36세이다. 1982년에 태어났으니 연구자로서
도 한창 왕성하게 실험할 나이다. 중국에서 태어났지만 어려서 어머
니와 미국으로 이사를 왔다. 고등학교 시절부터 열성적으로 실험실
생활을 했으며 나중에 하버드 대학에 들어와서도 일찌감치 실험연
구자의 이력을 계속 쌓았다. 학위 과정 중에는 주로 신경과학과 유전
학, 그리고 광학이 연결되는 접점, 즉 빛을 이용해서 세포의 기능을
조절하는 연구를 했다. 나중에 하버드 대학 연구팀에 합류한 뒤에도
크리스퍼 유전자가위를 연구하면서 자폐증, 실명, 조현병 등에 천착
하는 이유도 그런 이력 때문인 것 같다.

2013년 크리스퍼 유전자가위 체계를 인간 세포와 생쥐 세포에
서 사용할 수 있다는 논문을 발표하면서 장펑은 과학의 거대한 주류
에 올라타게 되었다. 브로드 연구소에서 추진하는 인간 세포의 유전
자 지도를 그리고, 그 기능을 파악하는 작업에도 적극적으로 참여하

고 있다. 다시 한 번 언급하지만 그는 젊다.

　김진수 박사는 과학적으로 변방인 나라에서 고군분투하고 있다. 일찍이 벤처기업을 운영하다가 학교로 돌아간 특이한 경력의 소유자이므로, 그가 실용적인 측면에 치우쳐 있다는 사실은 그다지 놀랍지 않다. 또 식물을 연구하고 있다는 점에서 다우드나나 장펑과 차이가 난다. 내가 보기에 이 점은 무척 중요하다. 우선 김진수 연구진은 식량 문제에 접근할 수 있는 기술적 토대를 갖추었다. 현재 다국적 화학회사들이 선점하고 있는 대사공학metabolic engineering에 크리스퍼 유전자가위가 대대적으로 활용될 예정이다. 대사공학이란 쉽게 말해 세균을 통해서 인류에게 필요한 의약품이나 원료를 만드는 분야이다. 인삼의 거품 성분인 사포닌saponin을 대장균에서 만든다고 상상해보자. 사포닌은 인삼을 끓일 때 거품이 이는 화합물 군을 통칭한다. 그러려면 무엇이 필요하겠는가? 사포닌을 만드는 데 필요한 단백질의 유전정보다. 정보가 있으면 화합물을 만드는 유전자를 오페론처럼 제작하여 대장균같이 빠르게 자라는 세균에 넣으면 인삼 사포닌을 얻는 일이 이론적으로 가능해진다.

　인간 세포의 아틀라스03를 만들고자 하는 노력의 절반만이라도 식물의 유전체와 식물 유전자의 기능 연구가 이루어졌으면 하는 바람이다. 마찬가지로 김진수 박사도 역분화 줄기세포 및 여러 종류의

03　하늘을 메고 있는 그리스 신에서 유래한 용어로 정밀한 지도책을 의미한다. 특정 환경에 처한 인간 세포의 유전체를 죄다 파악하려는 야심 찬 노력의 일부이다.

인간 질병을 유전적으로 다룰 수 있는 연구에 뛰어들었지만 식물 연구도 도외시하지 않았으면 하는 바람이다.

만일 사람들이 크리스퍼 삼인방에 대해 "크리스퍼 가위 기술이 인류를 질병과 식량난에서 구할 것이다. 새로운 기술에 대한 공포를 극복하는 문제만 남았다"라고 평을 내린다면 장펑과 김진수 박사가 앞으로의 크리스퍼 연구를 이끌어가는 적임자일 수도 있겠다. 그러나 크리스퍼 초창기 연구를 주도했던 유럽의 연구자들도 가만있지는 않을 것이다. 거대 자본에 침식되지 않도록, 생명과학이 인류의 건강과 질병의 치료에 적절히 사용될 수 있도록 눈을 부릅뜨고 지켜보아야 한다. 그런 점에서 우리는 과학을 재미있게 배워야 할 필요가 있다.

크리스퍼의 가까운 미래

선택성과 신속함 때문에 크리스퍼가 생물학의 각 분야에 빠른 속도로 파급될 것은 충분히 예측할 수 있다. 특히 유전자 혹은 유전체 전체를 상대로 이들의 기능을 연구하는 일이 가능해졌다. 우리는 아직도 상당수의 인간 유전자 기능을 알지 못한다. 예를 들어 단백질이 잘게 깨져서 서로 뭉쳐, 치매의 원인이 되는 아밀로이드 전구체 단백질amyloid precursor protein의 기능은 아직도 모른다. 아마도 신경의 가소성可塑性에 관여를 할 것이라고만 추측한다. 신경의 특정 분야가 문제가 생겼을 때 주변에서 그 기능을 대체할 수 있게 변화할 수 있는 능력을 뜻하는 신경 가소성은 이제 연구를 시작한 분야다. 2010년에는 아밀로이드 전구체 단백질이 세포 안의 철을 퍼내는 일을 할 것이라는 논문이 《셀》에 실렸다. 그렇기에 세포가 되었든 조직이든, 특정 단백질의 기능을 밝히는 일은 곧 생물학적으로 우리 자신을 알아가는 과정이다. 그것이 질병의 치료나 건강한 삶과 연관되리라는 것도 자명한 일이다. 생물학자들은 크리스퍼 유전자가위가 장차 다섯 가지 방식으로 작동하지 않을까 예측한다. 간단히 살펴보자.

앞에서도 이야기한 것처럼 크리스퍼 유전자가위는 RNA와 단백질의 하이브리드이다. UC 샌프란시스코 대학의 조너선 와이즈만 Jonathan Weissman은 돌연변이를 유도하여 가위의 기능을 없애버렸다. 뭉툭해진 가위는 DNA를 자르지 못한다. 하지만 그냥 거기에 있으면서 다른 단백질이 접근하지 못하게 하는 역할을 한다. 가령 전사인자나 중합효소가 자리 잡고 일을 해야 할 장소를 선점한다면 굳이 유전자를 없앨 필요가 없다. 만일 여러 벌의 가이드 RNA를 가지도록 설계한다면 유전자 여러 개의 기능을 한꺼번에 조절할 수도 있다. 이런 접근 방식은 세포 내부에서 곁가지로 흐르는 대사 경로를 막아서 원하는 물질만을 생산하는 식물을 만들 수 있고, 또 대사 공학에 이용할 수도 있다. 또한 자르는 가위 기능 말고 다른 종류의 효소 기능, 예컨대 메틸기를 붙여주는 기능을 하는 단백질을 세포핵 내로 집어넣을 수 있다면 보다 효율적인 후성유전적 가공작업이 가능해질 것이다. 후성유전학epigenetics에 대해서는 5장에서 생식과 발생을 다룰 때 이야기하겠지만 크리스퍼가 후성유전학 연구분야로 들어오는 일도 그저 시간문제일 뿐이다.

인간 유전체 구조의 대부분을 차지하는 비암호 부위에 대한 연구도 가속화될 전망이다. 유전자가 아니라 유전자 조절 부위가 문제인 전립선암이나 대장암도 속속 발견된다. 크리스퍼가 아직 잘 모르는 유전체의 암흑 부분에 불을 밝힐 수 있을 것이다. 광학과 크리스퍼 유전자가위가 손을 잡을 일도 기대된다. 어떤 유전자의 기능을 한시적으로 억제하거나 활성화시키거나, 특정 장소에 국한되도록 조절할 목적으로 빛을 이용하겠다는 전략이다. 또 크리스퍼 유전자가위의 신속함을 바탕으로 특정 유전자의 기능이 없거나 증강된 모델 생명체가 다양하게 등장할 것이다. 제한효소를 써서 유전자가 없는 키메라 동물을 만드는 기존의 방법은 시간과 비용이 많이 들었다. 하지만 크리스퍼 유전자가위를 쓰면 불과 몇 달 안에, 운이 좋으면 한 달 안에도 키메라를 만들 수 있다. 한편 세포에서 발현되는 여러 유전자의 기능을 정확히 조절할 수 있다면 실험동물을 대체할 때에도 크리스퍼 유전자가위가 활용될 수 있을 것이다.

마지막으로 최근 한국에 유행병처럼 정기적으로 찾아오는 조류독감 등에 크리스퍼 유전자가위를 적용할 방법이 있지 않을까 생각하고 있다. 본래 크리스퍼 유전자가위 체계는 세균이 바이러스의 침입에 대항하기 위한 생물학적 장벽이다. 포유동물의 T세포를 조작하여 그 안에 유행하는 바이러스의 유전자 조각을 끼워 넣는 방식으로 크리스퍼 유전자가위를 활용할 수 있다면 한번 시도해봄 직하다.

제4장. 크리스퍼가 뭐길래-응용

CRISPR

Clustered Regularly Interspaced Short Palindromic Repeats

크리스퍼가 유전자 기능 연구에 대폭 활용될 것은 너무나 뻔한 일이지만 특정 유전자의 기능을 밝히는 것이 이 책의 목표는 아니다. 여기서는 크리스퍼 유전자가위를 이용해서 소위 해충이라 불리는 모기의 개체수를 조절하거나 바나나 병충해를 제거하는 등 크리스퍼 기술이 실제로 적용될 수 있는 분야를 주로 살펴보겠다. 크리스퍼 체계를 가장 쉽게 적용할 수 있는 분야는 아마 면역계가 아닐까 싶다. 대사증후군을 포함 포유동물의 면역계가 감당하는 몇 가지 사항도 간단히 언급하고 지나간다.

참을 수 있는 존재의 가려움

모기에 물리면 살갗이 붉어지며, 부어오르고, 물린 자리가 뜨뜻해지며, 아프다. 기원 전후를 살다간 로마의 학자 셀시우스Celcius는 이 현상을 염증의 네 가지 증상이라고 정리했다. 그런데 모기에 물리면 가렵기도 하다. 그런데 왜 가려울까?

사실 우리는 가려운 증상을 손이 불에 닿았을 때 뜨거워서 손가락을 떼내는 것처럼 일종의 자기보호반응이라고 생각한다. 모기는 한 번에 자신의 체중에 해당하는 양만큼의 피를 빨아 먹는다. 약 3밀리그램이다. 1밀리그램의 혈액에 포함된 적혈구의 숫자는 대략 500만 개이므로 모기에 한 번 물리면 우리는 얼추 1,500만 개의 적혈구를 잃는다. 적혈구 하나에 약 2억만 개의 헤모글로빈이 있으므로 엄청난 양의 단백질이 모기 입질 한 번에 유실되는 셈이다. 모기는 헤모글로빈을 분해해서 아미노산과 철을 얻어 알을 만드는 데 사용한다. 따라서 피를 빼는 모기는 모두 암컷이다.

인간의 혈액을 얻기 위해 모기가 포유동물 혈액의 응고에 대해서 공부했을 리 만무하지만, 모기의 침에는 혈액의 응고를 막는 효소와 단백질이 들어 있다. 정도의 차이가 있기는 해도 대부분 사람들은 이 물질에 대해 알레르기 반응을 보인다. 가려움은 알레르기 반응의 결과이다. 모기 침 속의 단백질에 대응하여 우리 몸 피부 아래에 있는 비만세포mast cell[01]가 히스타민histamine이라는 물질을 분비한다는

---

01 비만세포로 번역되기에 약간 헷갈린다. 과립이 풍부한 세포이고 피부, 혈관 주위 및 점막에 분포하며 히스타민과 같은 알레르기를 일으키는 화합물을 생산하고 분비한다.

크리스토퍼 혁명

것은 잘 알려져 있다. 2014년 미국 국립보건원 연구진들은 피부 아래쪽에 있는 신경세포가 신경펩티드를 만들어 뇌에 전달하면 가려움증이 생긴다고 밝혔다. 모기뿐만 아니라 아이비^Ivy와 같은 식물이 분비하는 우루쉬올urushiol이라는 물질도 동일한 반응을 일으킨다.

어떤 단백질의 기능을 파악하기 위해 요즘 생물학자, 분자생물학자들은 그 단백질을 암호화하는 유전자를 없애버리거나 특정 유전자를 끼워 넣는다. 이런 방법으로 피부 아래쪽 신경세포가 신경펩티드를 만들지 못하게 만든 쥐는 가려움을 거의 느끼지 못한다. 그렇지만 아프거나 뜨거움을 느끼는 행위는 변화가 없었다. 가려움과 통증을 매개하는 세포는 한 가지로 알려져 있었지만 이제 다른 세포의 정체도 드러나는 모양이다.

화학물질이 피부에 닿을 때의 촉각처럼 가려움도 피부가 느끼는 감각의 한 가지다. 앞에서 말했듯 해로울 수도 있는 외부 요인에 의해 더 이상 손상되지 않도록 방지하는 자구책이다. 가려우면 손으로 긁거나 손이 닿지 않는 곳은 효자손을 이용하기도 한다. 그러나 이 순간 우리가 잊지 말아야 할 것이 한 가지 있다. 아플 정도로 심하게 긁지 말라는 것이다. 가려움과 통증은 두 개의 줄기를 가진 나무다. 최근 워싱턴 대학의 천저우펑Chen, Zhou Feng 박사는 가려운 곳을 긁으면 피부에 통증이 발생하는데, 척수의 신경세포가 가려움 신호 대신 통증 신호를 우선 뇌에 전달하기 때문에 가려움을 느끼지 않게 된다고 말했다. 그러나 아이러니하게도 뇌에 전달된 통증 신호는 엉

뚱한 일을 한다. 뇌는 신호에 대응하여 통증을 완화하는 신경전달물질인 세로토닌serotonin을 분비한다. 세로토닌은 다시 가려움을 일으킨다.

복잡하다. 한 방의 모기 물림에 대해서도 이렇게 복잡한 생물 반응이 작동한다. 그런데 지금 알고 있는 신경전달물질 대부분이 2010년이 지나서 발견된 것들이다. 이 과정에 대해 이제야 비로소 알게 되었다는 뜻이다. 모기에 물렸거나 식물과 접촉했을 때 우리 몸은 내 것과 내 것이 아닌 것을 구분해서 면역반응을 시작한다. 외부에서 들어온 물질의 종류를 가리지 않고 일차 방어선을 구축하는 면역체계를 우리는 선천성 면역이라고 부른다. 그 최전선이 바로 우리 피부다.

물고기도 가렵다

물고기도 가려움을 느낄까? 곰이 나무 둥치에 등을 부비는 모습은 쉽게 볼 수 있기에 우리는 곰들도 가려움을 느낀다고 생각한다. 가려움을 연구하는 학자들은 가려움이 척수가 관여하는 일종의 반사작용이라고 생각한다. 따라서 척수가 있다면 이론적으로 가려움을 느낄 수 있다고 본다. 그렇다면 가려움을 느끼는 이유는 무얼까?

예를 들어 생각해보자. 상처를 입은 피부에 살이 차오르고 나을 때쯤이면 가려움을 느낀다. 다들 경험해봐서 잘 알 것이다. 벌레가 살갗 위를 스멀스멀 기어오를 때 가려움을 느껴서 벌레를 퇴치할 수 있다면?[02] 상처가 나을 때 가려운 것도 그와 비슷한 메커니즘으로 설명할 수 있을까? 그렇다. 피부를 구성하는 세포는 서로 달라붙어 있다. 피부에 상처가 났다는 말은 곧 그 구조물이 파괴되었다는 뜻이고, 상처의 치유란 구조물을 재건하는 일이다. 따라서 새로 만들어진 세포가 상처 부위를 따라 물리적으로 이동하고 서로 달라붙는 과정이 불가피하다. 전진하는 세포끼리 상처 중앙에 모여 서로 달라붙고 수축하면서 상처 부위가 아문다. 이때 생기는 물리적 스트레스가 가려움을 유발하는 것이다. 그러나 가렵다고 너무 긁어대면 흉터가 떨어져 나가 다시 감염의 위험이 높아진다.

앞에서 살펴본 것처럼 피부 아래 비만세포가 분비하는 히스타민은 가려움을 유도하는 화학적 매개체이다. 모기나 진드기가 물었을 때 이들 곤충이 분비하는 화학물질에 인간의 면역계가 반응하는 것이다. 일시적으로 가려운 것은 잠시 긁어주면 가라앉는다. 2012년《영국 피부학 저널British Journal of Dermatology》에 게재된 논문에 따르면 가려운 곳을 긁어주면 희열을 느낀다는 결과가 나왔다. 세로토닌 때문일까? 새미있는 점은 부위에 따라 희열의 정도가 다르다는 점이다. 가려움 연구는 통상적으로 팔뚝을 이용했다. 연구자들은 등과 발목 부위를 추가적으로 검사했는데, 발목을 긁는 것의 보상이 가장 크

---

02 오래전에 읽었던 구엔 반 봉Văn Bông Nguyên의 『사이공의 흰옷』의 한 대목이 생각난다. 베트콩으로 수감된 한 여대생은 어떤 고초에도 자백을 하지 않았다. 그런데 팔뚝 위에 벌레를 올려놓자마자 바로 자백했다. 그 장면을 읽곤 그 여성은 베트남에서 살기 힘들었겠구나 잠시 생각했던 기억이 난다.

고 다음은 등, 그리고 팔뚝 순이라 결론을 내렸다.

'가려운 곳을 긁어준다'라는 우리 속담을 과학적으로 풀어간 결과라고 생각된다. 가려움은 늘 통증과 함께한다. 강력한 진통제이자 마약인 모르핀morphine을 복용하면 통증은 감소하는 대신 가려워 못 견딘다는 사례에서 볼 수 있듯이 통증과 가려움은 뭔가 비슷한 신경세포를 공유하는 것 같기도 하다. 존스홉킨스 대학의 동신종Dong Xinzhong 박사가 이 문제를 해결할 실마리를 제공했다. 모르핀이 유발하는 가려움을 항히스타민제로 해결할 수 있을까? 그럴싸한 생각이었지만 결국 항히스타민제는 모르핀의 효과를 막지 못했다.

따라서 동 박사는 통증을 매개하는 신경세포와 가려움을 매개하는 신경세포가 다르다고 생각하고 이 가설을 증명하는 실험에 착수했다. 6주 이상 계속되는 가려움을 만성적 가려움증이라 하는데, 만성적 가려움증에 항히스타민제가 소용이 없다는 사실을 연구진은 잘 알고 있었다. 이들 연구의 방향전환을 가능하게 했던 계기는 의외의 장소에서 나왔다. 말라리아다. 아프리카 사하라 이남 지역에서 빈발하는 말라리아는 모기가 매개하는 질병이다. 쑥에서 유래한 아르테미시닌artemisinin이라는 물질이 항말라리아 약물로 2015년에 노벨상을 받기도 했지만, 전통적으로 말라리아 퇴치에는 퀴닌quinine이라는 물질을 사용했다.

키나나무에 들어 있는 퀴닌이라는 천연물이 전통적으로 말라리아를 예방하기 위해 사용되었다. 퀴닌은 대항해 시대 이후에 황금알을 찾아 아프리카를 찾은 많은 유럽인들이 말라리아라는 장벽을 넘기 위해 발견한 물질이다. 하지만 퀴닌은 매우 썼다. 그래서 유럽인들은 이 약물을 술에 타서 먹었다. 그 칵테일이 진토닉으로 굳어져 지금까지 내려온다. 퀴닌의 유도체인 클로로퀸chloroquine도 말라리아 예방에 사용된다. 흥미로운 사실은 클로로퀸을 먹으면 가려워서 견디지 못한다는 것이다. 동 박사가 주목한 것이 바로 이 대목이었다.

'혹시 히스타민과 무관하게 신경세포가 클로로퀸에 반응하지 않을까' 하는 의문을 해결하는 과정에서 동 박사는 새로운 신경세포를 발견했다. 이 세포는 피부 근처에서만 발현된다는 점에서 캡사이신capsaicin 수용체를 가진 다른 통증세포와는 달랐다. 'MrgA3'라는 단백질이 클로로퀸을 세포 안으로 받아들이는 역할을 한다는 사실도 곧 밝혀졌다. 몇 가지 실험을 더 진행한 다음에 동 박사는 이 신경세포가 통증을 매개하는 신경세포와는 별개로 움직인다는 사실을 거듭 확인했다.

정리를 하고 지나가자. 통증은 봄통의 저 깊은 곳에서도 생기지만 가려움은 오로지 피부 근처에서만 발생한다. 심장이 가렵다고 느낀적 있는가? 지금은 역사의 뒤편으로 사라졌지만 내가 어린 시절에는 이lice가 참 많았다. 군대생활을 한 사람들은 혹시 사면발니 추억도 가지고 있을지 모르겠다. 이들 생명체는 집단생활을 하는 인간과 인간 사이를 오가며 살아간다. 유전체 연구에 따르면 인간의 몸에서

털이 사라진 지는 100만 년 전이다. 그렇다면 인간은 언제부터 옷을 입게 되었을까?

옷은 돌로 만든 도구나 탄 곡식과 달라 쉽게 부패되어 유물로 남기가 쉽지 않다. 뭔가 간접적인 방법을 써야만 인간이 옷을 입게 된 시기를 짐작할 수 있다. 플로리다 대학 연구진들은 이 문제를 해결하는 기발한 아이디어를 냈다. 연구진들은 머리에, 다시 말하면 털에 사는 이와 옷 솔기에 사는 이가 사촌이지만 서로 다른 환경에 완벽하게 적응했다고 가정하고, 이들 두 종류의 이가 언제 분기했는지를 알기 위해 유전체 분석을 시도했다. 이의 유전체를 바탕으로 연구진들은 인간이 옷을 입게 된 것은 약 17만 년 전이라고 추정해냈다. 인류가 아프리카를 떠나기 전이고, 빙하기가 끝날 무렵이었다. 다시 말하면 아프리카를 떠나기 전에 인류는 옷을 입고 있었다.

아메바 면역계

옷이 몸을 감싸고 있기는 하지만 인간에게 피부는 몸의 가장 최전선에 있는 방어벽이다. 따라서 가려우면 긁는 것도 일종의 면역반응이라고 볼 수 있다. 그러나 본래 의미에서 면역계는 면역을 담당하는 특별한 세포를 기준으로 구분한다. 야전에서 적을 향해 총을 겨누는 소총수들은 적의 이름을 구분하지 않는다. 우리 몸 안에도 그런 세포들이 존재한다. 대식세포가 그 대표인데, 이들은 적이라고 간주

크리스토퍼 혁명

되는 물질이나 세포를 닥치는 대로 집어 삼킨다.

그러나 잘 훈련된 저격수들은 특정 대상만을 겨냥해 총알을 발사한다. 잘 훈련된 저격수처럼 특정 항원에만 반응하는 항체를 만드는 세포가 바로 스나이퍼 세포인 'B임파구'이다. 항원이라는 분자를 기억하는 과정이 선천성 면역에 대응되는 개념인 적응성 면역계의 핵심이다.

면역반응은 고등생명체의 특화된 반응이다. 복잡성을 가진 생명체의 존재, 다시 말하면 다세포 생명체의 고유한 특성 중 하나라고 볼 수 있는 것이다. 그렇다면 세포 하나가 몸뚱어리의 전체인 세포들은 외부 물질에 대해 어떻게 대처할까?

단세포 아메바는 흙 속의 세균을 먹고 산다. 그러다가 상황이 좋지 않으면 이들 아메바는 무리 지어 한 무리로 움직이는 방식으로 삶의 양태樣態를 바꿔버린다. 단세포 아메바라고 깔보지 말자. 아메바는 인간과 함께 단편모생물單鞭毛生物, monotrichous계의 거대한 집단을 구성한다. 아메바는 미토콘드리아가 퇴화된 일군의 생명체들로서 인간의 장腸 속에서도 살아간다. 따라서 아메바는 진핵세포 중에서는 아마도 가장 단순한 생물체들이 아닐까 한다.

떨어져 살던 단세포 생명체가 상황이 좋지 않을 때 무리를 짓는 일은 담수조류인 볼복스volvox[03]에서도 찾아볼 수 있다. 스트레스를

---

03 하나의 세포로 살아가던 클라미도모나스는 상황이 어려워지면 군집을 이루어 볼복스 군체를 이룬다. 약 5만여 개의 클라미도모나스가 성세포와 먹이를 구하는 세포로 분화된다. 다세포 생명체 탄생을 연구하는 모델이다.

받으면 세포집단에서 개별 아메바의 기능분화가 일어나고, 그 뒤로 각기 맡은 일을 묵묵히 수행한다. 재미있는 사실은 분화된 세포 중에 세균의 독소나 세균 자체를 잡아 삼키는 특별한 세포가 등장한다는 점이다. 2007년 《사이언스》에 발표된 자료에 따르면 이 세포은 '지킴이Sentinel 세포'이다.

계보상 아메바는 공통조상에서 식물과 동물이 분기해 나간 직후에 등장했다. 먹거리가 세균이다 보니 세균이 분비하는 독소나 세균 자체에 대한 방어능력이 있고, 그 분자 면역기제는 후대로 이어져 인간에서도 그 흔적을 찾아 볼 수 있다. 고속도로 통행료를 징수하는 톨게이트같이 행동하는 '톨-유사 수용체toll-like receptor'가 바로 그것이다. 이 수용체 단백질은 이른바 남이라면 옥석을 가리지 않는 선천성 면역계를 구성하는 보초병이다. 면역계는 다세포 생명체의 특권인 양 말하지만 사실 원핵세포도 내 것과 내 것이 아닌 것을 구분할 줄 안다. 심지어 그 분자의 기억 과정을 대를 물려 넘겨준다. 크리스퍼 유전자가위는 원핵세포 유전체의 계통적인 분석 연구가 내놓은 쾌거라고 할 수 있다.

슬픈 모기

모기는 말라리아 병원균을 옮기는 숙주다. 빌 게이츠, 2015년 노벨상 수상자 중국의 투유유Tu Youyou와 같은 사람들이 모기 자체나 모기가 매개하는 질병을 퇴치하려고 온갖 수단과 방법을 동원한다. 모기는 우리에게 "나도 어쩔 수 없었어"라고 항변할지도 모르겠다. 앞서 이야기한 중국에서의 모기 박멸 작전과 별개의 사례를 들어보자. 최근 크리스퍼를 써서 모기를 죄다 말라리아에 내성을 가진 놈들로 바꾸고 싹쓸이 유전자를 통해 태어나는 자손 모두가 말라리아 내성을 갖도록 하자는 야심 찬 계획이 진행되고 있다.

영국 런던의 임페리얼 대학 연구진들은 2016년 《네이처 바이오테크놀로지》에 실험실에서 '크리스퍼-카스9'을 감수분열 싹쓸이 수단으로 사용했다는 연구결과를 내놓았다. '이런 방법은 생태계 교란 가능성이 크다', '이런 시도의 장기적 효과에 대해서 아는 바가 없다'라는 다양한 반론이 있었지만 여기서는 그 연구내용만 잠시 살펴보도록 하겠다.

(전략)…이기적 유전자들이 자신의 숙주를 희생하면서까지 증식하는 메커니즘은 진화유전학에서 가장 매혹적이고 주목할 만한 주제 중 하나다. 이 같은 이기적 유전자의 대표적인 예는 점핑 유전자, 감수분열 싹쓸이 유전자, 회귀내부절단효소 유전자*homing endonuclease gene*, 월바키아*wolbachia*인데, 이들 모두는 세상에서 가장 치명적인 질병을 제어하는 수단으로 사용될 수 있다. 즉, 이기적 유전자를 효과적으로 증식시키는 유전자 드라이브 시스템을 이용하면 곤충매개질환의 병원체가 퍼지는 것을 차단할 수 있다…(후략)

여기 인용한 글은 양병찬이 번역한 2006년《네이처 리뷰 제네틱스》에 소개된 논문 일부를 약간 수정해서 옮긴 것이다. 월바키아와 감수분열 싹쓸이 유전자는 잠시 후 본격적으로 살펴보기로 하고, 여기서는 회귀내부절단효소 유전자를 일상용어에 빗대어 설명해보겠다. 회귀란 말이 보통의 독자들에게 정확히 와 닿지 않을지 모르지만 간단히 말하면 대립 유전자에 자신의 유전체를 끼워 넣는 과정이다. 이 과정을 주도하는 회귀내부절단효소는 가위이면서 동시에 15~30개 정도의 DNA 서열을 인지할 수 있다. 어째 여기서 좀 크리스퍼 냄새가 나지 않는가? 문제는 이 가위가 인식하는 서열과 같은 곳이라면 이론적으로 자신을 죄다 갖다 붙일 수 있다는 말이다. 문서를 전부 찾아서 바꾸고자 하는 단어를 모두 한 번에 고치는 것과 의미상 똑같은 일이다.

영국의 과학자들은 두 벌의 유전자가 모두 정상이 아닌 경우 암컷을 불임으로 만드는 유전자를 선택해서 손을 보기로 했다. 우선 '크리스퍼-카스9'을 이용해서 모기 알의 유전자를 편집한 다음, 이들이 성체가 되기를 기다린다. 그런 다음 이들을 정상인 모기와 교배시켜 생긴 자손들은 모두 이 유전자가 고장 난 상태가 된다. 곰곰이 생각해보면 이 실험은 매우 잔인한 실험이다. 우선 모기 새끼들 중 암컷은 모두 불임이다. 생식능력을 잃었기 때문이다. 반면 수컷은 이 고장 난 유전자를 다음 세대의 새끼들에게 물려준다. 이론상 생식이 불가능한 암컷의 수는 계속해서 늘어날 것이고, 배우자가 없는 수컷

크리스토퍼 혁명

은 세대를 거듭할수록 자신의 유전자를 전달할 대상을 찾기 어려워
진다. 결국 멸종에 이른다. 과학자들은 이 계획을 염려하고 있다. 혹
시라도 실험실을 벗어난 모기가 한 마리 미꾸라지처럼 생태계를 엉
망진창으로 만들 수도 있다. 말라리아에 내성을 갖는 항체를 만드는
기술도 이 싹쓸이 유전자 기법과 랑데부를 치렀다. 모기의 눈 색깔도
바꿀 수 있다. 항체를 만드는 유전자와 눈 색깔 유전자를 옆에 붙이
고 싹쓸이 유전자 기법을 동원하면 눈의 색깔만 보고도 모기가 말라
리아 열원충 항체를 가졌는지 아닌지 판단할 수 있다.

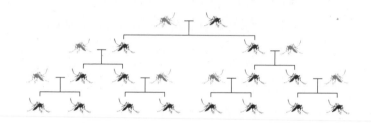

유전자 싹쓸이|Gene Drive

중국이기에 가능한 실험처럼 보이는, 하지만 썩 마뜩찮아 보이
는 실험이 진행되고 있다. 모기를 풀어 모기를 잡겠다는 실험이다.
아직 검증되지 않은 현장실험이고 그러한 실험에 의한 장기간에 걸
친 생태계 변화는 알아차리기 힘들다. 모기가 매개하는 질병은 끊임
없이 인간을 괴롭혀왔기 때문에 모기를 퇴치하려는 노력에는 수긍

할 수 있다. 중국 중산 대학과 미국 미시간 주립 대학 공동연구진은 해충으로 인해 생기는 질병의 확산을 막기 위해 수컷 모기에 세균을 주입시키는 방법을 고안했다. 모기가 매개하는 병이라면 말라리아나 뎅기열, 지카 바이러스 등이 떠오른다.

중국에 있는 일주일에 모기 500만 마리를 부화시키는 지구 최대의 모기 공장이 화제다. 이들 모기를 야생으로 풀어서 지카 바이러스 매개 질병을 잡는 것이 중국과 미국 공동연구진의 일차적인 목표이다. 한국에서도 지카 바이러스에 감염되면 소뇌증 아이가 태어난다고 해서 산모들을 불안에 떨었던 적이 있었다. 사계절이 뚜렷한 온대지방에서는 모기도 겨울을 나야 하기 때문에 따로 은신처가 필요하고, 그 기간은 왕성한 활동은 못 하겠지만, 날마다 덥고 습한 열대지방은 사정이 다르다.

그렇다면 도대체 어떤 모기를 어떻게 만들어내기에 지카 바이러스를 가진 모기를 잡을 수 있다는 것일까? 이 실험에서 트로이의 목마 역할을 담당하고 있는 생명체는 바로 월바키아이다.

월바키아는 리케차과에 속하는 세균이다. 진핵세포에 합류해서 온전한 식구가 된 미토콘드리아도 리케차 소속이다. 월바키아는 특히 곤충을 포함하는 절지동물을 감염시키지만 선충류에도 기꺼이 들어간다. 이런 방식으로 사는 월바키아는 지구상 세균성 기생 생명체[04]의 대표주자가 되었다. 숙주와 기생 생명체 사이의 상호작용은

---

04 '기생충parasite'이란 말이 워낙 널리 퍼져 있기에 '세균 기생충'이란 얼토당토않은 용어가 나올 수도 있겠다는 생각에서 의식적으로 기생성을 띠는 생명체란 의미를 담았다.

대체로 숙주에 불리한 쪽으로 이행하지만, 드물게 숙주에 이로운 쪽으로 진행되기도 한다. 2016년 호주 멜버른 대학의 앤드루 위크스 Andrew Weeks 연구진은 월바키아가 암컷 남방오색나비의 번식력을 오히려 높여준다는 사실을 발견했다고 《플로스 생물학PLOS Biology》에 발표하기도 했다. 위크스 교수는 "세포내 공생을 통해 진화한 미토콘드리아처럼 월바키아가 숙주의 생존을 도우면서 자신의 적응도를 높이는 방식으로 진화하는 것 같다"라고 말했다. 일부 말벌들도 알을 만들 때 이 세균의 도움을 받는다고 알려졌다.

그렇지만 지금껏 월바키아는 곤충이 알을 낳을 때 어미곤충에게서 알로 자리를 옮겨 탄다고 알려졌다. 따라서 곤충이 살아 있는 한 집 걱정은 하지 않고 이 영구 임대주택에서 살 수 있는 것이다. 그런데 문제는 월바키아가 곤충의 생식에 깊이 관여한다는 점이다. 월바키아는 감염된 곤충 수컷을 암컷으로 바꿀 수 있다. 또 암컷이 가진 알을 모두 암컷으로 바꾸어버리는 짓도 서슴지 않는다. 암컷의 난교를 유도해서 수컷을 탈진시키는가 하면 암컷이 낳는 알의 수를 줄이기도 한다. 숙수와 환경에 따라 갖은 선택을 다 구사하는 것이다. 물론 목적은 월바키아 자신의 번식과 생존이다. 숙주를 살려서 좋다면 살릴 것이고, 죽여야 이익이 된다면 손을 더럽히는 일도 마다하지 않는다. 아프리카 지역 곤충 거의 다섯 중 하나는 월바키아에게 안방을 내주고 있다. 가히 성공적인 기생성 세균이 아닐 수 없다.

1924년 모기에서 처음 발견된 월바키아 속에 속하는 세균 연구가 궤도에 오른 것은 그로부터 47년이 지난 1971년경이다. 캘리포니아 대학의 제니스 옌Janice Yen과 랄프 바Ralph Barr가 월바키아에 감염된 수컷의 정자를 멀쩡한 암컷의 정자와 수정시켰더니 모기 알이 죽어버렸다. 이 발견 때문에 월바키아 세균이 지카 바이러스를 지니고 있는 모기를 퇴치하는 데 사용될 트로이 목마가 된 것이다. 감염된 수컷 모기를 야생에 풀어 이들이 암컷 모기와 향락의 밤을 지새우게 만든다. 그러면 암컷이 낳은 알이 모기로 발생하지 못할 가능성이 높아진다. 그렇다면 자연스럽게 모기의 개체수가 감소될 것이다. 중국과 미국 공동 연구진은 월바키아에 감염된 수컷 모기를 매주 150만 마리씩 광저우 지역에 풀어놓았다. 이 거대 프로젝트가 진행된 뒤 중국 현지에선 모기가 90퍼센트 이상 줄어들었다고 발표했다.

크리스퍼-카스를 이용, 원리상 월바키아를 사용한 것과 동일한 효과를 기대하면서 말라리아를 옮기는 학질모기를 궁지에 몰아넣으려는 연구도 진행되고 있다. 그 내용을 이해하려면 유전자 드라이브, 다시 말해 유전자 싹쓸이 개념을 조금 이해해야 한다.

감수분열 싹쓸이?

잠깐 딴 곳으로 눈을 돌려보자. 태어난 자식이 여아인지 남아인지 알아보는 가장 쉬운 방법은 생식기를 살피는 일이다. 그렇지만 어떤 경우에는 외부 생식기만 가지고 판단하기 어려운 때도 있다. 성염

크리스토퍼 혁명

색체에 이상이 있는 경우이다.

남성: XY

여성: XX

인간은 성염색체를 두 벌씩 갖고 있다. 상염색체는 위 두 벌의 성염색체를 제외한 나머지 44개의 염색체를 지칭한다. 모계에서 22개, 부계에서 22개 물려받아 합이 44개이다.

하나의 세포가 두 개가 될 때 성염색체는 네 벌이(가령 [XX]-[XX]) 되었다가 두 개씩 공평하게 나눠 가진다. 그렇지만 성염색체는 자손에게 전달될 때 자신의 진가를 발휘한다. 정자나 난자에 성염색체가 분배되는 방식은 다른 세포가 분열할 때와 달라서 이 과정을 '감수분열減數分裂, meiosis'이라고 부른다. 세포 내 염색체 수가 줄어든다는 뜻인데, 하나의 세포는 두 차례 나뉘어서 네 개의 세포가 되고 각 난자는 염색체를 한 벌씩([X]-[X]-[X]-[X]) 할당을 받아 다음 세대에 전달할 준비를 마친나.

마찬가지 방식으로 네 개의 정자세포도 각각 한 벌의 성염색체([X]-[X]-[Y]-[Y])를 장착한다. 정자와 난자가 만나 하나의 수정란이 되면 이들은 자신이 품고 있던 염색체를 합쳐 두 벌의 성염색체([XX] 혹은 [XY])를 갖게 된다. 동일한 성염색체 두 벌[XX]이 되면 태어난 아이는 여성이 된다. 반면 [XY]라면 남성이 될 것이다.

이런 식으로 부모 양쪽에서 균등하게 성염색체나 상염색체 위에 놓인 유전자를 물려받을 때 우리는 이를 일컬어 멘델의 유전방식을 따른다고 말한다. 참 논리정연하고 평화로운 방식이다. 하지만 딸만 열둘인 집이 있게 마련이고 암컷만 줄줄이 낳는 초파리도 심심치 않게 발견된다. 이렇게 한쪽으로 몰아서 대물림되는 현상이 자연계에서 빈번하게 발견되기 때문에 과학자들은 '감수분열 싹쓸이meiotic drive'라는 용어로 이런 현상을 설명한다. 성별뿐만 아니라 특정한 염색체 혹은 유전자도 욕심껏 자신을 더 많이 퍼뜨리려 한다. 그렇기에 성별, 염색체나 유전자들 사이에서는 갈등이 빚어질 수밖에 없다.

자연계에는 자신을 '증폭하려는 요소driver'와 그것을 '제한하려는 요소suppressor'가 공존한다. 멘델의 유전방식에 따르면 암수 반반의 파리가 나오는 게 이치에 맞지만 예외도 상당히 많다. 이러한 유전체 내부의 갈등이 처음 밝혀진 것은 1920년대이다. 하지만 오랫동안 왜 그런 일이 생기는지 잘 알지 못했다. 2000년에 접어들어 프랑스 기초과학연구소 몽샹프-모로Montchamp-Moreau라는 여류 과학자는 곤충에서 자주 발견되는 성性 쏠림 현상을 설명하려고 애를 썼다.

싹쓸이 유전자를 지닌 초파리는 감수분열 과정에서 Y염색체가 떨어져 나갈 때 사단을 일으켰다. Y염색체에 싹쓸이 유전자를 지닌 정자가 정상적으로 발달하지 못했기 때문이었다. 곤충 세계에서는 정자에 문제가 있는 유전자 싹쓸이가 우세하다. 다시 말하면 암컷 곤충이 득세할 가능성이 있는 것이다. 반면 생쥐나 인간은 대개 난자에

크리스토퍼 혁명

서 이런 현상이 발생한다. 곰곰이 따져보면 우리는 이미 유전자 싹쓸이 사건에 매우 익숙하다고 할 수 있다.

앞에서 살펴보았듯 인간의 유전체는 두 가지다. 하나는 핵에 들어 있는 최고사령부 유전체가 있고, 야전에 여기저기 흩어져 있는 미토콘드리아 유전체도 여러 벌 있다. 핵 유전체는 암수로부터 한 벌씩 물려받아 두 벌을 채우지만 미토콘드리아 유전체는 오롯이 모계의 것만 물려준다. 물론 예외가 없지는 않지만, 그 예외는 보통 곧장 파국으로 끝나 자연선택의 그물망을 통과하지 못한다. 따라서 미토콘드리아 유전체의 대물림은 유전자 싹쓸이의 가장 대표적인 사례가 된다.

미토콘드리아 말고도 한 가지 성이나 특정 형질이 득세하는 현상은 오래전부터 알려졌다. 1950년대 유이치로 히라이주미Yuichiro Hiraizumi와 제임스 크로우James Crow는 흰 눈을 가진 파리와 붉은 눈을 가진 파리를 교배하였을 때 후대는 오직 붉은 눈 파리만 생긴다는 사실을 관찰했다. 색깔의 변화나 차이를 통해 유전형을 판정하는 일은 우선 쉽다는 이유 때문에 현대 생물학 실험에서도 빈번히 차용되는 방식이다. 말라리아를 퇴치하기 위해 모기 유전자를 손볼 때도 이와 같은 형질의 변화를 이용했다.

그 뒤로 눈이 기괴한 자리에 달린 파리가 발견되었다. 한국에는 없지만 대눈파리는 머리 양쪽으로 길게 가지가 뻗고 그 끝에 눈이 있다. 여기서 문제는 가지의 길이이다. 암컷은 가지가 긴 수컷 파리를 교미상대로 선호했다. 짝짓기에서 이런 편향을 '성선택sexual selection'이라 부른다. 가령 어떤 이유로 암컷들이 교미상대로 커다란 뿔을 가진 수컷 사슴을 선택한다면 비슷한 형질을 물려받은 자식들이 암컷을 차지할 확률이 늘어날 것이다. 결국 뿔을 키우기 위한 수컷들 사이에 경쟁이 있을 것이라 예측할 수 있다. 수컷 공작의 화려한 깃털도 성선택에서 살아남기 위한 방편이다. 과학자들은 자연계에서 발견되는 이런 현상을 '핸디캡' 가설을 빌어 설명한다. 커다란 뿔이나 화려한 깃털을 가지고 있으면 포식자에게 노출될 위험이 높다. 그럼에도 불구하고 그런 형질을 유지할 수 있는 것 자체가 이들이 건강하다는 점을 밖으로 드러내는 표식이라는 것이다. 이것이 핸디캡 가설의 핵심이다. 그리고 그 형질은 암컷에 의해 선택을 받는다. 대눈파리도 비슷할 것이라고 과학자들은 생각했다.

그러나 연구결과 상대를 유혹하기 위한 장식으로써 대눈파리 가지의 길이가 늘어난 현상은 부차적이었다는 사실이 밝혀졌다. 대눈파리 가지의 길이를 결정하는 유전자는 X염색체 안에 있었다. 공교롭게도 싹쓸이 유전자가 인접해 있는 장소였다. 다시 말하면 가지 길이를 결정하는 유전자와 싹쓸이 유전자는 하나의 유전단위로 행동했던 것이다. 싹쓸이 유전자를 가진 수컷 파리의 가지 길이는 짧았다. 현명하게도 암컷은 수컷의 모양을 보고 이들이 싹쓸이 유전자를 가졌다고 판단할 수 있었다.

밖으로 드러나는 형질 말고 다른 재미난 결과도 나왔다. 대눈파

　　　　　　　　　　　　　　　크리스토퍼 혁명

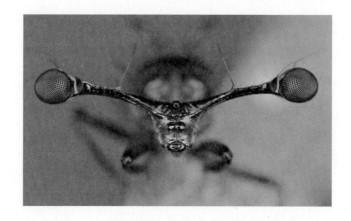

리를 연구하던 과학자들은 암컷 파리 생식관에 싹쓸이 유전자를 지닌 파리의 정자와 그렇지 않은 정자를 함께 넣어주었다. 정자를 받은 암컷은 한 번에 약 300개의 알을 낳는다. 암컷이 낳은 알 중에 싹쓸이 유전자를 가진 개체가 전체의 10퍼센트가 되지 않았다는 것이 이 실험의 결과였다. 싹쓸이 유전자가 없는 수컷 파리의 정액이 그렇지 않은 정자를 몰살시켰기 때문이었다. 흥미롭게도 대눈파리는 싹쓸이 유전자를 기피하는 방법을 터득하여 정상 유전자를 확대해나간다.

　유전자 또는 유전체 대물림의 쏠림 현상은 면역체계에서노 말견되었다. 생쥐, 인간뿐만 아니라 식물, 곰팡이에서도 발견되는 이런 쏠림 현상의 이면에는 무엇이 있을까? 몽샹프-모로는 초파리에서 점핑 유전자가 농간을 부릴 때 쏠림 현상이 나타난다고 보았다. 점핑 유전자를 다시 한 번 간단히 설명하고 넘어가면, 점핑 유전자는 이른바 이기적 유전자라고 불리는 짧은 DNA 조각으로 여기저기에 자신을 복사해서 붙여 넣는다. '복사-붙여넣기' 같은 것이다. 그런데 DNA 조각을 어디에다 끼워 넣을까? 이는 어디까지나 생물학적 '우연'의 영역이다.

침팬지 염색체는 우리보다 두 개 많다!

침팬지와 인간이 공통조상에서 분기해 나간 것은 700만 년 전의 일이다. 유인원들의 유전자, 특히 염색체를 보면 고릴라와 침팬지는 48개, 그리고 인간은 46개이다.

유전체 서열 분석결과 침팬지와 고릴라가 먼저 분기했고 나중에 인간이 침팬지와의 공통조상에서 떨어져 나갔다. 그러므로 인간과 침팬지의 공통조상은 48개의 염색체를 가졌다고 가정하는 것이 진화론적 논리에 맞다. 그렇다면 700만 년 사이에 인간의 염색체에서 어떤 사건이 일어나서 두 개의 염색체가 하나로 합쳐진 사건이 벌어졌다고 보아야 할 것이다.

인간의 염색체는 46개로 알려져 있지만 45개인 사람도 간혹 발견된다. 두 개의 염색체가 로버트슨 전위Robertsonian translocation[05]라 불

---

05 성염색체 두 개를 합해 사람의 염색체는 모두 46개다. 그러나 간혹 45개의 염색체를 가지는 경우가 있다. 두 개의 염색체가 하나로 붙어버리기 때문이다. 1916년 미국 곤충 유전학자 윌리엄 로버트슨William Robertson이 메뚜기에서 이런 현상을 처음 관찰했다. 인간의 경우 13, 14, 15번과 21, 22번의 염색체 사이에서 재배열이 일어나는 경우가 가장 흔하다. 부모로부터 재배열된 염색체를 물려받은 아이는 여분의 염색체를 갖게 된다. 출생아 1,000명당 한 명꼴로 이런 전위가 발견되며 다운증후군과 관련한다. 다운증후군은 21번 염색체가 세 개일 때 생기는데, 21번 염색체 두 개와 14번, 21번 사이에 로버트슨 전위 염색체를 갖는 경우가 가장 흔하다.

크리스토퍼 혁명

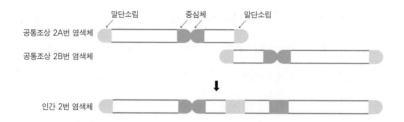

리는 과정을 거쳐 하나로 합쳐졌기 때문이다. 이 현상은 쥐에서도 발견된다. 재미있는 점은 45개의 염색체를 가진 여성이 45개의 염색체가 있는 아이를 더 많이 낳는다는 것이다. 반면 45개 염색체를 가진 남성은 그 비율이 반반이다. 그러므로 정자보다 난자의 감수분열 과정에서 염색체 사이 경쟁이 더 심하리라는 사실을 짐작할 수 있다. 노스캐롤라이나 대학의 페르난도 파도-마뉴엘 데 빌레나Fernando Pardo-Manuel de Villena 박사는 아마도 이런 과정을 거쳐서 인간 염색체 한 벌이 줄었을 것이라고 추측한다. 유럽의 쥐들도 지난 5,000년 동안 염색체의 수가 40개에서 22개로 줄었다고 한다. 종의 탄생의 이면에 이런 염색체 수의 변화가 있는 게 아닌지 의심하는 과학자들도 있다. 포르투갈 인근의 섬으로 이주한 쥐들은 지난 500년 동인 염색체 수가 변해서 22개에서 28개까지 다양한 집단을 유지하고 있다. 22개의 염색체를 가진 쥐가 28개를 가진 쥐를 만나 새끼를 낳으면 그 새끼는 살기는 하지만 불임이 된다.

그렇다면 이들은 서로 교미상대자로 부적격하며 교미의 빈도는 점차 줄어들 것이기에 각기 다른 종으로 분화할 가능성이 높다. 종의 고전적 정의는 서로 교미해서 생식력이 있는 자손을 낳는 것이다. 위스콘신 대학의 배리 가네츠키[Barry Ganetzky]는 'ranGAP' 유전자에 돌연변이가 생기면 초파리의 정자가 정상적으로 발생하지 않는다고 《미국 국립과학원회보》에 발표했다. ranGAP 유전자가 만드는 단백질은 핵의 안팎으로 물질을 운반하는 역할을 한다. 여기에 자그마한 점핑 유전자가 끼어들면 단백질의 기능이 심각하게 망가질 수 있다. 앞에서 예를 들었던 빨간 눈 초파리도 이 각본에 따라 나왔을 가능성을 배제할 수 없다. 가령 '돌연변이 ranGAP' 유전자 옆에 눈의 색상을 결정하는 유전자가 있다면 태어나는 암컷은 모두 빨간 눈으로 될 가능성이 생기는 것이다. 돌연변이 싹쓸이 유전자를 지닌 정자가 까만 눈을 지정한다는 전제하에서 말이다.

파초의 꿈: 캐번디시 바나나

거듭 말하지만 크리스퍼는 DNA를 인식할 수 있는 RNA 서열과 단백질 가위의 복합체이다. RNA로 DNA를 꽉 부여잡고 원하는 부위를 정확히 자르는 기능이 그 어떤 유전자가위보다 진보되었다. 중국 연구진들은 이 유전자가위를 이용해서 인간의 배아줄기세포 유전자를 교정하려 든다. 또 곰팡이에 감염된 바나나의 저항성을 높이기 위한 연구에서도 크리스퍼 유전자가위가 사용된다. 이제 바나나를 살펴볼 차례다.

크리스토퍼 혁명

바나나는 파초과^{musaceae} 파초^{musa}속에 속하는 식물이다. 세계에서 바나나 생산량은 인도가 가장 많지만 먹는 양도 만만치 않아서 수출량으로 보면 에콰도르가 일등이다. 바나나를 언제 처음 먹었는지 기억나지 않지만 시에 등장하는 파초는 기억한다. 김동명 시인의 〈파초〉이다. 인터넷을 찾아보니 이육사도 '파초'에 대한 시를 썼다.

조국祖國을 언제 떠났노,
파초芭蕉의 꿈은 가련하다.

남국南國을 향한 불타는 향수鄕愁,
너의 넋은 수녀修女보다도 더욱 외롭구나.

정원수로 기르던 파초의 모습이 기억난다. 예전에는 바나나 열매 속에 씨앗이 있었지만 인간의 손을 탄 교배종들은 더 이상 씨앗이 없다. 그래서 바나나는 고구마처럼 무성생식을 한다. 땅속줄기에서 새순을 베어내 새로 심으면 다시 바나나가 자란다. 국화도 장미도 이런 방식으로 번식한다. 유통되는 바나나의 90퍼센트 이상이 캐번디시^{cavendish}라는 종이고 다른 품종들은 10퍼센트 미만이다. 1950년대까지는 캐번디시 대신 그로 미셸$^{Gros Michel}$이라는 품종이 득세했다. 그러나 그로 미셸이 곰팡이에 감염되면서 초토화되었다. 곰팡이는 뿌리를 통해 침범해서 물관을 망가뜨려 바나나 나무를 말려 죽인다. 하지만 아시아의 바나나 나무는 큰 타격을 입지 않았고, 곰팡이에 내성이 있는 캐번디시로 거듭나 근 50년 이상 인류에게 바나나를 제공하고 있다.

캐번디시 바나나의 수꽃도 화분을 만들어내지 못한다. 게다가 뿌리의 새순을 통해 무성생식하기 때문에 또다시 곰팡이가 침범한다면 속수무책 당하기 십상이다. 무성생식으로 번식하는 종들은 천적들에게 치명적인 타격을 입을 수밖에 없다. 이들이 유전적으로 동일하기 때문에 무리 모두가 공격을 받는다. 감자에 곰팡이 감염으로 생긴 19세기 중반 아일랜드 대기근도 인공교배에 의한 유전적 다양성의 상실에 기인한 것이었다. 물론 아일랜드의 기후와 빈부격차와 같은 사회적 배경을 무시할 수는 없겠지만 당시 미국으로 이주한 아일랜드인의 숫자가 2010년 현재 3,500만 명으로 늘어났다. 그러나 아일랜드 본토의 인구는 아직도 19세기 중반 수준조차 회복하지 못했다.

요즘 캐번디시가 곰팡이와의 전쟁에서 수세에 몰리며 신음하고 있다. 현재 병원균은 파키스탄, 필리핀 및 인도네시아를 덮쳤다. 아프리카와 호주도 예외는 아니다. 아직 남아메리카는 괜찮다지만 그것도 시간문제다. 과학자들이 바나나를 호시탐탐 노리는 곰팡이와 세균, 바이러스와 곤충에 저항성이 있는 바나나 품종을 만들기 위해 고심하는 것도 이 때문이다.

바나나가 아시아에 거주하던 인간 사회로 들어와 재배되기 시

크리스토퍼 혁명

작한 것은 7,000년 전이다. 바나나는 생강이나 대추야자와 가까운 친척뻘이다. 또 벼목目인 수수, 밀, 쌀과도 유연관계가 깊다. 유연관계를 살펴보니 쌀이나 밀, 옥수수에 이어 바나나가 매우 중요한 인간의 식량으로 편입되었다는 사실에 수긍이 간다. 캐번디시 바나나가 위기에 처했다는 소식이 전해지면서 브라질 농업연구소, 미국, 프랑스, 체코, 네덜란드 및 호주 등 전 세계 연구진들이 바나나 유전체 분석에 나선 것도 전혀 이상할 것이 없다.

연구진들은 상동 유전자의 계보, 점핑 유전자의 계보 등을 따져 단자엽 식물의 계통도를 그렸다. 이 데이터에 의하면 공통조상에서 외떡잎과 쌍떡잎식물이 나뉜 때는 쥐라기로 1억 3,000만 년 전의 일이다. 떡잎은 씨에서 처음 나오는 잎이다. 외떡잎식물은 대개 잎맥이 나란하다. 백합이나 바나나 잎을 연상하면 된다. 반면 쌍떡잎식물은 두 개의 떡잎을 가지고 외떡잎식물에 비해 그 수가 더 많다. 국화와 장미 계통이 쌍떡잎식물의 그중 많은 수를 차지하고 있다. 바나나의 전체 유전체(90퍼센트 이상)가 밝혀지면서 이들 유전체에 새겨진 농작물로서의 특성, 예건대 씨앗의 품실이나 곤충에 대한 내성을 결정 짓는 유전자에 대한 정보가 속속 드러나고 있다.

바나나는 보통 배로 먼 길을 여행하기 때문에 덜 익은 열매를 수확하고 에틸렌ethylene(C_2H_4) 가스에 노출시켜 노랗게 익힌다. 바나나 유전체를 밝힌 국제 공동연구진은 에틸렌에 노출된 바나나에서 597개 유전자의 발현 양상이 변화한다고 보고했다. 예상하듯 세포벽을 가공하는 효소, 전분을 합성하는 효소, 전분을 분해하는 효소의 활성이 달라진다. 딱딱하던 바나나가 무른다는 의미를 함축하고 있다고 보면 무리가 없을 것 같다.

그러나 바나나 유전체 분석의 진정한 목적은 곰팡이 감염의 퇴치에 있었다. 1950년 당시 파나마병Panama disease으로 불리며 바나나를 초토화시켰던 곰팡이균이 전세戰勢를 가다듬어 다시 아시아 바나나를 공략하고 있다. 마이코스패렐라 피지엔시스Mycosphaerella fijiensis도 새로운 복병으로 떠올랐다. 이들 공격에 대항하여 대규모 플랜테이션 농장에서는 1년에 50차례 이상의 살충제를 뿌린다. 마이코스페렐라는 바나나 잎에 검은 줄을 만들면서 수확량을 절반으로 뚝 떨어뜨린다.

따라서 바나나에서 다양한 종류의 곰팡이에 대해 저항성을 유도하는 유전자에 대한 관심이 집중되는 것은 당연한 일이다. 일부 곰팡이에 내성을 갖도록 하는 유전자 정보도 일부 확보했다고 한다. 이러한 정보를 바탕으로 식물학자들은 새로운 저항형질을 갖는 바나나 품종 개량에 나설 것이다.

크리스퍼와 고슴도치

이 책을 마무리하고 있을 때 재미있는 뉴스 단신을 하나 접하게 되었다. 번역가이자 약사인 양병찬 선생이 부지런히 소식을 실어 나른 덕이다. 제목은 섹시하게도 '뱀은 왜 다리가 없어졌을까?'이다.

크리스토퍼 혁명

잠깐 내용을 살펴보자. 우선 거의 모든 뱀은 다리가 없다는 관찰에서 출발한다. 화석의 도움을 받아 과학자들은 약 1억 5,000만 년 전까지는 뱀이 다리를 갖고 있다가 잃어버렸다는 사실을 짐작하고 있다. 왜냐하면 그 시기 즈음에 뱀 화석에서 다리가 사라졌기 때문일 것이다.

두 팔과 두 다리를 우리는 부속지附屬肢, appendages라고 부른다. 부속지란 뜻은 액세서리라는 의미를 갖기도 한다. 몸통에서 밖으로 벗어져 나온 기관들이다. 그리고 몸의 이런 부속지들은 체절(마디)의 특정한 장소에서 비롯된다. 가령 세 쌍의 곤충 다리는 특정한 체절의 발생을 담당하는 혹스 유전자의 지배를 받는다. 다시 말하면 앞다리와 뒷다리의 발생을 관장하는 유전자가 제각기 다르다. 아마 모르긴 해도 지네 다리의 발생도 이와 비슷한 경로를 따를 것이다.

1999년 과학자들이 뱀의 몸통 발생에 관여하는 유전자에 대해 알게 되었다. 플로리다 대학의 마틴 콘Martin Cohn 박사는 파충류와 다른 활성을 보이는 특정 유전자가 뱀한테만 존재한다는 사실을 밝혔다. 그러나 그 정체가 확실하지 않았다. 그 뒤 도마뱀을 연구하던 발생학자들은 어떤 유전자가 노마뱀의 나리 크기에 영향을 미친다는 사실을 알게 되었고 이 유전자에 소닉 헤지호그Sonic hedgehog라는 이름이 붙었다. 헤지호그는 고슴도치란 뜻이다.

인간의 배아발생에 참여하는 헤지호그는 세 종류이다. '소닉 헤지호그', '인디안 헤지호그Indian hedgehog', '사막 헤지호그Dessert hedgehog'이다. 소닉 헤지호그는 비디오게임을 본떠 지어진 이름이다. 헤지호그란 이름은 돌연변이를 가진 초파리가 고슴도치처럼 털을 빽빽하게 가지고 있었기에 붙었다. 돌연변이체가 어떤 표현형을 보이는지를 따져서 유전자의 이름을 붙이는 경우는 흔하다. 가령 'eyeless' 유전자가 문제가 있으면 눈이 발생하지 않는다.

헤지호그 단백질은 뇌의 조직화, 사지와 손발가락 발생에 관여하는 매우 중요한 성장인자이다. 이 단백질도 지역에 따른 농도의 차이, 다시 말하면 단백질이 만들어진 장소에서 얼마나 멀리 떨어져 있느냐에 따라 발생의 향배가 결정된다. 배아 내부에서 세포의 위치가 중요하다는 뜻이다. 그렇기 때문에 성장인자도 중요하고 그 성장인자의 신호를 받는 수용체 단백질도 중요하며, 또한 세포의 위치도 결정적인 요소이다.

재미있는 사실은 헤지호그 성장인자 수용체가 존재하는 장소이다. 빠르게 자라나는 배아의 세포 표면에 자동차 안테나처럼 외로이 솟아오른 세포 소기관이 존재한다. 바로 여기에 성장인자 수용체 단백질이 존재한다. 우리는 그 소기관을 섬모라고 부른다. 2000년대 중반이 지나면서 중요성이 부각되기 시작한 섬모는 인간의 거의 모든 세포에 존재하는 것으로 알려졌다. 그러나 내가 아는 바로는 면역계 세포에서는 아직 섬모가 발견된 적이 없다.

성체에서 섬모는 움직이는 섬모와 움직이지 않는 섬모, 크게 두 종류로 나뉜다. 전자의 가장 대표적인 예는 정자세포이다. 정자는 섬모를 움직여 난자를 향해 나아간다. 또 우리 기관지에서 먼지를 뒤집어쓴 가래도 섬모의 움직임에 의해 몸 밖으로 배출된다. 반면 콩팥에 있는 세포의 섬모는 움직이지 않는다. 다만 뭔가를 감지한다. 우리 혀에서 맛을 감지하는 세포에도, 시각을 담당하는 세포에도 섬모가 있다. 발생 과정에서 성장인자를 향해 뻗는 섬모는 헤지호그를 인식하고 신호를 전달해서 손가락이 자라게 한다. 그러므로 섬모에 문제가 생기면 헤지호그 못지않게 발생 과정에 영향을 미칠 것이라는 사실은 충분히 짐작할 수 있다.

다시 뱀으로 돌아가자. 과학자들은 헤지호그 유전자의 앞쪽에 있으면서 활성화를 조절하는 유전자 부위에서 세 부분의 염기가 사라진 것을 확인했다. 말할 것도 없지만 다리가 완벽히 사라진 뱀은 DNA의 이 부위에 마모가 훨씬 심했다. 빠진 서열이 더 많다는 말이다. 이 부위는 유전자의 활성을 조절하는 단백질(전사인자)이 결합하는 부위이다. 여기에 적절한 단백질 조절자가 결합하지 않으면 헤지호그 유전자는 발현되지 않는다.

성장인자가 만들어지지 않거나 적게 만들어지기 때문에 뱀 다리의 발생이 아예 시작되지 않았거나 완료되지 않은 것이다. 연구자들은 분자생물학이나 발생학에서 흔히 통용되는 실험을 하나 더 수행하였다. 뱀의 사지 발생 유전자 부위를 쥐에 집어넣고 쥐의 발이 어떻게 발생하는지 본 것이다. 역시나 쥐의 다리의 길이는 현저하게 줄어들었다. 그러나 지느러미의 발생을 조절하는 물고기의 헤지호그 조절 유전자나 인간의 사지의 발생을 담당하는 헤지호그 조절 유전자를 집어넣었을 때에는 쥐 다리가 정상적으로 발생했다. 또 실험실에서 세 부분의 염기서열이 사라진 뱀의 유전자를 고치고 다시 쥐의 수정란에 집어넣자 쥐의 다리 길이가 정상적으로 회복되었다.

여기까지는 다른 발생학자들도 가끔 사용하는 방법이다. 그러나 이들은 '크리스퍼-카스9'이란 도구를 사용했다. 세균의 면역계를 흉내 낸 이 도구가 발생학의 영역까지 들어온 것이다. 뱀의 다리가 뭐가 중요하냐고 할 수도 있지만 인간의 수정란에 직접 실험할 수 없는 노릇이기에 이 실험의 결과는 울림이 크다. 인간의 소닉 헤지호그도 비슷한 방식으로 작동할 가능성이 크기 때문이다.

그런데 뱀은 왜 다리를 포기했을까? 뱀의 다리에 관해서는 원래부터 없었다는 가설도 있는 모양이지만 화석의 발견으로 그 가설은 폐기처분되었다. 바다에 살면서 몸이 길어지다 보니 다리가 필요 없게 되었다는 말도 있다. 그러나 어떤 고생물학자들은 뱀이 굴을 팔 때 다리가 거추장스러워서 퇴화했다고 주장하기도 한다. 비교유전체학 연구를 통해 뱀의 다리 발생을 책임지는 헤지호그 조절 유전자 부위의 연대기를 파악할 수는 있을 것이다. 그러나 왜 그랬는지는 여전히 생태학과 시간의 심연에 갇혀 있기에 그 면모가 쉽게 드러나지 않는다.

스스로를 속이는 메커니즘

면역은 나와 남을 구분하는 일이다. 특히 내가 아닌 것이 나를 아프게 할 때는 그 원인을 제거하는 일이 급선무다. 이때 면역계가 에너지를 많이 소모한다. 감기에 걸리면 열이 난다. 열이 나는 이유는 체온이 올라가면 체내의 물질대사가 활발해져서 면역계가 사용할 에너지를 보다 더 많이 만들 수 있기 때문이다. 체온이 너무 올라가면 문제가 생기겠지만, 해열제를 함부로 쓰는 것도 좋은 선택은 아니다. 심하게 아프면 몸의 단백질 양이 최대 20퍼센트까지 줄어들고, 소량의 항생제를 먹인 닭과 돼지의 무게가 많이 나가는 사례는 면역계가 꽤 비싼 비용이 든다는 사실을 직접적으로 증언한다.

로버트 트리버스Robert Trivers의 『우리는 왜 자신을 속이도록 진화했을까?』는 자기기만自己欺瞞의 메커니즘을 다양한 예를 들어 설명하는 재미있는 책이다. 이 책에는 '자기기만의 면역학'이란 부제가 붙어 있는 단락이 있다. 자기기만과 면역계는 무슨 관련이 있을까? 한때 대중적 인기를 누렸던 황수관 박사의 말처럼 삶이 나를 속일지라도 '자신을 속여가며' 자주 웃으면 뇌에서 엔돌핀이 만들어진다. 1985년에 출간된 논문을 보면 림프구 세포 표면에는 엔돌핀을 감지하는 수용체 단백실이 있나고 한다. 다시 말하면 신경계에서 유래힌 물질이 면역계에 영향을 줄 수 있다는 뜻이다. 알코올중독이나 근심과 걱정으로 엔돌핀의 양이 줄어들면 면역능력이 떨어진다는 논문이 최근에 발표되었다.

사실 면역을 담당하는 인간의 세포는 끊임없이 단백질을 만들면서 바이러스나 세균이 들어오기를 기다린다. 그렇다면 면역계는 매달 일정액을 내는 모기지mortgage와 비슷하다. 세포활동에서 가장 에너지를 많이 소모하는 행위는 단백질을 만드는 일이다. 또 면역계는 외부의 '남'과 맞서 끊임없이 싸우고 있다. 동시에 손상된 면역계를 복구해야 한다. 우리가 잠을 자야 하는 이유 중 하나가 이것이다. 근육이 사용할 에너지를 줄이는 대신 면역계에 투자를 해야 하기 때문이다. 그래야 내일 또 세균과 맞서 싸울 수 있게 된다. 12시간 넘게 잠을 자는 동물에 기생충이 적다는 사실은 잘 알려져 있다.

면역계에 관한 또 다른 예를 들어보자. 남자들은 왜 여자들보다 평균적으로 수명이 짧을까? 남성호르몬인 테스토스테론도 수명을 결정하는 주요한 요소 가운데 하나이다. 테스토스테론은 남성을 호기롭게 행동하도록 부추긴다. 농구를 하고 있는 남학생들 옆에 어떤 여학생이 구경을 하고 있는 상황을 연상해보라. 테스토스테론은 면역계에 동원할 에너지를 다른 곳에 소모하라는 명령체계이다. 그러니 오랜 기간 테스토스테론의 양을 높게 유지하는 일은 미생물과 함께 세상을 살기에 불리하다. 인간집단을 표본으로 한 현장 연구에 따르면 결혼하고 아이와 함께하는 시간이 늘어날수록 테스토스테론의 수치가 떨어진다고 한다. 가난하지만 행복지수가 높은 나라의 성인 남성들이 보통 이 집단에 속한다.

새들의 깃털 색깔도 면역과 관련이 있다. 깃털의 색을 구성하는 물질인 카로틴 성분이 면역계를 강화시키기 때문이다. 카로틴은 토마토나 고추 등 가짓과 식물에 많이 들어 있는 성분이다. 현란한 색의 깃털을 가진 수컷을 선택하는 암컷이 새끼들에게 강한 면역계를 물려주는 것이다. 성선택으로 알려진 이러한 행동 방식도 은연 중에 면역계와 결부되어 있다. 이제 인간의 면역계를 찬찬히 들여다보고 그것이 세균, 바이러스 또는 기생충과 어떤 관련이 있는지 살펴보자.

세균이나 고세균이 면역계를 가진 것은 진핵세포가 반가워해야할 일이다. 유전공학은 세균의 면역계를 고스란히 옮겨놓은 것 아니던가? 잠깐 유전자를 벗어나 인간의 면역계를 엿보자.

우선 세포 하나인 진핵세포의 면역계를 생각해보자. 단세포라 하더라도 평균적으로 진핵세포가 원핵세포 세균보다 1만~10만 배더 크다. 따라서 진핵세포는 세균을 잡아먹을 수 있다. 하지만 세균이라고 무작정 잡아먹히지 않을 것이기 때문에 진핵세포는 먹을 수있는 것과 그렇지 않은 것을 구분할 수 있어야 한다. 그래서 초기 면역계는 소화기 계통과 함께 시작되었을 가능성이 크다.

어찌 되었든 세포와 세포의 대면접촉이 면역계의 시작임은 분명하다. 정확히 말하면 세포 표면에서 다른 종류의 세포를 구분할 수있는 능력이 면역계 탄생 초기부터 있었으리라고 충분히 예상할 수있다. 또한 세균이나 다른 것들이 분비하는 독소물질도 감지해야 한다. 예를 들어보자. 척추동물에서는 1퍼센트보다 적기 때문에 상대적으로 드물지만 유전체 서열이 두 개인 CpG[06]는 세균이나 바이러스에서 흔하게 발견된다. 인간의 면역세포는 외부에서 침입한 유전자의 CpG 서열을 인식해서 면역반응을 일으키는 것이다. 이처럼 두 개짜리 바이러스 혹은 세균의 CpG서열을 인식하는 단백질은 '톨-유사 수용체 9번'이다. 어떤 종류의 세균이라도 그 유전체가 CpG를 가지고 있으면 톨-유사 수용체가 반응한다. 이런 의미에서 선택성이 떨어지는 면역체계를 선천성 면역계라고 부른다. 다소 무차별적인 선천성 면역계는 진핵세포 초기에서부터 지니고 있었고 무척추동물, 척추동물 가릴 것 없이 잘 작동한다.

또 특정한 세균을 꼭 집어서 파괴하는 '스나이퍼sniper 면역계'도 있다. 우리가 '적응성 면역계'라고 부르는데, 특히 기억능력이 탁월하다.

크리스퍼 회문서열처럼 진핵세포 생명체의 면역세포도 세균이나 바이러스의 펩티드를 세포의 표면에 전시한다. 이 일은 MHCmajor histocompatibility complex[07]라고 하는 주조직적합성복합체 단백질이 한다. 식균phagocytosis 작용이 있는 세포들은 세균이나 바이러스를 덥석 물어 삼킨다. 외인성 생명체는 식균세포 안에서 분해되고 분해산물

---

[06] 유전체 문법이란 제목으로 0장에서 소개했듯이 인간의 유전체는 GC의 총량에서($0.21 \times 0.21=0.04$, 약 4퍼센트 정도가 있으리라 예측된다) 예상되는 것보다 훨씬 적은 1퍼센트 정도의 CpG 이염기dinucleotide 서열을 갖는다. CpG는 시토신이 직선 방향으로 인산 그리고 구아닌 염기가 나열된 것이다.

[07] 세균에서 유래한 포로 단백질을 면역세포막 광장에 묶어두는 식의 비유가 가능하다. 이 단백질은 적응성 면역계 세포들을 자극한다.

은 MHC 단백질에 묶인 채로 세포 밖에 전시된다. 식균세포가 MHC 단백질에 전리품을 붙여 전시하면 한 종류의 외인성 딱지를 인식하도록 고도의 훈련을 받은 스나이퍼 면역세포(T임파구 또는 B임파구)가 슬슬 활동을 개시한다. 항체를 만들기도 하고 딱지가 붙어 있는 세균을 공격하기도 한다.

이 MHC는 '다형적多形的'이다. 다형적이라는 말은 유전자가 여러 가지로 변신이 가능하여 여러 개의 얼굴을 가질 수 있다는 뜻이다. 그리고 MHC는 아비에게서 받든 어미에게서 대물림되든 두 가지 모두 자신의 역할을 다한다. 이 말은 물려받은 두 벌의 MHC의 레퍼토리가 다를수록 좋다는 뜻이다. 보다 다양한 세균의 펩티드를 항원으로 제시할 수 있다면 그에 반응하는 스나이퍼 세포들도 다양할 것이기 때문이다.

흥미로운 사실 하나는 이 MHC와 후각기능이 관련 있을지도 모른다는 점이다. 미국에서 이런 실험을 한 적이 있다. 남성의 땀이 밴 속옷을 전시하고 여성들에게 냄새를 맡아보게 했다. 어느 냄새에 더 끌리는지 기록하고, 나중에 남성과 여성이 서로 호감을 느끼는지 알아보는 실험이었다. 서로 호감을 가진다고 이야기했던 사람들의 MHC 유전자 레퍼토리에 차이가 많다는 것이 분자생물학적 결론이었다. 강하게 서로 끌리는 사람들은 자손들에게 보다 건강한 면역계를 물려줄 가능성이 높다는 말이다. 후각과 면역계가 이런 식의 네트워크를 구성한다면 매일 샤워한다거나 강한 향수를 사용하여 본디 우리가 가진 냄새를 억제하는 이런저런 행위는 후손들에게 생물학으로 더 나은 형질을 물려주지 못하는 결과를 초래할 수도 있다.

동물 계통수를 빌어 면역계를 설명해보자. 적응성 면역계는 연골어류에 이르러서야 관찰된다. 상어, 홍어, 가오리 등이 연골어류의 대표 선수들이다. 이들은 체내에 요소$^{尿素, urea}$를 잔뜩 축적함으로써 짠 바닷물의 삼투압을 견딘다. 다시 말하면 자신의 세포를 짜게 함으로써[08] 세포 안의 물이 밖으로 나가지 못하게 한다. 삭힌 홍어에서 톡 쏘는 맛이 나는 이유는 홍어 세포의 요소가 분해되어 암모니아로 변하기 때문이다. 계통적으로 보다 원시적인 무악어류^{無顎魚類}는 전이^{轉移} 형태의 면역계를 갖는다. 선천성 면역계는 가지고 있지만 아직 '적응성 면역계'가 탄생하지는 못했다. 그렇지만 이들은 적응성 면역계가 태동할 수 있는 분자의 토대를 갖추었다. 무악어류인 먹장어와 칠성장어가 임파구 수용체의 전신^{前身}인 유전자를 가졌다. 무악어류의 첫 등장이 대략 4억 5,000만 년 전이다. 지질시대로 캄브리아기를 지나 오르도비스^{Ordovices}기 쯤이다. 그때부터 지금까지 약 4억 년 동안 '적응성 면역계'는 다양하게 분기되고 복잡성을 더해왔다.

먹장어는 꼼장어를 떠올리면 된다. 칠성장어는 아가미에 일곱 개의 구멍이 있는 것처럼 보이는 장어처럼 생긴 물고기로 다른 동물의 몸통에 달라붙어 피를 빨아 먹고 산다. 칠성장어의 맛이 먹장어

---

08 실제로 맛이 짜지는 않지만 같은 염기이기 때문에 염기의 농도를 높인다는 의미로 이런 비유를 들었다. 세포를 바닷물에 담가놓으면 세포 안과 밖의 삼투압을 맞추기 위해 세포 속의 물이 다 빠져나갈 것이다. 반대로 증류수에 담그면 물이 잔뜩 세포 안으로 들어와 세포가 터져버린다.

크리스토퍼 혁명

보다 훨씬 좋다고 한다. 12세기 초에 영국의 헨리 1세가 칠성장어를 너무 많이 먹어서 죽었다는 설도 있다. 우리나라의 양양 남대천에서도 칠성장어가 발견되는 모양이다. 이런 이야기를 들을 때 맛보다 임파구 수용체 원시 유전자를 생각하기란 힘든 일이다.

크리스퍼는 자손에게 대물림되지만 '적응성 면역계'는 가변성이 있고 탄력적으로 기능하는 대신 자손에게 전달되지 못한다. 아버지가 홍역에 내성이 있다고 자손도 내성을 갖지는 않는다. 하지만 '적응성 면역계'를 담당하는 기제는 어지러울 정도로 재조합하면서 다양한 레퍼토리의 모습을 선보인다.

단 것은 대인저Danger

세균의 세포벽 성분이나 바이러스 유전체와 같은 병원균의 패턴을 인식하는 면역계를 '선천성 면역계'라고 말한다. 그렇지만 인간의 몸은 세균이 아닌 다른 위험신호에 대응해서도 면역계를 가동한다. 심지어 죽어가는 세포에서 분비되는 물질도 병원성 물질과 미찬가지로 면역계를 활성화시킨다. 따라서 세포가 손상을 입었거나 죽었을 때도 인간의 면역계는 세균이 침입한 것과 같은 반응을 보인다.

이러한 내인성 물질을 우리는 위험신호danger signal라고 부른다. 예를 들어보자. 사고로 칼로 손가락을 깊이 베었다. 피가 날 것이다. 그리고 피부를 구성하는 세포와 그 세포를 받치는 세포 모두가 손상을 입었을 것이다. 칼날이 아무리 예리하다 한들 세포를 건드리지 않고 벨 수는 없다. 일부 세포는 깨지거나 죽어가고 있다. 무슨 시나리오가 연상되는가?

질문을 이렇게 던져보자. 인간의 세포 안에는 과거에 세균이었던 수백 개의 미토콘드리아가 들어 있다. 이들이 세포를 벗어나 혈액 속을 떠돌게 되면 우리 몸은 미토콘드리아를 세균으로 인식하고 면역반응을 일으킬까?

놀랍게도 답은 '그렇다'이다. 2010년 《네이처》에 혈액순환계로 들어간 미토콘드리아는 위험신호이며, 이 상처에 대해 면역계가 반응을 보인다는 결과가 발표되었다. 몇 년 전 일이지만 '이런 생각을 할 수도 있구나'라며 놀랐던 기억이 지금도 생생하다. 이와 마찬가지로 세포 밖으로 쏟아져 나온 과량의 ATP도 면역반응에 관여한다. 미토콘드리아나 에너지 통화도 자리를 벗어나거나 본래보다 양이 많으면 위험해질 수 있다. 필자가 미국에 머무를 때 일본인 의사와 함께 이러한 위험신호를 연구한 적이 있다. 2016년 노벨상을 수상한 자가포식 과정을 면역체계와 결부시킨 연구였다. 이 실험에서 우리는 세포가 손상된 미토콘드리아를 잘 처리하지 못해 미토콘드리아 DNA가 세포 안으로 흘러나오면 면역계가 활성화될 것이라는 가설을 세우고 이를 증명했다. 이 결과는 2011년 《네이처 면역학Nature Immunology》에 실렸다.

최근 10여 년 동안 우리 몸의 면역계를 자극하는 위험신호의 목

크리스토퍼 혁명

록은 계속 늘어나고 있다. 심지어 포도당도 위험하다. 왜냐하면 이들이 혈액단백질에 무차별적으로 달라붙어 면역계를 자극하는 물질로 변화하기 때문이다. 바람이 조금만 불어도 무릎이 쑤신다고 하는 통풍의 통증도 위험신호에 대한 반응으로 설명한다. 요산[09]의 과도한 축적이 면역계를 과도하게 자극하기 때문이다.

콜레스테롤이 많아도, 반대로 아주 적어도 위험신호가 된다. 혈관이나 세포 안에서 콜레스테롤의 양이 많으면 결정으로 석출되면서 세포에 손상을 입힐 수 있다. 세상은 살기에 험한 곳이지만 그에 걸맞게 우리 면역계는 부지런히 일을 하고 있다. 따라서 사고는 끊임없이 발생하지만 우리 신체는 놀랍도록 무결하게 그 많은 사고를 처리한다. 그렇기에 면역계는 많은 에너지를 동원해서 잘 관리해주는 인간의 지킴이라 할 수 있다.

식물의 세포벽

식물이라고 침입해 들어오는 세균이나 곤충이나 곰팡이에 속수무책으로 당하지 않는다. 연구가 많이 되어 있지 않을 뿐이지 동물들

---

09 생물학에서 요산uric acid의 존재는 눈여겨볼 만하다. 퓨린계 핵산의 분해산물이고 소량이지만 요소와 함께 소변으로 배설된다. 새나 파충류는 소화기관을 통해 요산을 배설한다. 물에 잘 녹지 않는 요산은 흰색을 띤다. 대사질환이나 콩팥의 기능이 좋지 않을 때에 체내 요소가 축적될 수 있다. 평소 잘 생각하지 않는 인간의 영양소 중 하나는 핵산이다. 스테이크 속에 들어 있는 근육세포가 얼마나 많은지를 생각하면 우리 몸에 들어오는 핵산의 양을 미루어 짐작할 수 있을 것이다.

보다 훨씬 정교한 면역계를 지니고 있을 것이라 예상한다. 식물은 세균이나 곰팡이에 대항해 세포벽을 견고하게 구축했다. 식물의 세포벽은 일차 방어기지이며 세균을 감지할 수 있다. 물론 식물의 면역계 또한 내가 아닌 것과 자신의 감염된 세포와 건강하고 정상적인 세포를 구분해야만 한다. 식물의 세포벽은 복잡한 다당류로 구성되어서 세균의 침입을 저지한다. 이에 맞서 세균은 세포벽을 부술 수 있는 무기를 가지고 덤빈다. 이런 경쟁관계가 수백만 년 넘게 계속되면서 이들 두 집단 간의 군비경쟁은 가속화되었다. 어렵지 않은 범위에서 곰팡이 이야기를 조금 더 해보자.

곰팡이와의 전쟁

길을 걷다가 줄기에 곰팡이가 켜켜이 쌓이고 이파리가 드문 가로수를 보면 '곧 죽겠거니' 생각하곤 한다. 그리고 실제로 나무는 그리 오래 살지 못한다. 곰팡이는 영양분을 두고 식물과 경쟁하기도 하고 서로 돕기도 한다. 여기서는 식물과 경쟁 관계에 있는 곰팡이를 살펴보겠다.

동물을 연구한 결과를 참고하면 포유동물이 에너지를 써가며 정온성을 유지하는 까닭에는 곰팡이를 억제하기 위한 목적도 있다고 한다. 뉴욕의 앨버트 아인슈타인 의과대학의 아비브 베르그만^{Aviv Bergman}과 아터로 카사드발^{Arturo Casadevall}은 30℃에서 온도를 1℃씩

올릴수록 곰팡이 감염이 6퍼센트씩 줄어들며 36.7℃에서 가장 효율적이라는 논문을 온라인 저널 《엠비오mBio》에 발표했다. 정온성이 어떻게 진화했느냐는 매우 흥미로운 주제이다.

하지만 식물은 에너지를 써서 열을 만들지 않는 것으로 알려져 있다. 그런데 이 말은 틀렸다. 실제 열을 내는 식물이 있다. 이런 식물들은 더운 열대에서 오히려 빈번하게 발견된다. 식물학자들은 열을 내는 것이 수정을 하기 위한 하나의 전략일 것이라고 생각한다. 한국에는 열을 내는 식물이 흔하지 않지만 경기도 고양시에 있는 서울대학교 부설 약초원을 방문하면 '곤약'이라는 이름의 식물을 구경할 수 있다. 이국적으로 보이는 큰 꽃이 피고, 썩은 고기 냄새 같은 고약한 냄새가 난다. 냄새에 혹해 파리가 꾀고 이들은 본의 아니게 곤약의 성생활에 관여한다. 곤약은 가능한 한 냄새를 멀리 퍼뜨리기 위해 열을 낸다. 또 수정을 매개하는 곤충에게 따뜻함이라는 선물을 안겨준다는 가설도 있다. 그렇지만 열을 내는 식물이 열대에 훨씬 많기 때문에 이 가설은 힘을 받지 못한다. 또 이른 봄에 눈을 뚫고 떡잎을 내미는 용감한 식물들도 열을 내는 것으로 알려져 있다. 그렇지만 동물이 열을 내는 목적이 곰팡이 감염을 막는 것이라면 식물이라고 그러지 말라는 법은 없다. 그러나 이에 대한 연구는 아직은 전무하다.

곰팡이에 대항하는 식물의 전략을 살펴보자. 키틴chitin이라는 다당류는 곰팡이 세포벽의 주요한 구성성분이다. 아세틸기($-COCH_3$)가 붙은 글루코사민glucosamine 여러 개가 연결되어 있는 화합물로 주로 곤충의 외골격을 만드는 성분이다. 새우나 가재의 껍질에 풍부하다. 곰팡이나 곤충이 식물을 침범하면 식물은 키틴을 분해하는 효소를 만들어낸다. 이는 진화적으로 잘 보존된 기제이다. 식물을 죽이지 않은 채로 살아가는 일부 곰팡이는 다시 키틴 분해효소의 작용을 억제하는 무기를 개발했다. 이런 식의 투쟁 역사가 길기 때문에 식물이건 곤충이건 방심의 고삐를 풀지 말고 늘 적의 무기에 맞서 새로운 무기를 개발해야 한다. 그 군비경쟁 싸움에서 주저앉게 되면 멸종이라는 운명을 하릴없이 받아들여야 한다.

식물의 세포벽은 그 방어수단의 최전선이다. 식물은 온갖 종류의 탄수화물을 써서 세포벽을 보강하고 수리한다. 우리에게 익숙한 셀룰로오스cellulose나 나무의 목질 성분인 리그닌lignin이 지킴이 역할을 묵묵히 수행하고 있다. 우람한 나무들도 세포 수준에서 끊임없이 나와 다른 남들과 맞서야 하기 때문이다.

T세포 수용체를 재조합하다

항체를 만들거나 특정한 항원에 결합하여 이를 공격하는 임파구는 앞에서 이야기한 '스나이퍼 면역계' 소속이다. 흉선thymus에서 주로 만들어지기 때문에 T임파구라고 이름 붙은 세포 표면을 수놓는 수용체의 다양성을 잠시 훑어보자. 항원을 인식한다는 점에서 항체나 T세포 수용체는 다를 바가 없고 이들이 가변성을 갖는 과정도

크리스토퍼 혁명

흡사하다. 그런 팔색조 변신을 통해 이들 단백질은 바이러스나 세균, 심지어 변형된 자신의 세포인 암세포도 색출해낼 수 있다. 턱이 있는 척추동물이 공통적으로 가진 이 체계는 과연 어떤 식으로 작동할까?

스나이퍼 면역계 세포가 자라고 항원을 인식하는 체계를 갖추기까지 기거하는 장소가 다르기는 하지만 항체나 T세포 수용체의 다양성을 갖추는 성숙 과정은 놀랍도록 비슷하다. 따라서 이들이 같은 조상의 자손이라는 것은 얼마든지 추측이 가능하다. 사실 턱이 없는 무악류無顎類 생명체가 두 가지의 전신前身에 해당하는 체계를 갖추었고 턱이 있는 생명체가 등장하면서 점차 분화가 일어난 것으로 보인다.

어쨌거나 항체를 만들거나 임파구 수용체의 다양성을 빚어내기 위해 'V(D)J 재조합'이라고 이르는 과정이 진행되는데 이 과정은 뷔페식당에서 음식을 담는 것에 비유할 수 있다. 가령 백 사람이 음식이 차려진 상 앞에 줄을 서 있다. 이들 모두가 '공통적으로Constant' 접시와 젓가락을 한 벌씩 갖는다(변하지 않는 부위). 그러나 '고기류 Variable', '어패류Diversity', '채소류Joining' 세 가지의 음식불 부리에서 각기 몇 가지씩 고른다. 아마 백 사람이 모두 다른 접시를 구성하여 식사를 할 가능성이 있다. 나라면 설탕이 많이 들어가지 않은 소고기와 닭 날개 한 쪽, 생선회 두세 가지에 김치와 샐러드를 담아 한 접시를 만들 것이다. 반면 단것을 좋아하는 사람들은 닭강정에 불고기, 케이크에다 과일을 담을지도 모른다. 이와 마찬가지로 변화무쌍한 가변부위의 다양성이 세균이나 내가 아닌 것에서 유래한 항원을 선택적으로 감지할 수 있다.

그림을 보면서 간단히 설명해보자.

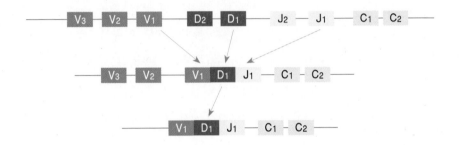

그림에서 여러 개의 네모가 줄줄이 서 있는 것은 항원이거나 수용체 유전자이다. 보다시피 소박한 뷔페 차림이다. 이 중 하나씩을 골라 조합한다. 하나를 고른다는 말은 다른 것은 제거한다는 뜻이다. 고르는 과정은 제거할 장소를 물색했다가 유전자가위를 써서 잘라내는 것이다. 그런데 어떤 조합을 할지 결정하는 것은 전적으로 세포의 몫이다. 재조합이 무작위로 진행된다는 의미이다. 조합만 일어나는 게 아니라 돌연변이가 일어나기도 하고, 한쪽 부위 일부를 떼다 다른 곳에 붙여 넣기도 한다. 그렇게 다양한 항체와 수용체가 만들어지지만 그것이 항원을 인식하지 못하면 가차 없이 폐기처분한다.

1970년대 후반에서 1980년대 중반에 걸친 연구를 통해 이 과

크리스토퍼 혁명

정이 밝혀졌고 그 공로를 인정받아 MIT의 도네가와 스스무는 노벨상을 받았다. 계속된 연구를 통해 재조합은 전령 RNA를 숙성시키는 과정, 즉 잘라 이어 붙이기와 비슷한 방식으로 진행된다는 사실도 알게 되었다. 다시 말하면 회문서열을 인식한 유전자가위가 작동하는 방식이다. 물론 개별적인 사항은 다르지만 항체 유전자 재조합은 특히 유전자가위가 인식하는 염기서열 숫자에 민감하다. 인식서열은 일곱 개의 잘 보존된 염기에 12개 혹은 23개의 무작위서열이 들어오고, 그 서열 뒤로 아홉 개의 보존서열이 따른다. 이들 부위를 인식하고 자르고 붙이면서 엄청난 수의 유전자가 재조합되고 유전자가 만드는 많은 수의 항체나 수용체가 만들어진다. 유전자는 하나일 수 있지만 재조합 양상에 따라 다양한 단백질이 만들어진다는 뜻이다. 창고기와 칠성장어가 지녔던 재조합 기제를 갈고 닦아 인간의 면역계는 팔색조 변신을 감행한다.

이런 장치 말고도 조합의 빈도수를 늘리는 방법은 훨씬 더 많다. 그중에서 임파구에서 돌연변이 비율이 높다는 사실 하나만 지적하고 넘어가자. 제세포 분열 과정에서 포유동물의 세포는 10^8개 염기당 하나의 돌연변이를 일으킨다. 반면 임파구에서는 10만 배인 약 10^3개당 한 번꼴로 염기서열이 변한다. 단백질로 번역되는 유전자에서만 돌연변이가 일어나는 것은 아닐 것이기에 이론적으로 32억(3.2×10^9) 개의 염기를 가진 인간 유전체는 세포가 한 번 분열하는 동안 32개의 돌연변이가 생긴다. 물론 DNA 수리 단백질이 나서서 대부분 돌연변이를 원상회복시킬 것이다.

우리 몸에 있는 세포는 끊임없이 죽고 재생된다. 다시 숫자를 보자. 위키피디아에 의하면 성인의 몸에서 하루 죽어나가는 세포의 수는 50억~70억 개이다. 아마도 피부나 소화기관 상피세포가 대부분일 것이다. 여기에 적혈구를 더해보자. 적혈구는 초당 약 200만 개씩 죽는다. 비장이나 간에서 생을 마감한다. 모두 2천 300억 개, 얼추 2,000억 개의 세포가 매일 사라진다. 다시 말하면 약 2천억 개의 세포를 매일 만들어야 한다. 가장 최근 데이터에 따르면 인간 세포의 수는 대략 50조 개이다. 즉, 우리 몸의 0.5퍼센트는 매일 죽고 살기를 반복한다.

슬픈 사실은 늙으면 죽는 세포의 수가 줄어든다는 점이다. 새롭게 만드는 세포의 수도 따라서 줄어든다. 그렇기에 나이에 비례하여 증가하는 암 발병률은 노년층으로 가면서 오히려 줄어든다. 다시 숫자를 보자. 죽고 사는 세포의 수를 감안하면 우리 몸 안에서 하루에 축적되는 돌연변이의 수는 약 1,500억 개(50억×32)[10]가 넘는다. 우리 몸 안에서는 매일 암세포가 생겨날 수밖에 없다고 보아야 한다. 따라서 우리가 암에 쉽게 걸리지 않는 이유는 암세포가 안 생겨나서가 아니라 생겨난 암세포가 크기를 키우기 전에 제거하는 일을 누군가가 음지에서 하고 있기 때문이다. 우리 몸에서 그런 일을 하는 것이 바로 면역계다.

---

10 적혈구에는 핵, 다시 말해 유전체가 없다는 사실을 고려한 계산이다.

DNA 수리_ RNA보다는 튼튼하지만 DNA가 손상되는 일은 매우 흔하다. 세포 하나에서 하루에 무려 1만 곳의 DNA에 손상이 생긴다. DNA가 이렇게 자주 문제를 일으키는데도 불구하고 세포가 문제없이 기능하는 까닭은 손상된 DNA를 수리하는 'DNA 수리공'들이 밤낮없이 일을 하기 때문이다.

DNA를 공격하는 스트레스 종류는 자외선, 화학물질, 활성산소 등이다. 이들은 DNA 중에서도 특별히 약한 곳을 찾아 공격한다. 2008년 카이스트 최병석 교수팀은 특별히 티민이 연속해서 나오는 DNA 부위가 외부 공격에 취약하다는 사실을 밝혔다. 나란히 배치된 '티민-티민'이 서로 결합하는 경우가 생기기 때문이다. 그러면 결합 쌍의 배치가 어긋나 DNA 구조가 뒤틀린다. 수리공 단백질은 활발히 움직이며 바로 이런 자리를 찾아 수리한다.

크리스퍼와 같은 유전자가위를 쓰면 세포 내 특정 유전자에 이중나선 손상을 인위적으로 유도할 수 있다. 양쪽 기찻길 모두에 손상이 생기는 것이다. DNA의 한쪽만 잘라내는 유전자가위도 있다. 모든 세포에는 DNA의 손상을 복구하는 두 가지 수선체계가 존재하는데 비상동 재접합Non-homologous end joining, NHEJ과 상동 재조합Homologous recombination, HR이다. 비상동 재접합은 절단 부위를 이어주는 효과적인 복구 시스템이지만 가끔 몇 개의 염기쌍이 끼어들거나 빠져나간다. 돌연변이가 생기는 것이다.

상동재조합은 염기쌍이 끼어들거나 빠지지 않는 정교한 DNA 수선 체계이다. 멀쩡한 다른 쪽 염색체에 존재하는 동일한 염기서열을 가진 DNA 부위를 주형으로 절단된 부분을 복구하는 방식이기에 실수할 일이 없는 것이다. 그렇지만 이 단계에서 유전공학의 기예가 발휘된다. 절단된 DNA 주변과 동일한 염기서열을 갖는 목표 유전자targeting vector를 제작하여 유전자가위와 함께 세포에 도입하면 원하는 장소에 특정 유전자의 발현을 유도하거나 제어할 수 있다.

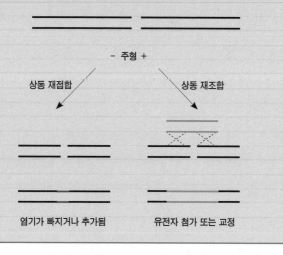

- 주형 +

상동 재접합   상동 재조합

염기가 빠지거나 추가됨   유전자 첨가 또는 교정

제5장. 생명체를 향하여

CRISPR

Clustered Regularly Interspaced Short Palindromic Repeats

간혹 수업시간에 형제가 남자만 있는 사람들 손을 들어보라고 할 때가 있다. 그러면서 당신들 어머니의 미토콘드리아는 '멸종했다' 하면 화들짝 놀란다. 학창시절 생물시간에 배워서 기억하는 미토콘드리아는 아마 '세포의 발전소' 정도일 것이다. 맞다. 책을 시작하면서 미토콘드리아 무게를 계산했다. 하지만 그 무게보다 훨씬 많은 양의 ATP를 순환시키기 때문에 발전소로서 미토콘드리아의 위용은 결코 훼손되지 않는다.

　앞에서 '멸종했다'라는 다소 억지스러운 용어를 사용한 까닭은 학생들에게 미토콘드리아 유전체가 오직 모계를 따라 대물림되는 것을 강조하기 위해서만은 아니다. 오히려 나는 인간의 세포에는 핵 안에 들어 있는 유전체 말고 미토콘드리아에도 여벌의 유전체가 있다는 점을 누누이 강조하고 싶다.

지질학적인 과거 어느 순간 행랑채의 삶을 선택한 미토콘드리아는 신줏단지처럼 몇 벌의 유전자만을 남기고 자신의 모든 유전체를 핵에게 양도했다. 다시 말하면 미토콘드리아 발전소를 원활하게 운영하기 위해서는 핵에서 만들어진 대부분의 단백질과 미토콘드리아에서 만들어진 소수의 단백질이 싸우지 않고 협동해야 한다. 인간이 평생을 '건강'하게 살아가기 위해서는 저 '협동'이 필수적이다. 이 순간 미토콘드리아의 정합성과 건강과의 관계는 암컷이나 수컷이나 다름이 없다. 그렇지만 잊지 말아야 할 사실은 수컷 포유동물의 세포가 가진 미토콘드리아는 예외 없이 암컷 어미로부터 물려받았다는 점이다. 한 개체가 자신의 생애에서 미토콘드리아를 잘 관리했다는 점은 칭찬할 만하지만, 다음 세대를 향해 대물림되는 미토콘드리아 유전체는 생식의 몫으로 넘어간다.

생명체의 기능에 역행하는 나쁜 돌연변이가 없어야 한다는 점은 유전체 사령부인 핵 유전체나 야전사령부인 미토콘드리아 유전체 모두에 해당된다. 6장에서 과학과 기술, 혹은 응용과학이 어떤 관계를 맺어야 할지를 다룰 때 다시 언급하겠지만 크리스퍼 유전자가위는 세균의 면역계를 모방한 분자생물학적 기법이다. 세포의 내부를 관찰할 수 있는 현미경이라는 기술적 발달에 힘입어 세포생물학이 비약적으로 발전했듯이 크리스퍼 유전자가위 기법을 폭넓게 사용하게 되면 생물학의 숨어 있는 기본 법칙들도 분명 고개를 내미는 순간이 올 것이다. 내가 보기에 그것은 미토콘드리아 유전체와 관계된 저간의 사정을 파악하는 것과 관련이 깊다. 다시 말해 크리스퍼 유전자가위가 노화, 그리고 노화의 생물학적 극단인 생식 분야와 만나게 되는 것이다. 바로 그곳에서 미토콘드리아의 존재와 기능이 절대적으로 중요한 역할을 차지할 것이기 때문이다. 그러나 불행하게도 우리가 가장 잘 모르는 분야가 바로 그 지점이기도 하다. 이번 장에서 나는 모계의 미토콘드리아가 어떤 과정을 거쳐 태아에게 전달되는지 살펴보려 한다. 그리고 노화와 관련해서 크리스퍼 유전자가위가 어떤 의미를 지니게 될지 추론해보겠다.

크리스퍼 유전자가위가 디스토피아적인 세계를 앞당길 것이라고 말할 때 흔히 생식세포의 유전자를 교정하는 행위를 꼬집는다. 생식세포 유전자가 변하면 곧 새로운 종이 탄생할 수 있는 계기가 마련될 수 있을 것이고, 또 복제인간의 출현도 상상할 수 있는 것이다. 그렇지만 생명체의 건강과 종의 보전을 향한 궁극적인 목표는 미토콘드리아의 유전체를 현명하게 다루는 데 있다. 책의 초반에서 미토콘드리아의 무게를 계산한 것을 떠올려보자. 이들이 생신하는 ATP의 양은 화학양론적으로 50~150킬로그램에 이른다. 그러니 에너지 통화, ATP를 잘 관리하는 일이야 말로 질병을 예방하고 건강을 유지하는 지름길이 아니겠는가?

미토콘드리아 모계 유전에 덧붙여 우리 출생의 비밀 한 가지를 이야기하고 넘어가자. 그것은 바로 산모는 배아를 키울 공간인 태반을 만들지 않는다는 사실이다. 태반은 배아의 일부 조직이 변형된 기관이다. 그렇다면 수정란이 자라면서 태아가 형성될 때 산모의 면역계가 활동을 주춤한다는 사실도 충분히 이해할 수 있다. 엄마 유전자를 반만 가지고 있기 때문에 태아는 언제든 '내가 아닌 것'이 될 가능성이 있다. 인간 생식을 살펴보면서 태반의 유래를 살펴보고 또 크리스퍼를 이용해서 미토콘드리아의 손상된 부위를 교정한 유전자를 자손에게 대물림하는 예를 잠깐 들여다보자.

인간은 태반 포유류에 속한다. 수정란이 장차 살아가기로 작정한 곳이 알이 아니고 태반이라는 말이다. 태반은 장차 그곳에서 살아갈 태아가 만드는 기관이다. 즉, 산모의 혈액과 영양분을 포획하는 장치로서 알 대신 선택한 도구라는 점을 이해해야 한다. 태어날 때까지 사용할 충분한 에너지를 확보하기 위해 커다란 난황을 갖는 조류나 파충류와는 달리 인간은 발생에 필요한 대부분의 에너지와 영양분을 암컷 어미로부터 얻는다. 그런데 태반 포유류가 진화하는 데는 바이러스가 결정적 역할을 했다. 이는 또 무슨 소리일까?

신시틴syncytin: 바이러스 설화

태반은 암컷 어미의 자궁내막을 '적당히' 파고 들어가 산소와 영양분을 얻고 배설물을 내보내는 통로 역할을 한다. 여기서 가만 잘 생각해보자. 산모가 아니라 발생 초기 배아에서 유래한 태반은 자궁

내막과 연결되어 열 달 가까이 견고함을 유지해야 한다. 태반이 자궁 내막과 딱 달라붙어 있어야 한다는 말이다. 이 과정은 세포의 '융합 fusion'을 통해서만 가능하다. 앞에서 '적당히'라는 말을 사용한 이유 는 자궁내막을 너무 깊이 파고들면 산모가 위험하고, 그 반대면 태아 가 위험하기 때문에 '적당히'라고 썼다. 인간이 가진 수백 가지의 세 포 중에서 서로 융합을 할 수 있는 세포는 세 가지다. 근육세포, 손상 된 뼈세포를 파괴하는 파골세포破骨細胞, osteoclast11, 그리고 태반영양 세포trophoblast이다. 태반영양세포가 자궁내막의 세포와 한 덩어리로 융합하여야만 태아가 안전하게 산모로부터 발생에 필요한 원자재를 확보할 수 있다. 이 과정의 중심에 있는 물질이 바로 바이러스에서 기원한 신시틴이란 단백질이다.

2000년, 인간의 태반 형성 과정에 관여하는 신시틴이 역전사 바 이러스 외피 단백질에서 기원했다는 논문이 《네이처》에 실렸다. 인 간 유전체에는 역전사 바이러스에서 유래한 염기서열이 5~8퍼센트 (9만 8,000개의 바이러스 유래 유전물질)를 차지한다. 신시틴을 포함하 는 바이러스 기원 유전물질이 영장류에 들어온 것은 2,500만 년 전 이라고 과학자들은 본다. 처음 유입된 이 유전물질은 마구잡이로 날 뛰며 좌충우돌했겠지만, 돌연변이가 축적되면서 지금은 바이러스에 서 유래한 유전물질의 기능은 대부분 소실되었다. 그러나 몇 종류의

---

11 얼핏 보기에 뼈는 매우 정적인 기관처럼 보이지만 사실은 끊임없이 손상된 부위를 교체하고 새로운 골세포로 채워 넣는다. 손상된 골세포를 부수는 역할은 파골세포가 맡는다. 빈자리를 채우는 세포는 조골세포osteoblast이다.

유전물질은 인간의 유전자에 편입되었고, 단백질로 번역되었다. 그 중 하나가 신시틴이다.

그 외에 'MER41.AIM2'라는 유전물질도 있다. 암호명같이 복잡한 이름은 신경 쓰지 말자. 크리스퍼-카스9 유전자가위를 써서 이 부위를 없애버리면 그 세포에서는 'AIM2'라는 단백질을 더 이상 만들지 않는다. 면역계의 한 요소인 AIM2라는 단백질이 발현되려면 바이러스에서 유래한 MER41.AIM2라는 유전물질이 필요하다는 뜻이다. 과거에 숙주를 침범한 바이러스의 혼魂이 다시 외부에서 침범한 병원체의 유전물질을 방어하는 데 차출되어 사용된다니 정말 아이러니컬한 일이다.

이렇게 침입자의 성분이 숙주(이미 숙주 유전자의 일부가 되었으니 숙주라는 말이 무색하지만)에게 유리하게 작용하기도 하지만, 이들 내인성 레트로바이러스[12] 유전물질의 생물학적 활성은 질병이나 암과도 관련되어 있다. 다발성 경화증[13]도 이 유전물질과 관련이 있다. 부산대학교 김희수 박사는 인간의 여러 조직에서 역전사 바이러스 유전물질을 조사하고 이들이 인간 조직에도 암세포에도 광범위하게 분포한다는 논문을 발표하기도 했다.

유전자의 본성에 따라 바이러스 유전물질은 이기적으로 행동해

---

12 신시틴을 암호화하는 유전자는 본디 숙주를 침범한 바이러스에서 기원했지만 숙주에 머물러 있다. 이런 유전체가 숙주가 방심한 틈을 타 자신의 성세를 복원하려 날뛰면 암이나 질병이 유도되기도 한다.

13 뇌와 척수를 이루는 신경세포 축삭에서 전기적 신경전달의 절연체 역할을 하는 말이집이 손상되는 염증성 질환이다. 자가 면역성 질환이라는 소견도 있다. 실명, 운동성 장애가 수반된다.

지금까지 세균과 진핵세포에 그 흔적을 남겼다. 커다란 상흔이기도 하지만, 역으로 말하면 바이러스도 생명체의 진화에 커다란 역할을 했다는 말이다. 앞에서 거론한 신시틴이 없었다면 태반 포유류는 등장하지 못했을지도 모른다.

태반이 바이러스 감염의 산물이라는 데는 이론의 여지가 없지만 각인과 어떤 관련이 있는지는 아직 잘 알지 못한다. 인간의 생식은 인구 문제와 맞닿아 있다. 이는 인구의 증감과 인류의 건강 모두에 관련된 문제이다.

유전자는 대물림되는 것이다. 여기서 '대물림된다'라는 말의 의미를 본격적으로 살펴보겠다. 대물림된다는 말이 이해가 되면 크리스퍼 유전자가위를 이용해 난자의 미토콘드리아 돌연변이를 고치고 이를 '수정fertilization'에 이용했다는 최근 논문이 보다 잘 이해될 것이다. 다시 한 번 말하지만 인간의 미토콘드리아는 모계를 통해서만 후손에게 전달된다. 따라서 난자의 미토콘드리아가 건강해야 자손들이 평생 짊어지고 갈 육신이 평안해진다. 먼저 미토콘드리아에 대해 살펴보고 크리스퍼 유전자가위가 사용된 사례를 알아보자.

왜 노화는 대물림되지 않는가?

다시 태반으로 돌아가 인간의 발생 과정을 따라가보자. 하나의 수정란에서 세포분열을 몇 차례 반복하면 배반포blastocyst라 불리는 시기로 접어든다. 이때 세포의 숫자는 150개 정도다. 정확히 한 개의 세포가 두 개, 두 개가 네 개…. 이런 식으로 균등하게 분열했다면 그 숫자는 128개가 되어야 옳다. 또한 128개의 세포는 유전적으로나 기능적으로 동일한 세포여야 할 것이다. 그러나 약 150개 정도의 세포 집단은 운명이 둘로 갈린다. 바깥쪽을 둘러싼 세포층 trophectoderm은 산모 자궁의 내막세포들과 융합해서 장차 태반이 될 세포들이다. 안쪽에 무리 지어 있는 세포는 안쪽세포더미라 불리며 장차 태아가 될 운명이다. 다시 말하면 안쪽세포더미의 세포들은 인간의 몸을 구성하는 모든 종류의 세포가 될 수 있는 잠재력을 지녔다. 과학자들이 만들려는 배아줄기세포의 원재료가 바로 이 세포집단이다.

수정란은 장차 몸통이 될 안쪽세포더미와 태반이 될 두 종류의 세포로 분화할 수 있는, 다시 말해 원천적으로 인간이 가진 모든 종류의 세포로 분화할 수 있는 능력을 지녔다. 이런 의미를 담아 우리는 수정란이 전형성능totipotent을 지녔다고 말한다. 수정란은 태반세포가 될 수 있지만 태반세포는 결코 수정란이 될 수 없다. 하지만 안쪽세포더미 일부는 원시생식세포를 거쳐 정자, 난자가 된 다음 언젠가 다시 합쳐진다. 다시 수정란이 되는 것이다. 우리는 수정란이 다시 수정란이 되는 사이를 한 세대라 부른다. 원시생식세포가 되지 못한 나머지 안쪽세포더미의 세포들은 신경세포, 근육세포, 적혈구 등등의 세포로 분화해나간다. 이를 두고 안쪽세포더미 세포가 다형성능pluripotent을 지녔다고 말한다. 그런 분화 과정을 약 아홉 달 거치면 하나의 생명체가 탄생하는 것이다.

그러므로 형성능potency의 측면에서 인간의 세포를 분류하자면 한쪽 끝에 모든 세포가 될 수 있는 수정란이 있고, 다른 쪽 끝에 우리가 흔히 언급하는 신경이나 근육 세포가 있다. 수정란에 가까운 쪽에 안쪽세포더미의 세포들이 있고 최종 분화된 세포 가까운 쪽에 가령 피부를 끊임없이 재생하는 성체피부줄기세포와 같은 제한된 형성능을 가진 세포가 존재한다. 결국 인간의 생식 과정이란 전형성능을 가진 수정란을 만들기 위한 지난한 과정이고, 생명의 시간을 다시 0으로 조정하는 것이다. 인간의 정자와 난자는 최종 분화된 세포이지만 이 두 세포가 만나면 전형성능을 가진 수정란이 된다. 이 과정에 어떤 종류의 생물학적 기제가 작동을 하리라는 것은 쉽게 짐작할 수 있다.

분자생물학과 유전체학의 진보에 힘입어 이제 우리는 인간이 가진 수십조[14] 개의 세포가 동일한 유전자를 가지고 있다는 사실을 잘 알고 있다. 수정란이나 나중 출생했을 때 신생아의 피부세포의 유전체가 같다는 뜻이다. 두 세포의 유전체가 동일한데도 저렇게 형성능의 차이가 나는 이유는 무엇일까? 바로 이 순간에 후성유전학이 등장한다. 유전체의 염기서열은 변하지 않지만 특정 염기서열에 붙인 딱지가 다름을 일컬어 후성유전학이라 부른다. 유전체 문법을 설

---

14 핵과 미토콘드리아가 없는 적혈구는 제외해야 할 것이다.

명하면서 언급했던 CG서열의 시토신(C)에 메틸기를 붙이는 것이 대표적인 예이다. 또 유전체를 짜임새 있게 포장하기 위해 사용하는 히스톤 단백질도 딱지를 붙여 유전체의 기능을 변화시킬 수 있다.

그러므로 수정란이나 다형성능이 있는 세포는 이런 염기서열에 붙은 딱지가 적은 세포 집단이다. 간단히 말하자면 어떤 세포로 변화할 수 있는 잠재력이 큰 세포는 다른 세포로 분화하지 못하게 가로막는 후성유전학 딱지가 없거나 적은 세포라고 이야기할 수 있다. 수정란이 그런 세포다. 정자와 난자가 만난 지 하루가 되기 전에 이 후성유전학 딱지가 소멸된다. 난자 안에 들어 있는 단백질과 전령 RNA가 이런 역할을 담당하는데 자세한 이야기는 여기서 하지 않겠다. 다만 최근에 후성유전학을 소개한 책이 국내에서 출판되었다는 점을 밝혀둔다.[15] 후성유전학에 흥미가 있다면 참고할 만한 책이다.

2012년 노벨 생리의학상은 줄기세포 연구자인 영국의 존 거든 John B. Gurdon과 일본 야마나카 신야山中 伸弥, Yamanaka Shinya 교수가 받았다. 케임브리지의 거든 박사는 개구리 난자세포의 핵을 소장세포에서 얻은 핵으로 치환하는 데 성공하여 나중에 돌리와 같은 복제 생명체 연구의 지평을 열었다고 평가받는 과학자이다. 또 그는 수정란이 성공적으로 태아로 성장하려면 암컷과 수컷에서 유래한 난자와 정자가 필요하다는 매우 당연한 사실을 실험적으로 증명하기도 했다. 신야 교수는 생쥐의 피부세포에 특정 유전자를 집어넣어 배아

---

15 Nessa Carey의 『유전자는 네가 한 일을 알고 있다』도 읽을 만하다.

줄기세포에 맞먹는 형성능을 가진 세포를 만들 수 있음을 보였다. 최종 분화단계를 거쳤기 때문에 아무런 조작을 가하지 않으면 절대 다른 세포로 변할 수 없던 세포가 단 네 가지 유전자에 의해 태반영양세포를 제외한 모든 종류의 세포로 변신할 능력을 되찾았다. 이 결과는 세상을 발칵 뒤집어놓았다. 또 이전 실험들에서 인간 난자를 채취해 실험을 한다는 윤리적 문제도 상큼하게 뛰어넘는 전략처럼 보이기도 했다. 신야 교수가 밝힌 네 종류의 유전자들[16]은 줄기세포의 자기 재생에 필요했을 뿐만 아니라, 이 세포가 다른 세포로 분화하지 못하게 막는 역할도 담당하는 유전자들이었다. 신야가 만든 이런 세포를 유도만능줄기세포라고 부른다.

만능줄기세포라는 말에는 이 세포가 인간이 지닌 모든 종류의 세포가 될 수 있다는 뜻이다. 하지만 여기에는 이 세포를 만들기 위한 실험 효율이 매우 낮다는 의미는 드러나 있지 않다. 다시 말해 안쪽세포더미에 있는 배아줄기세포가 갖는 완벽함과는 한참 거리가 있다는 뜻이다. 그렇기 때문에 여기에 크리스퍼 유전자가위를 적용하여 보다 정확하고 빠른 효율로 유도만능줄기세포를 만들려는 것은 당연한 수순이다. 중국에서 이미 이 실험에 성공했다는 이야기가 들려오는 것만 보아도, 이 두 기술이 만나는 일은 이미 장도壯途에 올랐다고 보아야 할 것이다.

---

16 난자 두 개나 정자 두 개에서 확보한 유전자를 핵이 없는 수정란에 집어넣는 방식으로 실험했다. 네 종류의 유전자는 Oct4, cMyc, Sox2, KLF4이다.

유도만능줄기세포를 만들 때 신야는 미토콘드리아 유전체까지 신경을 쓰지 않았다. 아직 어떤 연구 결과도 본 적이 없지만, 나는 미토콘드리아 유전체와 유도만능줄기세포의 핵 유전체 사이의 갈등이 저 낮은 효율의 원인이 아닐까 생각한다. 생식세포인 정자와 난자가 합쳐서 수정란이 되고 또 발생을 계속하는 동안 미토콘드리아 유전체는 어떤 변화를 겪는 것일까?

미토콘드리아 유전체: '나를 잊지 말아요'

50조 개 남짓한 인간 세포의 종류는 약 200가지다. 그중에 미토콘드리아가 없는 세포는 산소를 운반하는 적혈구뿐이다. 적혈구 10~20개에 하나꼴인 혈소판은 핵이 없지만 미토콘드리아는 몇 개 가지고 있다. 핵 없이 미토콘드리아만 가지고 살기에 세상은 그렇게 녹록치 않다. 아마도 그렇기에 적혈구가 120일가량을 사는 대신 혈소판은 일주일 남짓 살다가 죽는 것 같다.

혈관이 터졌을 때 그 부위를 땜질하는 데 관여하는 세포가 혈소판이다. 어디 부딪히면 겉으로 피가 나지 않더라도 피부 아래쪽에서 가느다란 모세혈관이 터진다. 바로 이때 혈소판이 부랴부랴 나선다. 혈관을 메꾸는 시간이 3분을 넘어가면 혈소판의 숫자나 기능이 문제가 있다고 판단한다. 잠잠하던 혈소판을 깨워 혈관을 땜질할 때 관여하는 단백질의 숫자가 무려 193개라는 사실을 알게 되면 혈관을 간수하는 일이 얼마나 중요한 일인가 하는 사실을 새삼 깨닫게 된다. 193개가 뭐 그리 대단하냐고? 중학교 때 우리가 달달 외웠던 크렙스 회로에 관여하는 단백질의 숫자는 기껏해야 20개도 되지 않는다.

모세혈관이 터진 것은 혈관을 구성하는 세포 사이가 벌어진 것이다. 비상시에는 콜라겐과 '폰 빌레브란트Von Willebrand'[17]라는 접착 단백질이 즉시 출현하고 혈소판이 여기에 달라붙는다. 여러 개의 혈소판이 납작하게 형태를 바꾸고 터진 혈관을 메운다. 세포가 형태를 바꾸는 데는 에너지가 필요하다. 이때 혈소판의 미토콘드리아가 에너지를 공급한다. 만일 혈소판에 미토콘드리아가 없으면 어처구니 없는 출혈을 계속해서 감수해야 하는 것이다. 우리 몸을 구성하는 대부분의 세포는 미토콘드리아를 가졌다. 평균 수백 개에서 1,000개 정도이다. 미토콘드리아가 하는 일이 무엇일까?

미토콘드리아가 진핵세포 안으로 들어온 사건은 20~25억 년 전의 일이라고 말한다. 물론 그보다 더 오래되었다고 주장하는 사람들도 있다. 아직까지 그 사건의 전모를 확실히 이야기할 수 없는 사람은 없지만, 대체로 리케차 그룹의 알파프로테오박테리아가 미토콘드리아의 조상이라고 생각한다. 미생물학자인 칼 워즈는 1970년 리보솜 RNA의 서열을 바탕으로 생물학의 체계를 뒤흔들었다. 단백질을 만드는 생명체들은 저마다 리보솜 RNA를 가지고 있기 때문에,

---

17 모세혈관이 터지면 접착 단백질이 분비되고 상처 주변에 혈소판이 엉겨 붙는다. 이 단백질이 문제가 있으면 혈우병과 같은 출혈 질환에 시달리게 된다.

이 RNA의 서열을 분석하면 생명체의 족보를 그릴 수 있다. 이 정보에 따라 생명체를 세균, 고세균, 진핵세포 세 개의 도메인으로 나눈 것이다. 반면 미토콘드리아가 있고 없고를 따져도 생명체 집단은 둘로 나뉜다. 미토콘드리아를 가진 세포집단은 진핵세포뿐이다.[18] 세균과 몸통의 크기가 비슷한 미토콘드리아가 진핵세포에 수백 개씩 들어가기 때문에 진핵세포의 크기가 원핵세포보다 훨씬 크다는 것은 능히 짐작할 수 있다.

작기는 하지만 앞서 말했던 적혈구도 진핵세포다. 그러나 미토콘드리아가 없다는(사실은 핵도 없다) 점에서 매우 특별한 진핵세포이다. 진핵세포는 부피가 세균보다 평균 1만 5,000배 크다. 따라서 이론적으로 진핵세포에 최대 1만 5,000개의 미토콘드리아가 들어갈 수 있다. 그렇지만 활발하게 움직여서 에너지가 많이 필요한 심장의 근육이나 간세포도 미토콘드리아만 지니고 살 수 없기 때문에, 1,000개 정도만 지닌다. 그런데 여기 하나의 예외인 세포가 있다. 바로 인간의 난자이다.

성인 여성이 한 달에 한 번 성숙시켜 배출한 난자에는 약 10만 개의 미토콘드리아가 있다. 교과서에서는 미토콘드리아를 세포발전소로 비유한다. 에너지를 만들어 공급한다는 의미를 담고 있다. 식

---

[18] 정확히 말하면 반드시 그렇지 않다. 미토콘드리아가 없는 진핵세포가 발견되기 때문이다. 그러나 이들도 한때는 미토콘드리아를 가지고 있었다는 사실이 입증되었다. 미토콘드리아가 없다고 적혈구를 세균 취급하지는 않는다. 사실 혈구모세포는 여러 번의 분화 단계를 거쳐 미토콘드리아를 잃고 적혈구로 변한다. 그래서 적혈구는 내심 좀 억울해할지도 모른다.

물의 엽록소에서도, 세포질에서도 ATP를 만들긴 하지만, 많은 양의 ATP를 만드는 곳은 역시 미토콘드리아다.

조직마다 세포마다 쓰임새는 조금씩 다르겠지만 뇌에서는 신경 전달, 콩팥에서는 요소를 농축시키는 일에 ATP가 주로 사용된다. 재미있는 부분은 세포 안으로 들어온 포도당을 감금할 때도 ATP를 사용한다는 점이다. ATP의 'P'는 '인'이다. 인산비료를 쓰는 이유는 인이 식물 성장에 필수적이기 때문이다. 인은 인간의 언어를 빌리면 팔방미인이다. 단백질에도 붙지만 당, 지방산에도 붙는다.

포도당의 분해는 포도당에 인산(P)이 붙으면서 시작된다. 포도당에 함유된 에너지를 얻으려면 ATP를 사용해야 한다. 요즘 사람들은 잘 모르겠지만 우물 대신 펌프로 지하수를 퍼 올려 쓰던 시절, 그 펌프를 작동하려면 '마중물'을 한 바가지 퍼 부어야 했다. 그래야 물이 콸콸 나온다. 포도당에 붙인 인산 '마중물'은 포도당을 분해하기 위한 에너지 장벽을 낮춰준다.

여기에 숨은 또 다른 재미난 사연이 있다. 인산이 붙은 포도당은 더 이상 포도당이 아니라는 섬이나. 배가 고픈 세포는 이제 밑 빠긴 항아리가 되어 계속해서 포도당을 공급받으려 한다. 세포 안팎으로 포도당 농도의 기울기가 생기기 때문이다. 세포 안에 감금된 포도당의 운명은 분해되면서 저장된 전자를 내놓는 일 말고는 없다. 미토콘드리아는 포도당에서 꺼낸 전자를 전달하는 과정에서 에너지를 확보하고 최종 산물로 물과 ATP를 만든다. 그렇다면 난자에 들어 있는

10만 개의 미토콘드리아가 하는 일은 무엇일까?

　우리는 인간의 성세포가 발생 과정의 이른 시기에 만들어진다는 사실을 자주 간과한다. 쥐와 인간을 비교할 수 없겠지만 임신한 태아 쥐의 성별이 결정되는 시기는 임신기간의 약 절반에 해당하는 11.5일째이다. 아무런 자극이 가해지지 않으면 성선性腺은 난소가 된다. 그러나 유전자와 단백질이 관여하는 조금 성가신 과정을 거치면 고환이 발생한다. 재미있는 것은 Y염색체에서 성선의 발생을 조절하는 유전자의 이름이 '스리SRY'라는 점이다. 아리랑 가사의 '아리'는 여성이고 '스리'는 남성이라는 시답잖은 농담을 하기도 한다.

　장차 난자로 성숙할 인간의 난원세포卵原細胞, oogonium, oogonia[19]도 임신 20주에 이르면 약 700만 개가 된다. 이 숫자는 점차 줄어서 생후에는 약 200만 개 그리고 가임기에 이르면 40만 개까지 줄어든다. 성숙한 남성의 고환에서는 하루 약 2~3억 개의 정자가 만들어진다. 그러나 이 가운데 약 1억 개 정도가 살아남는다. 유전자를 후대로 전달하는 과정은 죽음의 연속이다.

　왜 이런 죽음이 정자와 난자 모두에서 필연적 사건이 되었을까? 임신에 성공하기 위해 7,000만 개 이상의 정자를 포함하는 정액이 필요하지만 난자는 오로지 한 개만 필요하다. 이런 수적 차이 때문에 정자와 난자는 성숙 단계에서의 전략이 달라질 수밖에 없다. 정자

19　난자의 형성 과정 중 제일 상위에 존재하는 원시 생식세포이며 난모세포로 분화해간다. 아직 감수분열 이전의 상태이기 때문에 정상 염색체 수를 갖는다. 수컷의 정원세포와 동격이다.

와 난자의 성숙에 대해 간단히만 알아보자. 가임기가 되면 난자는 성숙한다. 정자도 마찬가지다. 정자 성숙 과정에서 하나의 정모세포는 16개의 정자가 된다. 하지만 하나의 난모세포는 하나의 난자로만 성숙한다. 여기서 눈여겨 볼 지점이 있다. 정자와 난자가 성숙되는 과정은 곧 염색체를 반으로 나누는 일이다. 그리고 이들이 나중에 만나서 다시 합쳐지면 원래의 염색체 수가 된다. 우리는 이 과정을 수정이라 부른다. 분열하여 세포의 수를 늘린 정자의 줄기세포는 일부를 여투어두었다가 다시 정자를 만드는 데 사용한다. 그런 방식으로 '철들자 망령이 날 때'까지 정자를 만들어낸다. 난자는 숫자를 늘리는 전략을 취하지 않는다. 난자의 줄기세포가 감수분열할 때 '극체 polar body'라 불리는 세포가 생긴다. 일반적으로 세포가 분열할 때는 세포 안에 들어 있는 재산도 공평하게 반으로 나눈다. 미토콘드리아, 핵, 소포체 같은 세간살이 말이다. 그렇지만 난자는 장자상속제를 성실하게 지켰던 중세의 유럽인들처럼 둘째에게 땡전 한 푼 물려주지 않는다. 불쌍한 둘째[20]의 별명이 극체이다. 난자가 성숙하는 동안 세포의 크기도 커져서 거의 100마이크로미터에 이른다. 첫째는 그 외중에 재산을 더 불려서 미토콘드리아의 숫자를 무려 10만 개로 늘린다(표). 반면 극체는 죽고 만다.[21]

---

20 베르나르 베르베르는 이 둘째 아들'들'이 먹을 것을 찾아 십자군이 되었다고 했다.

21 이보다 사정은 조금 복잡하다. 제1극체가 다시 분열해서 두 개의 제2극체로 변하기 때문이다. 단순히 죽기 위해 에너지를 써가며 분열할 필요가 뭐가 있겠는가?

연령 및 세포	미토콘드리아 수	미토콘드리아 유전체	전체 세포 수
수정 후 20주 난원세포	10	50	7,000,000
출생 직후 1차 난모세포	수천	~1,000	1,000,000
성숙한 난자	100,000	100,000	30~40만

　　정자와 난자가 만나 수정이 된 수정란은 세포분열을 시작해서 세포의 수를 늘린다. 약 150개의 세포가 될 때(배반포)까지 미토콘드리아는 각 세포에 공평하게 나뉜다.[22] 미토콘드리아는 세포분열과 상관없이 자신을 복제할 수 있다. 그럼에도 불구하고 착상하기 전까지 미토콘드리아는 스스로를 절대 복제하지 않는다. 이것이 무슨 의미를 갖는지 자세히 들여다보자.

　　미토콘드리아는 세포 발전소라고 불린다. 발전소답게 미토콘드리아 내막은 가정용 전압의 1,000배에 달하는 전류가 흐른다. 내막을 따라 포도당에서 뽑아낸 전자가 흐르고 그 전기에너지를 이용해서 내막을 거슬러 양성자(H^+)를 퍼올린다. 내막 주위로 양성자의 농도가 달라지면 그 전위차를 이용해서 ATP를 만든다. 문제는 전자의 흐름이 원활하지 않을 때 생긴다. 다른 것도 있겠지만 전자의 전달에 관여하는 유전자가 문제가 생겨서 단백질의 구조나 기능이 변한 것이 주된 이유이다.

　　진핵세포는 두 종류의 서로 다른 유전체를 갖는다. 하나는 앞에

22　사실은 영양세포에 미토콘드리아가 보다 더 많다.

서 이야기한 핵 유전자이고 미토콘드리아에도 유전체가 있다. 여기서도 문제는 크기다. 핵 유전체에는 얼추 2만 개의 유전자가 있는데 반해 미토콘드리아 유전체에는 고작 13개의 유전자가 있다. 그런데 미토콘드리아가 제 일을 하기 위해서는 13개보다 훨씬 더 많은 단백질이 필요하다. 알려진 바에 의하면 미토콘드리아에는 233개의 단백질이 필요하다고 한다. 물론 개수가 아닌 가짓수이다. 전체 단백질 수는 이것보다 훨씬 많을 터이다. 13개를 뺀다고 해도 나머지 220가지 이상의 단백질을 확보하기 위해 핵의 도움을 받아야 한다. 다시 말해 핵 유전체와 미토콘드리아 유전체가 궁합이 잘 맞아야 미토콘드리아 내막에서 새는 전자가 줄어든다는 말이다. 궁합이 잘 맞지 않아 전자가 줄줄 새면 양성자를 퍼 올리지도 못하고 내막의 전위차도 사라진다. 위급상황이 전개되는 것이다. 이때 전자전달 복합체에 느슨하게 묶여 있던[23] '시토크롬 C cytochrom C'가 유출된다. 이 '시토크롬 C'라는 단백질이 세포에게 자살하라는 지시를 하달한다. 지시를 받은 세포는 죽는다. 미토콘드리아의 연쇄회로가 망가지면 궁극적으로 세포는 자살을 선택한다.

호흡은 인간과 같은 다세포 생명체의 전유물이라고 생각하기 쉽지만 세포도 호흡을 한다. 세포의 호흡은 산소(O_2)를 효과적으로 사용하는 행위를 일컫는다. 앞에서 나온 전자와 양성자, 그리고 산소

---

23 정확히 말하자면 전자에 붙잡힌 산소(활성산소라고 흔히 부른다)가 카디오리핀cardiolipin이라는 지질에 달라붙어 막을 불안정하게 한다. 이때 '시토크롬 C'가 유실되는 것이다.

가 삼위일체가 되어 결합하면 우리에게 익숙한 물이 된다. 그러므로 미토콘드리아가 진행하는 호흡은 바로 산소를 써서 물을 만드는 것이다. 그 과정에서 부산물로 ATP라는 에너지가 만들어진다. 여기서 양성자가 빠진 채로 산소가 전자와 결합하면 사단이 난다. 노화와 온갖 질병의 주범으로 몰려 비타민을 파는 사람들이 성배처럼 모시는 활성산소가 만들어지기 때문이다. 인체에서는 평균 하루 수천만 개의 활성산소가 만들어진다.

짐작하겠지만 미토콘드리아가 호흡하지 않으면 활성산소가 만들어질 확률은 현저하게 줄어든다. 그러므로 난자는 두 가지 전략을 택할 수밖에 없다. 하나는 똑똑한 미토콘드리아 유전체를 증폭시키면서 호흡을 하지 않는 것. 둘째는 핵 유전체와 궁합을 맞춰보는 일이다. 10만 개가 넘는 미토콘드리아가 핵 주변에 포진해 있는 난자를 전자현미경으로 보면 핵 유전체와 미토콘드리아 유전체 사이에 모종의 '짝짓기'가 진행되고 있다는 느낌을 지울 수 없다. 어떤 식이든 궁합을 맞추는 과정이 필요하다.

모종의 '짝짓기'로 난자가 성숙하는 동안 핵과 미토콘드리아 두 유전체의 궁합을 잘 맞추었다. 이제 수정이 되면 남성의 염색체 한 벌이 들어와 모계와 부계에서 기원한 두 벌의 핵 유전체가 갖추어진다. 이때는 새롭게 들어온 남성의 핵 유전체와 모계의 미토콘드리아 유전체 궁합이 새로운 국면을 맞게 된다. 착상하기 전 수정란은 분열을 거듭해서 약 150개로 늘어난다. 이 분열 과정에서 미토콘드리아는 새롭게 만들어지지도 않고 에너지를 만들지도 않는다. 호흡하지 않는다는 뜻이다. 과학적으로 증명되지는 않았지만 이 단계에서 부계의 핵 유전체와 모계 미토콘드리아 유전체가 어떤 식이든 타협점을 찾을 것이다. 그렇지 못하면 부지불식간에 유산이 될 수밖에 없다. 실제로 착상 전에 발생하는 유산은 산모조차 알아채지 못한다. 한편 초기 유산을 알아낼 방법이 없기 때문에 잘 모르지만 상당수의 배아가 임신 초기에 유명을 달리한다.[24]

미토콘드리아 나눠주기

미토콘드리아가 호흡하지 않는다는 말은 에너지를 만들지 않는다는 뜻이다. 암으로 발전할 가능성이 높은 세포는 미토콘드리아 의존성이 낮다. 그러기에 심장 근육은 암에 잘 걸리지 않는다. 미토콘드리아가 아니더라도 ATP는 만들어야 할 것이므로 암세포는 주로 발효를 통해 에너지를 얻는다. 이를 크랩트리Crabtree 효과라 한다. 발효 과정의 특징은 속도에 있다. 매우 빠른 속도로 포도당을 사용하여 ATP를 충분히 만듦으로써 미토콘드리아의 높은 효율성을 상쇄한다. 발효를 주된 대사경로로 취하고 미토콘드리아를 사용하지 않으면, 미토콘드리아 유전자를 좀 느슨하게 관리해도 된다는 생각도 들 것이다. 미토콘드리아의 역할이 줄어들면 전자전달 과정에서 활성

---

24 자세한 설명은 『우리는 어떻게 태어나는가』를 참고하기 바란다.

크랩트리 효과_ 크랩트리Crabtree 효과는 와버그Warburg 효과와 함께 회자되는 말이다. 둘 다 암세포에서 진행되는 포도당 대사과정의 발견자 이름을 따 명명한 현상이다. 포도당 대사과정을 다시 잠시 살펴보자. 포도당은 탄소가 여섯 개다. 포도당이 대사될 때는 여섯 개의 탄소가 정확히 자신의 약수인 3, 2, 1로 분해되는 과정을 거친다. 포도당을 반 토막 내서 탄소 세 개짜리 분자 두 개를 얻으면(피루브산) 세포는 이제 선택을 해야 한다. 탄소 한 개짜리까지 낱낱이 분해하여(3→2→1) 최대한의 에너지를 얻을지, 아닐지를 결정해야 한다는 뜻이다.

대사과정을 숫자로 표기하면 진면목이 사라지는 느낌이 든다. 하지만 숫자가 줄어드는 과정은 곧 포도당에 저장된 과거의 흔적, 즉 본디 물 안에 있었지만 햇빛에 달구었다가 포도당에 박아두었던 전자를 도로 빼내는 작업이다. 다시 말하면 빼낸 전자를 운반하고 받을 준비가 되어 있는지 살펴서 적절한 선택을 해야 한다는 뜻이다. 최대한의 에너지를 만들기 위해 필요한 두 가지는 전자전달장치인 NAD와 전자를 품어 안을 산소다. 바로 이 조건이 충족되면 탄소 세 개짜리 분자 피루브산은 미토콘드리아로 들어간다. 세포 안의 세포인 미토콘드리아는 앞에서 이야기한 방식으로 전자를 운반하고 그 전자를 최종적으로 산소에 전달하여 원래 자신의 주인이었던 물로 되돌려 보낸다.

그러나 전자전달사슬이 시원찮고 산소도 부족하면, 피루브산은 미토콘드리아 대신 세포질에서 미진한 반응을 마감한다. 피루브산이 모양을 바꿔 젖산을 만들면 젖산 발효라고 부른다. 숙성 김치가 바로 젖산 발효의 산물이다. 피클, 요플레도 마찬가지다. 하지만 어떤 생명체는 탄소를 한 분자 뗀 다음 알코올로 변화하기도 한다. 효모가 진행하는 알코올 발효이다.

자, 이제 와버그 효과(바르부르크를 영어식으로 발음하여 보통 이렇게 부른다)를 간단히 살펴보자. 일찍이 20세기 초반 독일의 생화학자 오토 바르부르크Otto Warburg는 암세포가 포도당을 물 쓰듯이 쓰면서 젖산을 만들지만 미토콘드리아 호흡과정을 거의 사용하지 않는다는 사실을 발견했다. 이 암세포는 포도당을 받아들이는 운반 단백질을 많이 가지고 있지만 미토콘드리아로 피루브산을 집어넣지는 않는다.

하지만 어떤 암세포는 멀쩡한 미토콘드리아를 갖고 있으면서 필요에 따라 발효와 호흡을 왔다 갔다 할 수 있다. 상황의 미묘한 변화에 보다 잘 적응할 수 있게 자신의 대사체계를 손본 것이다. 이를 크랩트리 효과라고 부른다. 흥미로운 사실은 일부 효모균주들도 이런 전략을 구사한다는 점이다. 사실 효모가 발효전략을 구사하려면 주변에 포도당이 많아야 한다. 효모가 안전하게 포도당을 얻을 수 있는 최적의 장소는 과일이다. 효모는 알코올발효를 거쳐 알코올을 축적하고 세균이나 곰팡이가 범접하지 못하게 막는 동시에 알코올을 에너지로 소비하기도 한다. 알코올이 초산, 활성 초산을 거쳐 크렙스 회로에 들어가는 것이다. 그러므로 전자전달사슬이 제대로 기능하는 미토콘드리아가 있고 산소가 충분하다면 효모는 천상계에서 흠뻑 취한 채 향락적인 삶을 살 수 있다. 효모는 약 1억 년 전 지구상에 과일을 맺는 나무들이 등장하자 자신들의 대사 체계를 완전히 손본 다음, 크랩트리 효과를 만끽하는 생명체로 진화했다. 이런 생물학적 배경을 뒤에 깔고 자본주의의 주류 산업이 번창했다.

그렇다면 효모의 미토콘드리아는 어떨까? 발효와 호흡을 병행하는 균주들도 있는 만큼 효모의 미토콘드리아 유전체의 구성은 인간보다 훨씬 복잡하다. 모계와 부계 모두에서 미토콘드리아 유전체를 받는 효모가 있는 반면, 단일 계통에서 물려받는 것들도 있다. 손상된 미토콘드리아를 효모 세포가 처분할 때는 거기에 있는 유전체도 분해해서 에너지 혹은 고분자를 만들 때 빌딩블록으로 재사용한다. 그렇지만 10만 세대를 거치는 동안 한 번꼴로 이 유전체 일부가 핵 유전체에 편입된다는 사실이 밝혀졌다. 최초 공생 사건이 벌어졌을 때 세균의 유전자가 핵으로 들어오는 사건의 경위가 바로 저런 식이었을지도 모르겠다는 생각이다. 아무리 효모이기는 하지만 그러나 10만 세대라는 숫자에 엄중한 느낌이 드는 것도 사실이다.

산소가 생기는 일이 줄어든다. 사실 미토콘드리아는 고압선이 흐르는 곳으로 비유할 수 있어서 유전체를 보관하기에 썩 좋은 장소가 못된다. 미토콘드리아 유전체와 관련해서 형성능을 다시 한 번 떠올려보면 전형성능을 가진 세포는 미토콘드리아를 사용해서 에너지를 얻지 않을 것이라 짐작할 수 있다. 반대로 형성능이 없거나 최종 분화된 세포들은 미토콘드리아를 한껏 이용해서 ATP를 구하는 경향이 있다. 이게 무슨 뜻인지 생식 과정에서 미토콘드리아의 행동을 살펴보자.

미토콘드리아는 모계를 통해서 선달된나고 흔히 밀한다. 하지만 핵 유전자 말고도 부계에서도 대물림되는 것이 있다. 정자는 중심체 단백질과 칼슘 조절을 담당하는 '오실린oscillin'이라는 단백질을 난자의 세포질에 풀어놓고 세포분열이 시작되도록 난자의 활성을 드높인다. 그렇지만 정자에서 미토콘드리아가 유입되면 난자의 청소체계가 가동되면서 정자 미토콘드리아 단백질을 감지하고 이들을 부숴버린다. 그렇지만 언제나 완벽한 것은 아니어서 부계 미토콘드리아가 끼어든 환자들이 발견되기도 한다. 곰곰이 생각해보면 수란관에 도달한 정자는 기진맥진한 상태일 것이다. 미토콘드리아를 전부 가동해서 ATP를 만들었을 것이기 때문이다. 따라서 가만히 기다린 난자의 미토콘드리아에 비해 정자의 미토콘드리아가 활성산소에 노출되었을 가능성이 훨씬 크다. 두 생식세포의 이런 이동 방식도 한쪽 성의 미토콘드리아 유전체만을 전달하는 진화적 불가피함을 나타내는 것으로 생각된다.

정자 혹은 성인의 체세포 미토콘드리아는 성별과 관계없이 마치 벌 집단의 일벌처럼 열심히 일하지만 자신의 유전체를 후손에 전달하지 않는다. 왜냐하면 이들 미토콘드리아 유전체는 살아가는 동안 불가피하게 활성산소에 지속적으로 노출될 것이고 돌연변이를 완화할 '유성생식'이라는 방편이 아예 없기 때문이다.[25] 이 가설을 내세운 사람은 런던 칼리지의 존 알렌John F. Allen이다. 알렌 박사는 왜 미토콘드리아와 엽록체가 자신만의 유전체를 가지고 있는지 오랫동안 연구했던 사람이다. 그는 야전에 포진한 세포 내 수백 개의 사령부 중 한 군데에서 발생한 긴급상황을 야전사령부 스스로 해결하기

---

25 세포는 핵-세포질과 미토콘드리아 둘로 구분할 수 있다. 전자는 구조와 유전체를 책임진다. 미토콘드리아는 세포 에너지를 만들지만 세포 전체의 유전체에 기여하는 바가 작다고 할 수 있다. 그러나 이는 유전체의 크기를 볼 때 그렇다는 말이다. 생명체가 사용하는 ATP를 만든다는 기능적인 면을 따지면, 그리고 하루 필요한 ATP의 양이 유기체의 체중에 육박한다는 사실을 감안하면 그걸 '작다'고 보아야 할지 고개가 갸웃해진다. 인간이 활동하는 데 필요한 ATP의 총량은 50킬로그램이 넘는다.

위한 방편으로 미토콘드리아 유전체가 국지적으로 존재할 필요가 있다고 생각했다. 그 증거 중 하나는 엽록체와 미토콘드리아의 유전체의 유사성에서 찾을 수 있다. 전자전달계를 통해 양성자를 막 밖으로 퍼 나르는 동일한 기제를 이용해서 ATP를 만든다는 점에서 엽록체와 미토콘드리아는 본질적으로 동일한 기관이다. 이들 두 소기관에 남아 있는 유전체는 전자전달 과정에 핵심적인 부분만을 남겨놓고 최소한으로 유지되고 있었는데 공교롭게도 그 핵심 유전자의 기능이 거의 같았다. 자연선택의 그물망이 작용했다는 뜻이다. 이들 두 소기관은 산화·환원 상태의 변화를 인식하고 즉각적으로 대응할 수 있는 가장 최소한의 유전자를 고스란히 보존하고 있었던 것이다. 게다가 동물에 비해 식물은 한 벌의 유전체를 더 가지고 있으므로 생식 과정이 더 복잡하다. 어쨌든 체세포 내부의 미토콘드리아는 세월이 흐르면서 돌연변이가 축적되는데 그로 인해 특히 미토콘드리아가 만들어내는 에너지에 민감한 기관들, 예컨대 뇌, 심장, 콩팥 그리고 내분비계 등이 더 심한 타격을 받는다.

영국의 알렌과는 다른 각도에서 미국 펜실베이니아 대학의 더글러스 월레스Douglas C. Wallace는 미토콘드리아 유전자 변이와 지역 특이적 적응성을 연구했다. 이 연구도 미토콘드리아가 따로 유전체를 가져야 하는 간접적인 증거를 제공하는 것으로 보인다. 월레스는 아프리카를 벗어나 이동한 인류의 궤적이동과 미토콘드리아의 계보를 연결했다. 가령 특정한 미토콘드리아 유전체의 돌연변이가 열을 잘 내는 형질을 지녔다면 위도가 높고 추운 지역에 사는 집단 내에서 그 변이는 우세할 것이다. 그런 형질은 우연이라고 보기에는 너무나 일관되게 인류의 지정학적 이동과 잘 맞아떨어진다. 그렇게 월레스는 미토콘드리아 유전체 지도를 만들고 그에 따라 지구의 대륙을 구분했다. 특정 인간 집단은 미토콘드리아 유전체의 사소한 변형을 통해 지질학적 환경에 잘 적응할 수 있었던 것이다. 미토콘드리아에 편재된 유전체의 미묘한 변형을 통해 대사 과정을 환경에 적응시킬 수 있었다는 말이다. 그래서 아마도 진핵세포가 탄생하던 초기에 공생체의 대사 과정을 탄력적으로 운영하고 미세 조정하기 위해 미토콘드리아에 일부 유전자를 남겼을 가능성이 높다.

따라서 미토콘드리아가 대사 과정에 관여하지 않는 경우라면 세포는 미토콘드리아 유전체를 과감히 버릴 것이라 예측할 수 있다. 예를 들어 발효를 통해 에너지를 얻고 수소를 내놓는 혐기성 세균의 소기관인 하이드로게노솜hydrogenosome에는 유전체가 없다. 이 하이드로게노솜은 미토콘드리아와 관계가 있고, 마찬가지로 세균에서 유래했다. 따라서 막에 전자전달계가 없는 에너지 포획 소기관은 유전체가 필요 없다는 결론에 자연스레 도달하게 된다.

이렇게 미토콘드리아가 생존에 불가결한 것이라면 다세포 생명체는 자손들에게 손상을 입지 않은 온전한, 다시 말하면 유전체 돌연변이가 적은 미토콘드리아를 물려주어야 한다. 앞에서 우리는 정자와 성인의 체세포는 미토콘드리아를 물려주지 않는다고 말했다. 따라서 전적으로 난자가 미토콘드리아 대물림의 임무를 맡는다. 알렌은 난자의 미토콘드리아 유전체는 전령 RNA를 만들지 않고 형태도 다르며 에너지를 만드는 기능에 최소한으로 참여할 것이라는 가설을 세웠다. 미토콘드리아 유전체를 온전하게 후대에 물려주기 위해서다. 알렌의 연구진은 2013년 물해파리 난자를 토대로 연구해 난자가 에너지를 생산하는 일에 적게 참여하기 때문에 활성산소에 노출되는 빈도 역시 적다는 사실을 밝혔다. 미토콘드리아 유전체에 돌연변이가 있더라도 미토콘드리아를 전달해야 하는 난자는 '병목'을 통과해야 한다. 그 병목은 난자의 생활사 일부분에서 찾아볼 수 있는데 가장 이상적인 경우라면 돌연변이가 없는 한 종류의 건강한 미토콘드리아 유전체를 후손에게 고스란히 대물림한다.

병목을 통과하다

앞의 표를 보면 배란기 인간 성인의 난자에는 약 10만 개의 미토콘드리아가 있다. 안쪽세포더미에서 기원한 생식 줄기세포인 약 1,000개의 난원세포가 임신 2~7개월 사이에 분열하여 그 수가 700만 개까지 늘어난다. 하지만 대부분은 태어나기도 전에 소멸되고 남은 난원세포가 한 차례 감수분열을 마친 제1난모세포primary oocyte 형태로 겨울잠을 잔다. 태어날 때 약 200만 개에 달하던 제1난모세포는 사춘기 즈음이면 30만 개까지 줄어든다. 대부분의 체세포는 수를 늘려서 기능적 완벽함을 완성하지만 생식세포는 좋은 것들만 추려나가는 것처럼 수를 지속적으로 줄인다. 사춘기에 접어들어 호르몬의 영향을 받으면 약 20개의 제1난모세포가 이른바 난자 성숙이라는 과정에 들어간다. 난자는 난소 안에서 수정에 최적의 상태로 난자를 담금질한다. 활성이 없는 원시난포(제1난모세포를 안전하게 둘러싼 포대기라고 보면 된다. 난자와 함께 성숙하며 배란될 때 난자와 난구세포가 난포를 떠난다)가 성숙한 난자가 되는 데 생쥐의 경우는 3주, 소는 6개월 그리고 사람은 185일이 걸린다. 약 25마이크로미터였던 제1난원세포는 머리카락 한 올의 직경인 100마이크로미터까지 커진다. 마음만 먹으면 눈으로 볼 수 있는 크기이다. 덩달아 부피도 100배 정도 증가한다. 미토콘드리아의 수도 증가하여 커진 세포질 부피의 약 30퍼센트에 달할 정도이다. 또 골지체의 미세구조가 바뀌고 리보솜의 양이 증가한다. 이제 정자만 도착하면 된다.

난자의 성숙 과정은 핵의 성숙과 세포질 성숙으로 나눠서 볼 수 있지만 여기서는 미토콘드리아에 초점을 두고 간단히 살펴보겠다. 뇌에서 분비된 호르몬이 난포를 성숙시키고, 배란되기까지 약 보름이 소요된다. 그런데 실험실에서는 생쥐에서 취한 난자를 한나절이면 성숙시킬 수 있다. 2010년 영국 카디프 대학 칼 스완Karl Swann은 생쥐 난자가 성숙하는 동안 세포질 내 ATP의 양이 세 차례에 걸쳐 증가한다고 보고했다. 제1난모세포의 핵은 특별히 핵낭germinal vesicle이라고 부른다. 이 핵낭이 깨지는 일이 곧 난자 성숙의 신호탄이다.

염색체가 응축되고 한쪽으로 격리되면 극체가 떨어져 나간다 세포질에서도 소기관들이 재배치되고 칼슘과 항산화제의 양이 증가한다. 전령 RNA와 단백질의 양도 늘어난다. 성숙된 난자가 정자를 맞이하면 두 번째 감수분열을 완성한다. 드디어 한 개체를 향한 발생의 길에 오르게 되는 것이다. 난자에서 일어나는 감수분열은 불균등하게 진행된다. 난포라는 강보에 싸여 있을 때는 이웃하는 과립막 세포에서 에너지도 공급해주었지만 난구세포까지 박탈당한 생쥐의 난자는 스스로 에너지를 생산해야 한다.

한편 수천 개의 미토콘드리아를 10만 개까지 늘리는 과정에서 미토콘드리아의 품질 관리도 해야 한다. 수정란이 된다 하더라도 미토콘드리의 수는 늘어나지 않는다. 수정란은 얼추 10만 개의 미토콘드리아로 어미의 자궁에 착상할 때까지 살아야 한다. 착상 이후 배반포 단계로 가는 동안 수정란의 미토콘드리아는 100개 이하로 줄어든다. 이 과정에서 장차 생식세포로 분화할 세포들에게 돌연변이가 없고 건강한 미토콘드리아 유전자를 나누어주는 일이 절대적으로 중요하다. 칼 스완은 생쥐 난자가 성숙하는 10시간 동안 1시간 후, 4~6시간 후, 그리고 극체가 떨어져 나가는 9시간이 지난 즈음에 세포질 안 ATP의 양이 증가하는 것을 관찰했다. 재미있는 사실은 ATP의 양이 늘어나는 순간 핵 주변으로 미토콘드리아가 고리 모양의 띠를 강하게 형성했다는 점이다. 핵 주변에서 ATP를 생산하던 미토콘드리아는 다시 세포질로 흩어지면서 ATP 생산을 줄였다. ATP를 생산하기 위해서는 전자전달계를 가동해야 한다. 전자전달계의 핵심 단백질은 미토콘드리아 유전체의 번역을 통해 확보할 수 있다. 바로 이 순간에 미토콘드리아 유전체 품질 관리가 이루어진다. 그리고 미토콘드리아 유전체를 복제하는 일도 이때 일어난다. 장차 미래의 생식세포에 전달해줄 미토콘드리아가 건강하냐 아니냐는 바로 이 단계에서 결정되는 것이다.

따라서 난자가 성숙하는 동안 항산화제의 양이 증가한다. 스스로를 보호하려 노력한다는 의미도 있지만 난자의 세포질에서 활성산소가 나온다는 신호이기 때문이다. 미토콘드리아에서 ATP를 얻는 과정에는 활성산소가 반드시 생성된다. 난자는(결국 수정란이 되겠지만) 앞으로 분화해나갈 체세포와 생식세포 모두에게 돌연변이가 적은 미토콘드리아 유전체를 물려주어야 한다. 따라서 항산화제의 양이 증가하는 것은 당연한 이치다.

노화의 원인이 미토콘드리아에 있다는 말의 증거는 이제 제법 견고한 듯하다. 그러나 아직 미토콘드리아 유전체를 조작하는 작업은 만만치 않아 보인다. 그러나 크리스퍼라면 한 개의 염기를 집어넣거나 변화시켜 미토콘드리아 유전체의 성능, 즉 전자전달 과정의 효율을 늘릴 수도 있을 것 같다. 물론 아직까지 성공한 사례는 없다.

미토콘드리아 후성유전학

후성유전학은 크게 두 가지 측면에서 인간을 포함한 포유동물의 생물학에 영향을 끼치는 것 같다. 첫째, 앞에서도 이야기했지만 세포의 분화 정도를 지정해주는 역할이 후성유전학적 가공의 첫째 임무이다. 여러 종류의 세포가 만들어내는 전령 RNA를 계통적으로 조사함으로써 우리는 세포가 살아가는 데 일반적으로 필요한 유전자 목록을 확인할 수 있다. 가령 모든 가정에 보편적으로 존재하는 가재도구 같은 것이 바로 세포의 하우스키핑 유전자에 해당할 것이다. 하지만 해독 과정에 참여하는 간세포나 산소를 운반하는 적혈구에만 한정되어 일상적으로 존재하는 단백질도 분명히 있다. 생물학 용어를 버무려 달리 표현하자면 이런 분화의 지표가 되는 단백질은 전체 단백질의 약 5퍼센트 정도라고 알려져 있다. 인간의 유전자가 2만 개라면 약 1,000개의 단백질이 분화된 세포가 특정 기능을 수행하는 데 필요할 것이라 추측할 수 있다는 뜻이다. 이 말은 곧 붙박이 유전자와 특정 세포에서만 필요한 5퍼센트의 유전자를 제외한 나머지 유전자는 특정 세포가 숙을 때까지 설대로 발현되면 안 된다는 의미로 읽힌다. 바로 그러한 유전자 차압딱지 역할을 후성유전학적 가공, 가령 시토신에 메틸기를 붙인다거나 히스톤 단백질의 리신 아미노산에 아세틸 그룹을 붙이거나 하는 변형단계가 필요하다.

둘째는 유전자의 후성학적 변형이 질병이나 노화와 관련되는 경우다. 앞에서 언급한 후성유전학적 조절이 잘못되면, 다시 말해 억제되어야 할 유전자가 과도하게 활성화되면 암세포로 진행될 수 있다는 것은 아주 잘 알려진 사실이다. 최근에는 발생 과정과 관련된 후성유전학적 조절에 관심이 쏠리고 있다.

미토콘드리아가 가지고 있는 고리 모양 유전체의 크기는 16킬로베이스이다. 염기쌍이 1만 6,000개라는 말이다. 이들 유전체의 시토신 염기에 탄소 한 개짜리 메틸기가 달라붙는다는 사실이 알려진 것은 1970년대 초반으로 꽤나 오래전 일이다. 오래 잊혔던 사실이 최근 각광을 받게 된 까닭은 아마도 발생 과정의 특정 시기에 미토콘드리아가 스트레스를 받으면, 나중에 그 미토콘드리아를 지닌 성인이 건강하고 오래 살 것이라는 실험 데이터가 나왔기 때문이다. 건강하면서도 오래 산다면 그야말로 '9988'을 주창하는 사람들이 덩실덩실 어깨춤을 출 만한 상황이다. 2016년 《셀》에 보고된 미토콘드리아 스트레스 반응에 대해 더 살펴보자. 우선 두 논문의 제목만 일별해보자.

「미토콘드리아 스트레스가 염색질을 재조직하여 수명과 미토콘드리아 접힘 단백질 반응을 유도한다.」
「두 개의 잘 보존된 히스톤 탈메틸 효소가 스트레스에 의한 미토콘드리아의 수명을 조절한다.」

염색질은 긴 유전체를 효과적으로 보관하기 위한 복합 구조물이다. 염색질의 뼈대가 되는 여덟 개의 히스톤 단백질은 양전하를 띤 리신이라는 아미노산을 많이 가지고 있어 음전하를 띤 DNA와 강하게 결합한다. 좁은 공간에 DNA를 최대한 밀집되게 감기 위한 장치인 것이다. 하지만 염색질은 단순히 보관만 하는 장치가 아니다. 전령 RNA를 만들거나 DNA를 복제해야 할 필요성은 언제든 일어날 수 있다. 이때 히스톤의 리신이 목표물이 된다. 리신에 대사 과정 중간체인 탄소 두 개짜리 아세틸 분자가 붙으면 리신의 양전하가 가려지는 효과가 나타난다. 다시 말해 DNA와 히스톤 단백질의 결합력이 약해지는 것이다. 이 틈을 파고들어 전사인자와 RNA 중합효소가 활동을 개시한다.

적당한 정도의 스트레스를 받으면 진핵세포 생명체는 미토콘드리아 항상성을 유지하기 위한 분자 기제를 가동한다. 이때 주의사항이 있다. 특정한 시기에 미토콘드리아에 적당한 만큼의 스트레스가 가해져야 한다는 점이다. 인간에게 실험하기는 난감하지만 약간의 미안함을 무릅쓴다면 꼬마선충과 같은 실험동물을 사용할 수 있다. 먼저 유충 단계의 꼬마선충의 미토콘드리아에 스트레스를 부여한다. 가령 간섭 RNA 조각을 사용해서 전자전달계의 한 부분을 무력화시키는 것이다. 연구자들은 이런 조치를 통해 꼬마선충이 더 오래 살 뿐만 아니라 대사적으로도 건강하다고 강조했다. 물론 그 중간에 재미있는 일도 벌어졌다. 미토콘드리아의 위험 신호가 핵의 유전체에 전달된 것이다. 핵을 세포의 두뇌로 간주하는 일이 팽배하기 때문에 미토콘드리아에서 핵으로의 하극상 신호 전달은 '역방향 retrograde' 신호 전달이라는 이름을 붙인다. 견딜 만한 정도의 미토콘드리아 스트레스는 주만지라고 하는 메틸제거 효소에 의해 극복된다. 따라서 주만지는 미토콘드리아의 수명을 연장하는 단백질로 밝혀졌다. 이 효소가 있고 없음에 따라 미토콘드리아 스트레스의 효과가 보강되거나 사라졌기 때문이다. 포유동물에서도 이와 같은 기능을 하는 유전자가 밝혀졌기 때문에, 아마도 이 유전자가 인간의 미토콘드리아 스트레스 반응을 매개할 것이라는 희망적인 메시지도 흘러나왔다.

이 논문이 끝나는 다음 쪽에 연거푸 실린 논문도 마저 살펴보자. 여기서도 특정 시기에 발생한 미토콘드리아의 스트레스가 생명체 생애 전체에 걸쳐 그 효과를 발휘했다는 관찰 결과를 먼저 언급하고 있다. 미토콘드리아가 스트레스를 받으면 앞의 논문처럼 핵에 그 신호가 전달된다. 염색질의 구조를 바꾸라는 신호다. 3번 히스톤의 아홉 번째 리신에 두 개의 메틸기가 달라붙었다. 전통적으로 이 자리에 메틸기가 붙으면 유전자의 발현이 억제된다. 메틸 딱지가 붙으면 유전자의 발현이 광범위하게 억제되지만 특정한 부위의 염색질이 열리고 일부 유전자는 반대로 그 활성이 커진다. 그 활성 덕에 수명이 연장된다고 연구자들은 결론을 내렸다. 이상의 두 연구가 이야기하는 사실은 명쾌하다. 발생 단계에서의 스트레스가 반드시 생명체의 생존에 나쁜 것만은 아니라는 사실이다. 그렇지만 이런 결론은 생식, 즉 번식 가능한 자손의 수를 고려할 때만 의미가 확실해진다. 보통 개체의 수명이 연장되었다는 사실은 자손의 수가 줄어들었다는 사실과도 맥락이 닿기 때문이다.

또 눈여겨보아야 할 사실은 발생 단계의 스트레스가 미토콘드리아와 결부될 가능성이 크다는 점이다. 왜냐하면 결국 세포나 생명체가 감당해야 하는 스트레스는 에너지를 확보하는 일이고, 그 대부분의 소임은 미토콘드리아가 담당하기 때문이다. 그 과정에 문제가 생기면 활성산소가 생긴다.

한편 후성유전학적 가공 과정이 발생 단계에서 일어날 수도 있는 미토콘드리아 스트레스 반응을 매개한다는 점에 유의해야 한다. 한편 미토콘드리아 스트레스가 유충의 뇌, 특히 섭식을 담당하는 장소에 국한되어 있다는 점도 더 깊이 생각해볼 필요가 있다.

이런 연구 결과는 곧 포유동물에서 크리스퍼 유전자가위를 이용한 실험으로 바로 이어질 가능성이 높다. 강력한 분자생물학적 실험 수난은 정확함, 신속성, 저렴한 비용을 앞세워 생물학의 기본 원리를 밝히는 데 선도적 역할을 할 것이다. 이는 곧 유전체의 대물림과 유전자의 기능을 개체의 생애 동안 충실하게 건사하는 방법에 대해 우리가 깊이 이해할 수 있게 된다는 뜻이다.

이야기를 여기까지 듣고 나면 텔로미어를 떠올리는 사람들도 있을 듯하다. 텔로미어는 한때 매스컴을 통해 노화와 관계되는 매우 중요한 유전자 부위로 소개된 전력이 있다. 지금도 서점에 가면 텔로미어의 길이를 유지하고 건강하게 하는 음식물이 버젓이 소개되어 있을 정도다. 하지만 나는 텔로미어를 제 길이로 유지하는 줄기세포의 능력은 노화와는 관련이 적다고 생각한다. 줄기세포는 전사 과정에서 짧아질 수도 있는 유전체의 길이를 (텔로미어를 재생함으로써) 원상태로 유지하는 데 에너지를 사용하지만, 그것 말고도 분화의 정도를 나타내는 후성유전학적 표지도 함께 지워야 한다. 그래야만 세포의 시계를 원래대로 돌린다는 의미가 살아나기 때문이다. 그런 의미에서 텔로미어 길이 유지는 매우 수동적이고 구조적인 유전체 조절 과정이라고 볼 수 있다. 또한 그 과정은 세포가 자신을 복제하는 동안에만 일어나는 사건이다. 미토콘드리아는 생애 전 시간, 단 한순간도 빠짐없이 에너지를 생산하면서도 자신의 유전체를 온전하게 보존해야 한다. 게다가 유전체 사령부인 핵과 호흡을 맞춰 분별 있게 협동해야 한다.

크리스퍼 유전자가위가 미토콘드리아를 만나다

미토콘드리아 입장에서 보면 남성은 매우 값비싼 사치재다. 핵 유전체의 절반을 기여한다 쳐도 10킬로그램에 이르는 성인의 미토콘드리아는 여성에서 비롯되기 때문이다. 이제 크리스퍼 유전자가위가 생식에 참여함을 살펴볼 때가 되었다.

영국에서는 최근 미토콘드리아를 대체하는 생식요법을 사용하는 것을 허가했으며, 미국 식약처에서도 이를 승인했다. 착상하기 직전 수정란의 미토콘드리아 유전체를 검사하는 방법도 있다. 물론 그 전에 가족력이나 환경에 대한 조사를 마친다. 하지만 가장 확실한 방법은 수정이 되기 전에 미토콘드리아를 대체하는 방법이다. 위에서 난자의 감수분열이 두 단계에 걸쳐 있고 그사이에 정자와 만난다는 점을 고려하면 여러 가지 방법으로 미토콘드리아를 대체할 수 있다. 기증자로부터 건강한 난자를 받아 핵을 제거하고 시술자나 환자의 핵으로 치환하는 것이다. 이때도 환자의 핵이 어떤 상태인가에 따라 몇 가지 접근이 가능하다. 다시 말해 핵 안의 염색체가 두 벌이냐 한 벌이냐에 따라 정자의 핵의 행동이 결정된다. 정자의 핵과 난자의 핵이 합쳐져서 곧 극체를 떼어낸 상황이라면 바로 수정란을 활성화시켜 자궁에 집어넣어줄 수 있다.

구체적인 방식이 어떻든 이 방법은 기증자의 난자를 사용하는 윤리적 문제가 불거진다. 또 건강한 난자를 조달하는 것도 문제다. 이때 '크리스퍼-카스9' 유전자가위가 등장한다. 미토콘드리아를 대체하는 대신 미토콘드리아 돌연변이를 손보면 된다. 돌연변이 부위를 인식하고 가위로 잘라내는 방식이 여기서도 적용된다. 여기에도 문제가 없진 않다. 왜냐하면 미토콘드리아가 한 개가 아니기 때문이다. 또 미토콘드리아는 핵에 비해 크기가 작다. 크리스퍼 유전자가위가 충분히 작지 않으면 이런 방식은 아예 시도조차 할 수 없다.

게다가 기술이 아무리 발달해도 동물이나 인간의 생식기관의 냉철한 검증체계를 따라갈 수 없다. 심지어 우리는 그 체계의 내용조차 정확히 잘 알지 못한다. 미토콘드리아와 핵 유전체가 엇박자를 놓아 세포나 생명체 전체의 통일성을 흩뜨려놓는다면 세포는 곧바로 세포 사멸 수순을 밟는다.

제6장. 크리스퍼는 야누스인가?

CRISPR

Clustered Regularly Interspaced Short Palindromic Repeats

크리스퍼 유전자가위의 파급력을 실감할 수 있는 연구 결과들이 앞을 다투어 등장하고 있다. 특히 인간의 질병 치료를 목표로 하는 실험 한두 가지를 살펴보고 그것이 지닐 수 있는 사회적 이슈는 어떤 것이 있을지, 공동체 내부에서 어떤 함의가 필요한지에 대해서 살펴보도록 하자.

인간 세포를 갖는 돼지

새 천년을 코앞에 두었을 무렵, 나는 독산동 도축장을 드나들었다. 소나 돼지를 잡는 일은 성격상 새벽에 진행된다. 당시 나는 소와 돼지 대동맥의 안쪽을 둘러싸고 있는 혈관내피세포로 실험을 했었다. 처음에는 소의 대동맥을 가져다 실험했는데, 비교적 순탄하게 혈관내피세포[01]를 분리할 수 있었다. 하지만 몇 세대 지나지 않아 숨어 있던 평활근 세포가 웃자라나 내피세포를 덮어버렸다. 실험실에서 세포를 배양할 때 흔히 겪는 일이다. 그래서 소 대신 돼지 대동맥을 얻으러 새벽에 다시 독산동을 갔다. 도축장의 검사를 책임지던 연로한 수의사들이 이렇게 말했다. "돼지 장기의 크기는 인간과 거의 비슷하다. 대동맥도 마찬가지다."

돼지 대동맥의 지름은 가래떡과 비슷하다. 떡집에서 떡국용으로 뽑아낸 바로 큰 가래떡 말이다. 공통조상으로부터 인류의 먼 조상과 돼지는 약 9,800만 년 전에 분기되었다. 후에 가축화된 돼지는 인간과 같은 음식을 먹었다. 그렇기에 장기의 특성도 비슷하지 않을까 하는 생각도 들지만 그리 믿음직한 이야기는 못 된다.

어쨌든 이식수술에 필요한 장기가 매우 부족하기 때문에 사람들은 동물, 특히 돼지의 장기를 이용하려고 시도한다. 중국에서는 돼지 각막의 시판을 허용하기도 했다. 각막 외에도 실험이 진행 중이거나 임상 단계에 있는 돼지의 조직은 폐, 콩팥, 심장, 간 그리고 췌장이다. 2017년 1월 말, 인간의 세포가 포함된 키메라 돼지를 연구한 논문이 《셀》에 발표되었다. 논문의 요점은 이렇다. "인간의 체세포를 확보한다. 이를 역분화 줄기세포로 전환시킨다. 줄기세포를 돼지의

---

01 소 망막의 혈관주위 세포도 분리한 적이 있었다. 네 마리의 소에서 얻은 여덟 개의 눈동자를 다루면서 소의 수정체가 얼마나 아름다운지 새삼 느끼게 되었다. 사람의 눈도 그렇겠지 하고 생각한 적이 있다.

배아에 집어넣는다. 어미 돼지의 자궁에서 배아를 한 달 정도 키운다. 마지막으로 조직을 검사하여 인간의 세포가 얼마나 되는지 살펴본다."

실험동물로 자주 사용되는 생쥐와 랫rat에서도 비슷한 실험이 여러 번 수행됐다. 랫은 시커먼 집쥐 크기의 실험용 쥐다. 생쥐 수정란에서 조직의 발생에 관여하는 유전자를 제거한 다음 랫의 줄기세포를 집어넣어 특정 조직에 랫의 세포가 많이 분포하도록 조절하기도 한다. 《셸》에 발표된 연구에서도 그와 비슷한 조작을 가했다. 돼지 수정란을 조작하여 인간의 줄기세포가 돼지 심장이 발생하는 곳에 많이 분포하도록 조작한 것이다. 이제 과학자들은 '크리스퍼-카스9' 유전자가위를 사용해 돼지의 유전자를 떡 주무르듯 다룬다.

세 가지만 이야기하고 정리하자. 첫째로 크리스퍼 유전자가위가 배아의 조작에 편리하게 사용되기 시작했다. 대체로 과학자들은 주의를 기울여야 하지만 이런 종류의 실험이 '불가피'하다고 보는 것 같다. 이 체계의 파급력은 시금까지 계속 이야기했던 것이기에 더 이상 부연하지 않겠다. 둘째, 인간의 체세포에서 적절한 조작을 가하여 역분화 줄기세포를 만들었다. 생체시계가 거의 0에 가까운 역분화 줄기세포는 여러모로 중요하다. 서른 살짜리 어른의 정자와 난자를 합친 수정란으로 0살짜리 배아를 만드는 효과를 낼 수 있기 때문이다. 또 인간의 난자를 채취해서 정자를 수정시켜 수정란을 만드는 과정에서 불거지는 윤리적 문제를 피할 수 있기에 역분화 줄기세포는 각광을 받는다. 마지막으로 인간의 세포가 다른 종의 생명체에서 어떻게 발생하는지 그 과정을 연구할 수 있게 되었다. 인간을 실험동물로 생식생물학을 연구하기엔 퍽 난감하기 때문이다. 하지만 인간-돼지 키메라 실험에서 1,500개가 넘는 돼지의 난자를 사용했다는 사실도 간과해선 안 된다.

크리스퍼 유전자가위가 지닌 엄청난 위력 때문에 모든 분야의 과학자들이 이를 사용하려고 할 것은 불을 보듯 뻔하다. 축산, 어업, 농업 전 분야에 파급되는 것은 그야말로 시간문제다. 앞에서 간단히 살펴보았듯이 장기이식, 배아줄기세포 연구에도 조만간 유전자가위가 침습할 것이다. 공중보건 분야에서 전염성을 띤 미생물을 관리하는 데도 크리스퍼가 사용될 것이다. 조류독감으로 3,000만 마리가 넘는 가금류가 죽어나가는 상황을 볼 때에는 바이러스를 잡는 크리스퍼 본연의 임무가 떠올라 눈살이 찌푸려지는 것도 어쩔 수 없다.

나쁜 과학, 유사 과학

지금까지 크리스퍼 유전자가위의 위용에 대해 알아보았다. 지금부터는 이러한 유전공학을 우려의 눈으로 바라보는 시각에 대해 살펴보고 크리스퍼 유전자가위의 파급력이 어떻게 확장될지 상상해보자.

언젠가 중고서점을 배회하다가 눈에 띄는 책을 발견했다. 저자의 이름이 익숙했기 때문이다. 『세포, 겔 그리고 생명의 동력Cell, Gel, and the Engines of Life』에 이은 제럴드 폴락Gerald Pollack의 두 번째 책『물, 제4의 상The Fourth Phase of Water』에 등장하는 매완 호Mae-Wan Ho가 쓴 책이었다. 마침 책의 제목도『나쁜 과학Genetic Engineering』이었다. 내가 '마침'이라는 부사를 사용한 것은 이 책이 유전자 조작과 생명공학을 근본적으로 위험하다고 보았고, 크리스퍼 유전자가위가 그런 우려를 자아내기 때문이다.

로버트 새폴스키Robert Sapolsky가 쓴 『스트레스Stress』를 읽다 보면 이런 구절이 나온다.

의학은 사회과학이며 정치는 큰 규모의 의학과 다르지 않다.

19세기의 저명한 생리학자 루돌프 피르호Rudolf Virchow가 한 말이다. 피르호는 공중보건 분야를 창시한 사람이다. 그는 과학자이자 의사, 정치가이면서 트로이의 유적을 발굴하기도 했다. 독일인인데 왜 이름을 피르호라 부르게 되었는지는 모르겠지만(지금의 폴란드에서 태어나기는 했다) 19세기 후반의 복잡했던 유럽의 역사를 반영하고 있으리라 생각된다. 의사로서 발진티푸스typhus fever와 싸웠고 프랑스 혁명을 지켜봤다. 그렇기에 저런 선언을 할 수 있었을 것이다. 피르호는 역학연구를 통해 발진티푸스가 결국 깨끗한 물, 제대로 정비

된 하수시설과 관계가 깊다는 것을 알아냈다. 환경에서나 유전적으로 유래하기도 하겠지만 사실 대부분의 질병은 사회적 관계망과 밀접하게 관련된다. 육체노동에 종사하면서 하루하루 생계를 겨우 이어가는 사람들을 생각해보자. 미국에서 담배를 피우는 사람들은 대부분 흑인과 히스패닉이다. 이들의 수명은 경제적으로나 문화적으로 상위계급에 속하는 사람들보다 몇 년이 짧다.

나는 저 문장에서 '의학'을 '생물학'으로 바꾸어도 의미가 달라지지 않을 것이라 생각한다. 과학이 가치중립적이라는 말은 그 자체로 가치중립적이지 않다. 그 증거는 과학의 역사와 인류의 역사에 들어 있다. 자연의 법칙과 자연의 이용이라는 측면에서 과학은 인류의 특정 목적에 봉사해왔기 때문이다. 바로 자본이다. 과학이 자본의 자기 증식에 봉사했다는 말은 결국 자본을 소유한 특정한 집단에 과학이 '가치중립적'으로 이용될 가능성이 상존한다.

크리스퍼 유전자가위는 분자생물학 분야의 새로운 기술이다. 새로운 기술, 경제 이론, 과학적 발견이 등장할 때마다 그 지지자들은 장밋빛 미래에 대한 약속을 주저하지 않는다. 하지만 여기서는 장밋빛 미래에 대한 약속을 하기 전에 과학과 그것의 응용 분야인 기술의 진보 자체가 지니는 문제점을 먼저 살펴본 다음, 구체적으로 크리스퍼 유전자가위의 가공할 만한 파급력과 그로 인해 발생할 수도 있는 '원치 않는 결과'에 대해서도 생각해보려 한다.

브리태니커 사전에 따르면 과학은 "물리적인 세계 혹은 현상과 관련된 지식 체계이다. 과학은 편견에 사로잡히지 않은 관찰과 체계적인 실험이 수반된다. 일반적으로 과학은 보편적 진리가 무엇인지 또는 자연의 근본적인 법칙이 어떻게 작동하는지 알기 위해 노력하는 행위"이다. 반면 기술은 "인간의 삶의 고양이라는 실질적 목적을 위해 과학적 지식을 적용하는 일, 혹은 인류를 둘러싼 환경을 조정하고 변화시키는 일"이다.

크리스퍼 유전자가위 체계가 세균이 바이러스의 침입을 효과적으로 저지하기 위해 진화한 생물학적 방어 수단이지만 세균 종이 다르면 구체적인 세세함이 다르다는 것은 명확한 과학적 사실이다. 이 사실을 바탕으로 우리는 가령 세균과 고세균을 망라하는 원핵세포 생명체 외에도 진핵세포 생명체(특히 단세포)는 크리스퍼와 비슷한 면역계를 개발하지 못했는지 '과학적으로' 질문할 수 있다. 또 과거 자유로운 생활을 영위하던 미토콘드리아가 내부공생에 의해 진핵세포에 편입했을 때 그들은 크리스퍼 유전자가위와 같은 방어 체계를 가지고 있었을까? 그것은 어떻게 확인 가능한 것일까? 등 여러 가지 '합리적인' 질문을 던질 수 있다. 하지만 이런 질문 이전에 과학지식이 갖는 사회적 지위를 살펴보고 과학지식을 확립하기 위한 행동의 저변에 깔려 있는 의미를 잠시 훑고 지나가자.

과학지식과 기술의 사회적 성격

과학은 이미 지식이라는 의미를 포함하기 때문에 과학지식이란 용어는 동어반복 같은 느낌이 들지만, 이 장에서는 과학의 범주를 명확하게 규정한다는 의미에서 과학지식과 과학자를 따로 구분해서 사용하겠다.

사회이론으로서 과학이 연구의 대상이 된 것은 최근의 일이다. 뉴턴과 갈릴레오를 거치면서 근대 과학은 17세기 과학 혁명을 통해 수립되었다. 하지만 과학지식이나 과학자에 대한 사회적 분석은 20세기 중반에 들어서야 그 모습을 드러냈다. 과학지식이 객관적이고 보편적인 지식으로 여겨지면서 인문과학이나 사회과학이 다루는 영역과 별개로 치부되었기 때문이다. 질량을 가진 두 물체 사이의 끌림을 기술한 뉴턴의 만유인력의 법칙에 대해 사람들이 나서서 왈가왈부할 일은 없다. 그렇지만 과학자로서 뉴턴은 미분의 발명을 두고 라이프니츠와 한바탕 이전투구를 마다하지 않았다.

근대 과학이 들어서는 역사를 보노라면 과학적 사실, 또는 진실이 확립되기 위해서는 청교도의 전폭적 이념적 지원이 있었다는 점을 알 수 있다. 과학사회학의 창시자인 로버트 머튼Robert Merton은 과학 발전의 과정을 '분리된 개인의 업적'으로 볼 수 없다고 말한다. 따라서 과학지식이든 과학자든, 해당되는 시기가 요구하는 시대정신을 어떤 식으로든 반영할 수밖에 없다. 시대정신을 혁명적으로 타파해야 하는 경우일지라도 결국 혁명의 논거는 그 시대정신에서 나와야 한다. 머튼은 과학의 보편성을 과학적 에토스ethos라고 주장했다. 윤리학과 수사학을 서술하면서 아리스토텔레스가 중시한 개념인 에토스는 간단히 말하면 공동체 정신이다. 과학이 공동체 정신을 추구할 때 비로소 사회경제뿐만 아니라 윤리적으로 문제가 없음을 의미한다.

최근 한 신문과의 인터뷰에서 장하석 박사가 '과학은 문화의 하위체계일 수밖에 없다'라고 말한 것도 위와 같은 맥락에서 파악해야 한다. 결국 과학지식과 과학자는 사회경제적 요인의 영향에서 결코 자유로울 수 없다. 그렇다면 한 사회의 한정된 자원을 어떻게 분해할지에 대한 인센티브와 비용을 다루는 정치경제학이 어떤 형태로든 과학 연구의 틀을 제공한다고 볼 수 있다. 과학지식이 그러할진대 과학적 지식을 인간화된 형태로 구현하는 이른바 응용 분야는 사회경제적 요인에 의해 그 경계가 그려질 가능성이 더욱 높다. 크리스퍼 유전자가위를 이용하여 과학자들이 연구하는 분야는 얼핏 떠올려보아도 농학, 식품영양학, 의학, 약학, 발생학, 생태학 등이다. 먹고살면서 사는을 넣는 인간 생활의 기의 전 영역에 파급력을 가질 것이다.

사회의 한 구성원으로서 과학자들은 왜 연구를 하는 것일까? 사람들은 흔히 수수께끼를 풀고 답하면서 희열을 느끼는 것과 인정받는 것에 대한 욕구에서 과학의 동인動因을 찾는다. 내 주변에서도 "흠, 재미있겠는데" 하는 감탄사가 연구의 출발점이 되는 경우를 쉽게 찾아볼 수 있었다. 과학철학자 토머스 쿤Thomas Kohn은 위에서 언급한 수수께끼가 단순한 흥밋거리가 아니라 과학자가 속한 시대가 해결하기를 원하는 문제들이라고 못을 박았다.

한편 머튼은 과학자들이 과학지식을 생산하도록 추동하는 가장 중요한 요인이 최초 발견자라는 우선권을 두고 벌이는 경쟁이라고 생각했다. 과학자들은 우선권을 보장받기 위해 연구를 하며, 그것의 가장 가시적인 형태인 연구의 지적재산권을 확립하기 위해 논문이든 저술이든 자신의 연구를 널리 알리려 한다. 물론 예외적인 경우가 없는 것은 아니다. 에디슨과 동시대를 살았던 테슬라는 과학지식이 공공재라는 믿음이 있었기 때문에 그것을 사회에 돌려주고자 했다. 하지만 결과는 자신이 원하는 방향과 반대로 흘러갔다. 에디슨은 돈도 벌었고 교과서에까지 자신의 이름도 남겼지만 테슬라는 쓸쓸한 노후를 맞았다.

최근 들어 과학지식이나 과학자의 윤리가 특히 강조되는 분야는 인체의 생리나 병리와 관련이 깊은 생명과학, 의과학, 분자생물학 등이다. 이 분야가 생물학 연구의 전면에 부각되면서 과학적 지식, 실험 연구의 재료와 과정 모두가 사회적 문제, 특히 과학적 에토스의 검증을 통과해야만 하는 시기에 직면했다.

크리스퍼 유전자가위 기술의 전망과 문제점을 구체적으로 살펴보기 전에 나는 우선 과학지식의 확보와 그것의 응용, 즉 인간의 사회적 행위 자체가 가진 근본적 문제점에 대해 살펴보려 한다. 추상적인 언어 대신 예를 들어 연구 행위의 이른바 주변 효과, 부수 효과 또는 기대하지 않았던 복잡성이 내재하고 있다는 점을 먼저 이야기하고 넘어가자.

2000년대 초반에 끝난 인간 게놈 프로젝트Human Genome Project를 예로 들자. 32억 개에 이르는 인간의 DNA 염기서열을 밝히는 거대 사업이다. 과학자들은 이 DNA에서 염기들이 어떻게 배열됐는지를 파악하면 생명활동에 필요한 모든 정보를 이해할 수 있을 것이라 굳게 믿었고, 사람들을 설득했으며, 정부와 재단에서는 돈과 인력을 제공했다. 우리에겐 부끄러운 과거이자 과학적 에토스에 대한 자성의 계기로 삼아야 하는 한국판 "배아줄기세포" 사건도 희귀질환이나 장애를 가진 사람들의 희망과 보랏빛 미래에 관한 과장된 약속을 담보로 진행된 연구였다.

그러나 인간의 염기서열을 밝힌 저 프로젝트의 결론은 예상보다 싱거웠다. 굳이 짧게 표현하자면 "그래서, 뭐" 정도가 아닐까 싶다. 생명체를 구성하는 필수적인 요소로서 DNA의 서열과 구조가 중요한 것은 틀림없다. 그러나 과학자들이 새삼 깨닫게 된 사실은 역설적이게도 DNA가 생명현상을 구성하는 정보의 전부가 아니라는 점이었다. 앞에서도 이야기했지만 지금도 우리는 상당수에 이르는 인간 유전자의 기능을 알지 못한다. 게다가 홀로 작업하는 유전자는 존재하지 않는다. 유전자의 기능을 알기 위해 우리는 더 많은 게놈 프로젝트를 수행하고 더 많은 정보를 쏟아내고 있지만 모르는 것들은 여전히 많고 예측하지 못했던 당황스러운 결과에 대해 어쩔 줄 몰라 한다. 하지만 기술에 의해 산출된 "무질서 혹은 예상치 못한 결과"는 기술의 발전에 의해서만 해결할 수 있다고 주장하면서 일부 과학자들은 여전히 사회적 동의와 물적 지원을 갈구하고 있다. 내가 생각하기에 이럴 때는 과학 본연의 역할에 대해 숙고해야 한다. 철학과 마찬가지로 과학의 목적은 "진실을 보는 것"이기 때문이다. 그렇기에 우리는 플라톤의 주장대로 과학과 철학의 인지적 통일감이라는 문제에 대한 사회적 공감대를 형성해나가야 한다. 그것은 크리스퍼 유전자가위의 기술적 응용과 그로 인해 파생되는 과학지식에 대해서도 마찬가지다.

인간 게놈 프로젝트와 같은 거대 프로젝트를 수행하려면 슈퍼컴퓨터를 오랫동안 운영할 막대한 연구비가 필요하다. 주로 국가나 과학 연구를 지원하는 거대한 재단으로부터 자본이 나오기 때문에 과학자들은 이들 기관을 설득해야 한다. 영어식으로 표현하면 나를 잘 '팔아야' 한다. 연구비를 두고 과학자가 이른바 '을'의 처지에 놓이기 십상이기 때문이다. 한편 과학자가 자신의 연구를 주도하기 위해 스스로 기업가가 된다면 그는 주변 자본가들의 투자를 유도해야 할 것이다. 크리스퍼 유전자가위를 둘러싼 특허 전쟁을 보더라도 이미 이 과학기술을 둘러싼 자본 전쟁은 가시화된 듯 보인다. 크리스퍼 유전자가위를 사용해서 얻은 기술적 성과가 자본의 입김에 의해 종속될 기미가 확연한 것이다. 과학이 순수한 영감과 자연법칙에 대한 탐구만으로 구성된 적은 한 번도 없었다.

2010년 초반 국내에 소개된『대학 주식회사』와『경제학은 어떻게 과학을 움직이는가』에는 다국적 기업이자 유전자 조작 곡물을 생산하는 노바티스에 대한 이야기가 나온다. 1998년 11월 버클리 대학이 노바티스와의 협약을 맺었다는 내용이다. 협약 조건에 의하면 노바티스는 5년간 285억 원을 식물 및 미생물학과에 지원하기로 했고, 그에 대한 반대급부로 버클리 대학은 연구성과물 중 3분의 1의 라이선스에 대한 우선 협상권을 노바티스에 주었다. 이로써 노바티스의 허락 없이 대학은 어떤 연구결과도 독자적으로 발표할 수 없게 되었다. 사회적으로 문제가 된다 해도 노바티스에 불리한 연구 결과라면 사장된다는 뜻이다. 극단적인 예이긴 하지만 전 세계 과학계의 전반적인 경향을 반영한 사례라고 생각된다. 과학자들은 점점 자신의 연구에 대한 통제력을 잃을 뿐만 아니라 연구의 다양성도 줄어들게 될 것은 자명한 일이다.

17세기 이후 과학은 '진리'의 동의어로 여겨졌다. 그러나 두 차례 세계대전을 거치며 국가와 자본에 포섭되기 시작한 후로 과학은 더 이상 보편이니 객관이니 하는 상징에서 멀어져갔다. 과학지식이나 과학자 할 것 없이 자본의 흐름과 이데올로기에서 자유롭지 못한 것이다.

새로운 유전자를 가진 생물들

크리스퍼 유전자가위의 상용이 현실화되면서 이른바 유전자 변형 생물GMO에 쏟아지는 논란이 점점 더 심해지고, 인간 수정란의 유전체를 건드리는 행위에 대한 윤리적 공세가 이어진다. 우선 유전자 변형 생물에 대해 살펴보자. 유전자 변형 생물은 1973년 최초로 등장했다. 허버트 보이어와 스탠리 코헨이 카나마이신kanamycin이라는 항생제에 내성이 있는 유전자를 세균에서 끄집어내 다른 세균에 집어넣었다. 이를 시작으로 기존에 없던 새로운 유전자를 가진 생명체들이 속속 등장하기 시작했다. 같은 해 최초의 유전자 변형 동물도 등장했다. 루돌프 제니시Rudolf Jaenisch는 생쥐 배아에 유전자를 집어넣은 최초의 연구자이다. 그러나 외부에서 유입된 유전자가 후손에게 전달되기까지는 그 뒤로 근 10여 년이 필요했다. 이와 반대로 특정한 유전자가 없는 생쥐도 1989년에 만들었다. 유전자 변형 식물도 등장했다. 아그로박테리움Agrobacterium이라는 식물성 세균을 이용해서 담배에 항생제에 내성이 있는 유전자를 집어넣었다.

나도 서울대학교 교수회관 길목에 있던 식물원에서 키우던 담뱃잎으로 실험을 했었다. 세포벽을 녹여서 꺼낸 초록빛 담뱃잎의 세포는 무척 연약해 보였다. 담배는 식물 유전학 연구에 크게 기여한 바가 있는 생명체이다. 2000년에 접어들며 비타민A를 만들어내는 쌀도 출현했다. 바야흐로 새롭게 도입된 유전자가 우리 소화계를 강타하기 시작한 것이다.

대장균으로 인간 단백질을 만든 지는 꽤 오래되었다. 1978년 미국의 바이오 기업 제넨텍은 인간 인슐린을 세균에서 생산하기 시작했다. 1982년 미국 식약처는 휴물린humulin이라는 이름의 인간 인슐린을 췌장이 망가진 당뇨병 환자들에게 처방할 수 있도록 승인했다.

유전공학은 불의 발견에 비견될 정도로 장밋빛 미래를 예견하는 듯했다. 1992년 중국은 유전자 변형 식물을 최초로 상업화했다. 바이러스에 내성을 갖는 담배씨를 야생에 뿌린 것이다. 2년 뒤 유럽연합은 제초제에 내성을 갖는 담배를 경작할 수 있게 했다. 1995년 미국은 곤충이 좋아하지 않는 감자를 시장에 출시했다. 새로운 유전자로 무장한 식량과 화초가 본격적으로 인간사회에 편입된 것이다. 21세기를 코앞에 둔 시점이었다.

유전자 변형 연어도 식단에 올랐다. 2015년이다. 봄과 여름 말고도 사시사철 연어가 자라도록 다른 물고기의 성장호르몬 유전자를 연어에 집어넣었다. 얼마 전 아이들과 함께 먹었던 연어회가 혹시 성장호르몬 유전자 때문에 빠르게 자란 연어는 아닐까?

크리스퍼 유전자가위가 상용화되면 지금까지 거론한 분야 외에 의학, 실험생물학, 분자생물학, 진화생물학 등 전 부문의 과학계가 이 도구의 사용을 환영할 것이다. 크리스퍼 유전자가위는 정확하고 빠르며 값이 싸다. 앞에서 실례로 든 뱀의 다리 만들기 실험도 결국 동물의 조직 발생의 진화적 증거를 찾으려는 노력이었다. 크리스퍼 유전자가위는 단지 도구에 불과했다.

하지만 유전자 변형 생명체가 엄청나게 빠른 속도로 우리 주변을 잠식하고 있다는 것이 문제다. 2010년 전 세계 작물의 10퍼센트는 유전자가 변형된 것들이었다. 2014년 미국의 자료를 보면 콩의 94퍼센트, 면화 96퍼센트, 옥수수 93퍼센트가 유전자 변형 종들이다. 이런 추세는 개발도상국에서도 빠르게 진행된다. 인도나 동남아에서 경작하는 작물의 반은 유전자 변형 식물이다.

유전자 변형 생명체는 끝없이, 열거할 수 없을 정도로 우리 주변에 흔하다. 그중에서는 반드시 사회적, 세계적 협의가 필요한 것도 있다. 첫째 지구 전체 생태계의 건강에 관한 사항이다. 변형된 유전자를 가진 생명체들은 이미 야생에 보급되었다. 캐나다의 어느 농부 부부는 몬산토Monsanto와 10여 년에 걸쳐 법적분쟁을 치렀다. 몬산토에서 만든 유전자 조작 씨앗이 바람을 타고 이들 농부의 밭에 들어와 자란 것이었다.[01] 이 소송에서 법원은 농부의 손을 들어주었다. 하지만 인도에서 씨앗을 둘러싼 갈등으로 농민들이 자살하는 비극적인 사례도 늘었다.

야생의 생명체와 유전자 변형 생명체가 섞였을 때 생기는 경우에 대한 연구가 별로 없다는 것도 문제다. 그중에 가장 문제가 심각한 것은 싹쓸이 유전자를 가진 생명체가 야생에 유입되는 경우이다. 이때는 매우 빠른 속도로 특정 생명체가 멸종할 수도 있다. 한 종이

---

01 이 부부는 밭에서 나온 농산물을 판매했는데, 몬산토는 특허권 침해라며 이 부부에게 소송을 제기했다.

멸종하면 그들과 상호작용하던 네트워크 전체가 생명의 다양성을 상실하면서 결국 생태계 전체가 궁지에 몰릴 수도 있다. 그런 전조는 이미 드러나고 있다. 인간이 유전공학을 이용하여 생명체의 유전체를 조작하는 일은 자연계에서 자발적으로 일어나는 돌연변이와 원칙상 다를 것이 없다. 그러나 여기에는 간과하기 쉬운 두 가지 문제가 숨어 있다.

첫째, 유전공학의 기법이 완전하지 않다. 2015년 《핵산 연구 Nucleic Acids Research》에 발표된 논문에 따르면 크리스퍼 유전자가위가 오작동할 확률이 50퍼센트가 넘는다. 제한효소 같은 여타 다른 유전자 교정 기술에 비해 정확하다고 일컬어지는데 확률이 50퍼센트이다. 실험실에서야 두 번에 한 번꼴로 원치 않는 곳에 유전자가 자리 잡는 정도의 오차라면 썩 훌륭하다 할 수 있지만, 치료나 음식물이라면 성공률에 대해 다시 한 번 생각해야 한다. 게다가 한 해 걸러 대를 잇는 유전자 변형 곡물이라면 이런 상황은 더욱 심각해질 수도 있다. 긴 시간에 걸친 유전자 변형의 결과가 곡물에 어떤 영향을 끼치는지, 그리고 그 곡물을 섭취했을 때 인간의 신체가 어떻게 반응하는지 알지 못한다. 둘째, 자연계에서 발생하는 돌연변이와 인간의 기술이 가미된 기법 사이에는 체감속도의 차이가 있다. 가량 제초제에 내성이 있는 곡물이 밭에서 야생종과 섞였을 때 제초제에 내성을 가진 잡초가 등장할 수도 있다. 항생제에 내성이 있는 '슈퍼박테리아'가 생기듯 '슈퍼잡초'도 언제든 등장할 수 있다.

일반인들에 비해 과학자들은 유전자 변형 생물에 대해 상대적으로 관대하다. 유전자 조작을 과학자들이 '조절'할 수 있다고 믿기 때문이다. 나도 진정 그러기를 바란다. 그렇지만 장기적으로 유전자 조작이 펼치는 세계에 대한 정보의 공유가 절실한 상황이다. 미토콘드리아를 건드려 선천성 기형이나 유전질환을 치료할 수 있다면 얼마나 좋을까? 값싸고 정확하게 질병을 치유할 수 있다면 얼마나 살기 좋은 세상이 될까?

앞에서 나는 크리스퍼 유전자가위가 유전자와 연관되는 모든 분야에 파급될 것이라고 말했다. 매일매일 뉴스를 통해 나는 이 사실이 현실화되는 것을 확인한다. 크리스퍼 유전자가위를 써서 특정 유전자의 염기를 제거한 뒤 유전자가위가 사라지도록 설계하기도 한다. 복잡한 유전적 기법이 적용된 경우이다. 이런 경우 외래 유전자가 들어가지 않았기 때문에 정의상 이런 기법이 투영된 생명체는 유전자 변형 생명체가 아니라고 말하기도 한다. 가령 HIV바이러스는 대식세포나 T임파구, 수지상세포와 같은 면역계 세포 안으로 들어온다. 이때 관여하는 세포막 단백질 중 하나인 'CCR5'에 돌연변이가 있으면 에이즈 바이러스는 맥을 못 추린다. 세포 안으로 들어오지 못하기 때문이다. 이 돌연변이는 *CCR5* 유전자 염기서열 32개가 사라져 기능을 못 하는 반쪽짜리 단백질을 만들어낸다. 바이킹의 후손들이 그런 형질을 10퍼센트나 가졌다고 진화의학자들은 이야기한다.

그러나 불행히도 우리나라를 비롯한 아시아에는 그런 돌연변이를 가진 사람이 거의 없다. 유전공학자들은 크리스퍼 유전자가위를 써서 정상적인 T세포의 CCR5 단백질 유전자 일부를 자르는 데 성공했다. 이 내용이 2015년 12월에 논문으로 발표되었다. 그런데 2016년 4월, 크리스퍼를 극복한 돌연변이 에이즈 바이러스가 발견되었다. 바로 이런 점이 바이러스와 전면전을 치를 때 우리가 흔히 간과하는 '속도'다. 이런 반격이 외래 유전체를 받아들인 생명체에서 없으리란 법은 없다. 다만 속도의 차이가 있을 것이라 예측할 뿐이다. 바이러스의 생활사는 매우 빠르다. 해도 해도 너무 빠르다. 유전자 변형 생명체는 늘 이런 식의 '예측 불가능성'을 내포하고 있다.

나는 매완 호처럼 무턱대고 유전자 변형 생명체나 유전자 조작 배아줄기세포를 반대하지는 않는다. 그러나 감시의 눈을 떼서도 안 된다. 그 일을 일반인들에게 전부 맡겨서도 안 된다. 유전공학은 결국 사회과학일 수밖에 없다. 어떤 위대한 과학적 성취도 결국은 그것을 이루어낸 사회적 배경과 분리할 수 없다. 그렇기에 크리스퍼 유전자가위도 실험실에서 벗어나 사회적 합의를 향한 '화두'가 되어야 한다.

그러나 크리스퍼 유전자가위의 약진은 가히 **놀랍다**.

CRISPR

Clustered Regularly Interspaced Short Palindromic Repeats

마지막으로 약간 가벼운 주제를 다루고자 한다. 싹쓸이 유전자 기법을 사용해서 모기가 사라진다고 가정했을 때 우리 주변에서 일어날 수 있는 일을 상상해보자.

모기가 사라시년

하룻밤을 설피는 한 마리 모기에게 한 방울도 되지 않는 피를 보시하지 못할 바 없지만 그것이 말라리아를 옮기는 학질모기라면 글쎄, 다시 한 번 생각해봐야 할 듯싶다. 크리스퍼 유전자가위를, 아니면 다른 유전자 싹쓸이 기법을 써서 말라리아 학질모기를 박멸한다면 박수를 쳐야 하는 것일까, 아니면 '예기치 않은 결과'에 대해 보다 정밀한 토론이 필요하다고 뒤를 다지는 게 좋을까?

학질모기는 매년 2억 5,000만 명을 말라리아에 감염시키고 그 중 100만 명 가까이 죽음으로 내몬다. 2015년 전 세계에서 교통사고로 사망한 인구 125만 명에 필적하는 수치다. 모기는 그 어떤 재해보다 무서운 재앙을 부르는 곤충인 셈이다. 사실 모기는 억울하다고 할지 모르지만 인간에게 가장 위험한 동물 1위 자리를 굳건히 지키고 있다. 게다가 모기는 황열병, 뎅기열 및 일본뇌염, 지카 바이러스의 매개자이기도 하다. 모기가 없어졌으면 하는 바람은 인지상정이어서 이해를 못 하는 바는 아니지만, 모기가 사라지면 정말 무슨 일이 생길까? 2010년 과학 잡지《네이처》는 모기 전문가들에게 이런 질문을 했다.

미국 월터리드국방연구소의 연구원인 지타와디 머피Jittawadee Murphy는 모기가 사라진 세상은 과학적 차원에서 접근해야 할 심각한 주제라고 말했다. 모기는 1억 7,000만 년 전 쥐라기 남미에서 처음 등장했다. 백악기 만들어진 호박에 들어 있던 모기가 지금까지 발견된 화석 중 가장 오래된 것이다. 이 사건을 모티프로〈쥐라기 공원〉이 만들어졌다고 하니 영화 제목은 틀렸다고 보아야 한다. 어쨌든 지구상에는 수천 종의 모기가 살지만 인간을 무는 종은 10여 종에 지나지 않는다. 대부분의 모기는 나무의 수액을 먹거나 꽃의 꿀을 탐한다. 따라서 모기가 사라지면 작은 꽃을 가진 식물들은 꽃가루 매개자를 잃게 될 것이다. 또 우리가 잘 모르기는 하지만 모기를 먹고 사는 생명체도 허기를 면하기 힘들 것이다.

전문가들은 이구동성으로 멸종된 모기에 의해 가장 큰 타격을 받을 곳이 북극 툰드라 지역이라고 예상한다. 겨울이 긴 이 지역에 봄이 찾아와 눈이 녹으면 모기 유충들이 알을 깨고 나와 3~4주 만에 성충으로 성장한다. 북극권인 캐나다 북부와 러시아에서 모기가 창궐하는 시기에 엄청난 모기 군락이 생겨나 연무처럼 보인다고 표현할 정도다. 이들 모기는 툰드라 지역에 잠시 기착하는 철새의 먹이다. 모기를 몇 마리나 먹어야 철새들이 배를 채울까 하는 다소 미심쩍은 생각이 들긴 하지만, 어떤 과학자는 모기가 없다면 철새 개체수가 절반으로 줄어들 것이라 손사래를 쳤다.

모기에게 피를 제공하는 순록의 이동도 전체 생태계에 영향을 끼칠 것이다. 툰드라의 순록은 모기를 피해 바람을 거슬러 이동한다. 모기가 사라지면 순록의 행동 방식이 달라질 것이고 그렇다면 늑대와 같은 육식 동물의 분포도 달라질 것은 분명하다. 모기가 북극 생태계에 커다란 영향을 끼친다는 점은 예상치 못했던 사실이고, 이렇듯 미묘한 생태계가 사뭇 놀랍기까지 하다.

유충단계의 모기는 물에 산다. 모기가 사라진다면 물웅덩이에서 모기를 잡아먹고 사는 물고기들도 덩달아 살기 힘들어질 것이고 특히 모기를 주식으로 하는 모스키토피시는 멸종을 피하기 힘들 것이다. 모기를 먹는 곤충들인 거미와 개구리, 도마뱀과 같은 양서류, 파충류 및 새들도 모기를 잘 먹는다. 상황이 이렇다면 전 세계의 모기가 100조 마리라던 1992년《타임》의 기사도 과소평가된 느낌마저 든다.

모기를 보호해야 한다고 주장하는 사람들은 툰드라 지역뿐만 아니라 전 세계 수중 생태계에서 모기 유충이 차지하는 비중이 매우 크다고 강조한다. 여기에서 모기 유충은 썩은 나뭇잎, 유기물 찌꺼기와 미생물을 먹는다. 툰드라에서 모기는 새의 먹이이자 순록의 행동을 좌우했지만 유충으로서는 수중 청소동물을 자처하는 셈이다.

그렇지만 모기, 최소한 흡혈모기가 사라지면 인간의 삶은 무척 편해질 가능성이 있다. 모기가 사라져야 하다고 주장하는 과학자들이 있다는 말이다. 툰드라에서부터 수정 매개자의 역할에 이르기까지 이들 모기 박멸론자들은 그렇지 않은 견해가 과장되었거나 잘못되었다고 주장한다. 모기에 대해 잘 모르는 입장에서 어느 쪽 손을 들어주는 것보다 모기의 있고 없음에 대해서조차 합의가 이루어지지 않았다는 사실을 더 유의해야 한다. 말라리아를 매개하는 모기의 위해危害를 생각한다면 모기에 대한 생물학 지식이 빈약하다는 점을 먼저 솔직히 고백해야 할 것 같은 느낌이 든다. 그렇기 때문에 동물의 배아를 다루는 분야에 적용되는 유전자 제어 기법은 더욱더 윤리적 함의가 필요한 것이다. 크리스퍼 유전자가위의 엄청난 파급력은 예상치 못한 결과와 함께 실체를 드러낼 날이 머지않았다.

| 참고문헌 |

제0장

- Aminov RI. Role of archaea in human disease. Frontiers in Cell Infect Microbiol, 3, 1 (2013).

- Amit M. Differential GC content between exons and introns establishes distinct strategies of splice-site recognition. Cell Reports, 1, 543 (2012).

- Caetano-Anolles. Structural phylogenomics retrodicts the origin of the genetic code and uncovers the evolutionary impact of protein flexibility. PLOS One. 8, e72225 (2013).

- Cavicchioli R. Pathogenic archaea: do they exist? BioEssays, 25, 1119 (2003).

- de Farias ST. tRNA core hypothesis for the transiton from the RNA world to the ribonucleoprotein world. Life, 6, 15 (2016).

- Goodenbour JM. Diversity of tRNA genes in eukaryotes. Nucleic Acids Research, 34, 6137 (2006).

- Karlin S. Statistical analyses of counts and distributions of restriction sites in DNA sequences. Nucleic Acids Res, 20, 1363 (1992).

- Siepel A. Evolutionarily conserved elements in vertebrate, insect, worm, and yeast genomes. Genome Research, 15, 1034 (2005).

- Smarda P. Ecological and evolutionary significance of genomic GC content diversity in monocots. PNAS, E4096 (2014).

- Tamura K. RNA evolution conjectured from tRNA and riboswitches. Hypothesis, 13, e3 (2015).

제1장

- Kawasaki H. World of small RNAs: from ribozymes to siRNA and miRNA. Differentiation, 72, 58 (2004).

- Amemiya CT. The african coelacanth genome provides insights into tetrapod evolution. Nature, 496, 311 (2013).

- Anderson MK. Evolutionary origins of lymphocytes: ensembles of T cell and B cell transcriptional regulators in a cartilaginous Fish. J Immunol, 172, 5851 (2004).

- Bejerano G. Ultraconserved elements in the human genome. Sciencexperss, 1098119 (2004).

- Bickmore WA. The spatial organization of the human genome. Annu Rev Genomics Human Genet. 14, 67 (2013).

- Crisp A. Expression of multiple horizontally acquired genes is a hallmark of both vertebrate and invertebrate genomes. Genome Biol, 16, 50 (2015).

- de Farias ST. Evolution of transfer RNA and the origin of the translation system. Frontiers in Genetics, 5, 1 (2014).

- Drakesmith H. The hemochromatosis protein HFE inhibits iron export from macrophages. PNAS, 99, 15602 (2002).

- Feschotte C. DNA transposons and the evolution of eukaryotic genomics. Annu Rev Genetics. 41, 331 (2007).

- Feschotte C. Transposable elements and the evolution of regulatory networks. Nat Rev Genetics, 9, 397 (2008).

- Ganz T. Macrophages and systemic iron homeostasis. J Innate Immun. 4, 446 (2012).

- Holmes EC. What does virus evolution tell us about virus origins? J Virol, 85, 5247 (2011).

- Hutchison CA. Design and synthesis of a minimal bacterial genome. Science, 351, 1414 (2016).

- Kapranov P. Genome-wide transcription and the implications for genomic organization. Nat Rev Genetics, 8, 413 (2007).

- Khurana E. Integrative annotation of variants from 1092 humans: application to cancer genomics. Science, 342, 84 (2013).

- Koonin EV. Orghologs, paralogs, and evolutionary genomics. Annu Rev Genet, 39, 309 (2005).

- Koonin EV. Origins and evolution of viruses of eukaryotes: the ultimate modularity. Virology, 479-480, 2 (2015).

- Ledford H. Cancer-fighting viruses near market. Nature, 526, 622 (2015).

- Lehner B. Antisense transcripts in the human genome. Trends in Genetics, 18, 63 (2002).

- Li L. OrthoMCL: identification of ortholog groups for eukaryotic genome. Genome Res. 13, 2178 (2003).

- Little PFR. Structure and function of the human genome. Genome Res. 15, 1759 (2005).

- Liu Z. Structural basis for recognition of the intron branch site RNA by splicing factors 1. Science, 294, 1098 (2001).

- Ludwig MZ. Functional evolution of noncoding DNA. Curr Opin Genet Develop, 12, 634 (2002).

- Makalowski W. The human genome structure and organization. Acta Biochim Pol, 48, 587 (2001).

- Mank JE. Phylogenetic conservation of chromosome numbers in Actinopterygiian fishes. Genetica, 127, 321 (2006).

- Martin WF. Endosymbiotic theories for eukaryote origin. Phil Trans R. Soc B. 20140330.

- Moalem S. Hemochromatosis and the enigma of misplaced iron: implications for infectious disease and survival. BioMetals, 17, 135 (2004).

- Mustafi D. Structure of cone photoreceptors. Prog Retin Eye Res, 28,, 289 (2009).

- Prasanth KV. Eukaryotic regulatory RNAs: an answer to the 'genome complexity' conundrum. Genes Develop, 21, 11 (2007).

- Reaume CJ. Conservation of gene function in behaviour. Phil Trans R Soc B, 366, 2100 (2011).

- Roy D. Chemical evolution: the mechanism of the formation of adenine under prebiotic conditions. PNAS, 104, 17272 (2007).

- Ryu T. The evolution of ultraconserved elements with different phylogenetic origins. BMC Evol Biol, 12, 236 (2012).

- Salzberg SL. Microbial genes in the human genome: Lateral transfer or gene loss? Science, 292, 1903 (2001).

- Smith GR. Meeting DNA palindromes head-to-head. Genes Dev, 22, 2612 (2000).

- Taft RJ. The relationship between non-protein-coding DNA and eukaryotic complexity. BioEssays, 29, 288 (2007).

- Tamura K. RNA evolution conjectured from tRNA and riboswitches. Hypothesis, 13, e3 (2015).

- Tavares R. Identical sequence patterns in the ends of exons and introns of human protein-coding genes. Comput Biol and Chem, 36, 55 (2012).

- Werner A. Biological functions of natural antisense transcript BMC Biology, 11, 31 (2013).

- Woolfe A. Highly conserved non-coding sequences are associated with vertebrate development. PLOS Biol, 3, e7 (2005).

- *What is life*, Andy Pross, Oxford.
- 『산소와 그 경쟁자들』, 김홍표(옮김), 지만지 (2013).
- 『먹고 사는 것의 생물학』, 김홍표, 궁리 (2016).

제2장

- 김광일.『분자생물학사 개요: 분자생물학의 기원에 대하여』, BRIC
- 조규형.『DNA 서열 분석을 통한 바이오인포매틱스 입문』. Microsoftware, 206 (2001).
- Barrangou R. CRISPR provides acquired resistance against viruses in prokaryotes. Science, 315, 1709 (2007).
- Bergmann S. Similarities and differences in genome-wide expression data of six organisms. PLOS Biol, 2, 0085 (2004).
- Chan ET. Conservation of core gene expression in vertebrate tissues. J Biol, 8, 33 (2009).
- Chandrasegaran S. Origins of programmable nucleases for genome engineering. J Mol Biol, 428, 963 (2016).
- Gelfand MS. Avoidance of palindrome words in bacterial and archaeal genomics: a close connection with restriction enzymes. Nucleic Acids Res, 25, 2430 (1997).
- Hammond A. A CRISPR-Cas9 gene drive system targeting female reproduction in the malaria mosquito vector Anopheles gambiae. Nat Biotech. 34, 78 (2016).
- Hibbing ME. Bacterial competition: surviving and thriving in the microbial jungle. Nat Rev Microbiol, 8, 15 (2010).
- Ishino Y. Nucleotide sequence of the iap gene, responsible for alkaline phosphatase isozyme conversion in E. coli, and identification of the gene product. J Bacteriol, 169, 5429 (1987).
- Koonin EV. Evolution of adaptive immunity from transposable elements combined with innate immune systems. Nat Rev Genetics, 16, 184 (2015).
- Loenen WAM. Highlights of the DNA cutters: a short history of the restriction enzymes. Nucleic Acids Res, 1-17 (2013).
- Lopez MD. Early evolution of histone mRNA 3' end processing. RNA, 14, 1 (2008).
- Makarova KS. Evolution and classification of the CRISPR-Cas systems. Nat Rev Microbiol, 9, 467 (2011).
- Makarova KS. Unification of Cas protein families and a simple scenario for the origin

and evolution of CRISPR-Cas systems. Biol Direct, 6, 38 (2011).

- Mojica FJM. The discovery of CRISPR in archaea and bacteria. FEBS J. 13776 (2016).

- Obbard DJ. The evolution of RNAi as a defence against viruses and transposable elements. Phil Trans R Soc B. 364, 99 (2009).

- Puigbo P. Reconstruction of the evolution of microbial defense systems. BNC Evolutionary Biology. 17. 94 (2017). 유진 쿠닌

- Slany A. Determination of cell type-specific proteome signatures of primary human leukocytes, endothelial cells, keratinocytes, hepatocytes, fibroblasts and melanocytes by comparative proteome profiling. Electrophoresis, 35, 1428 (2014).

- Treutlein B. Reconstructing lineage hierarchies of the distal lung epithelium using single-cell RNA-seq. Nature, 509, 371 (2014).

- Uhlen M. Transcriptomics resources of human tissues and organs. Mol Syst Biol. 12, 862 (2016).

- Van Melderen L. Bacterial toxin-antitoxin systems: more than selfish entities? PLoS Genetics, 5, e1000437.

- Vasu K. Diverse functions of resctriction-modification systems in addition to cellular defense. Microbiol Mol Biol Rev, 77, 53 (2013).

- Yang L. Genomewide characterization of non-polyadenylated RNA. Genome Biol. 12, R16 (2011).

- 『온도계의 철학』, 장하석, 동아시아 (2013)

제3장

- Bolotin A. Clustered regularly interspaced short palindrome repeats (CRISPR) have spacers of extrachrosomal origin. Microbiology, 151, 2551 (2005).

- Cox DBT. Therapeutic genome editing: prospects and challenges. Nat Med, 21, 121 (2015).

- Lander ES. The heroes of CRISPR. Cell, 1644, 18 (2016).

- Ledford H. CRISPR, the disruptor. Nature, 522, 21 (2015).

- Maeder ML. Genome-editing technologies for gene and cell therapy. Mol Therap, 24, 430 (2016).

- Makarova KS. An updated evolutionary classification of CRISPR-Cas systems. Nat Rev Microbiol, 13, 723 (2015).

제4장

- Belfort M. Back to basics: structure, function, evolution and application of homing endonucleases and inteins. Nucleic Acids Mol Biol, 16, Marlene Belfort (eds), Springer-Verlalg Berlin Heidelberg 2005.

- Cooper MD. The evolution of adaptive immune systems. Cell, 124, 815 (2006).

- D'Hont A. The banana (Musa acuminata) genome and the evolution of monoctyledonous plants. Nature, 488, 213 (2012).

- Epelman S. Origin and functions of tissue macrophages. Immunity, 17, 21 (2014).

- Lindholm AK. The ecology and evolutionary dynamics of meiotic drive. Trends in Ecology and Evolution. 31, 315 (2016).

- Pennisi E. Bickering genes shape evolution. Science, 301, 1837 (2003).

- Srivastava SK. Palindromic nucleotide analysis in human T cell receptor rearrangements. PLOS One, 7, e52250 (2012).

- Stoddard BL. Homing endonucleases from mobile group I introns: discovery to genome engineering. Mobile DNA (BioMed Central), 5, 7 (2014).

- Taylor LH. Risk factors for human disease emergence. Phil Trans R. Soc Lond. B, 356, 983 (2001).

제5장

- 이경아. 『포유류의 난포 발달과 난자성숙』 대한불임학회지, 32, 187 (2005).

- Liu B. CpG methylation patterns of human mitochondrial DNA. Sci Reports, 6, 23421 (2016).

- Muir R. Mitochondrial content is central to nuclear gene expression: profound implications for human health. BioEssays, 38, 150 (2015).

- Ramm SA. Sperm competition and the evolution of spermatogenesis. Mol Hum Reprod. 20, 1169 (2014)

- Reddy P. Selective elimination of mitochondrial mutations in the germline by genome editing. Cell, 161, 459 (2015).

- Shoubridge EA. Mitochondrial DNA segregation in the developing embryo. Hum Reprod. 15, 229 (2000).

- Tatar M. Mitochondria: masters of epigenetics. Cell, 165, 1052 (2016).

- Wells D. Polar bodies: their biological mystery and clinical meaning. Mol Hum

Reprod. 17, 273 (2011).

제6장

- 『과학사회학I』로버트 K. 머튼, 석현호, 양종회, 정창수(옮김), 민음사 (1998).
- 『과학사회학II』로버트 K. 머튼, 석현호, 양종회, 정창수(옮김), 민음사 (1998).
- 『나쁜 과학』매완 호, 이혜경(옮김), 당대 (2005).
- 『무질서의 과학』잭 호키키안, 전대호, 전광수(옮김) 철학과 현실사 (2002).
- Qiu S. A computational study of off-target effects of RNA interference. Nucleic Acids Res. 33, 1834 (2005).
- *Life's Rachet: How molecular machines extract order from chaos*, Peter M. Hoffmann, Basic Books

찾아보기

텔로머레이즈 107
텔로미어 91, 107, 115, 198, 293, 294
토머스 체크 116, 117, 118, 198
토머스 쿤 307
톨-유사 수용체 216, 242
투유유 216
튜불린 28, 50, 115
트랜스포존 89, 91, 106, 108, 109, 112, 113

ㅍ

파골세포 263
파나마병 234
파리스 자포니카 110
파이RNA 91, 92, 141
퍼옥시좀 115
페르난도 파도-마뉴엘 데 빌레나 229
페르트 삼드라 63, 64
포피린 83, 84
폰 빌레브란트 271
프랑수아 자코브 87, 113
프랜시스 크릭 32, 35, 39, 81, 184
프리드리히 엥겔스 31, 156
플라스마곤디 96
플라스미드 123, 124, 130
피오제네스 연쇄상구균 163, 186, 194
필립 호바스 160, 191

ㅎ

하우스키핑 127, 128, 289
하워드 L. 케이 125
하워드 테민 130
하이드로게노솜 284
해밀턴 스미스 139
허버트 W. 보이어 139, 312

헤모필루스 인플루엔자 158
헬리코박터 166
형성능 267, 269, 281
회귀내부절단효소 217, 218
후성유전학 59, 203, 267, 268, 289, 290, 293, 294
히스타민 208, 213
히스톤 55, 58, 59, 104, 107, 268, 289, 290, 291, 292

A~T

AIDS 146
B임파구 54, 144, 156, 215, 243
GMO 17, 135, 183, 312
HIV 146, 149, 167, 168, 169, 316
MHC 242, 243
NADH 103
T세포 149, 167, 168, 199, 203, 250, 251, 317
T임파구 137, 144, 149, 189, 243, 250, 316

김홍표의 크리스퍼 혁명

ⓒ 김홍표, 2017. Printed in Seoul, Korea

초판 1쇄 펴낸날 2017년 11월 8일
초판 4쇄 펴낸날 2020년 9월 9일
지은이 김홍표
펴낸이 한성봉
책임편집 장인용 · 이지경
편집 안상준 · 하명성 · 이동현 · 조유나 · 박민지
디자인 전혜진
본문디자인 김경주
마케팅 박신용 · 강은혜
기획홍보 박연준
경영지원 국지연
펴낸곳 도서출판 동아시아
등록 1998년 3월 5일 제1998-000243호
주소 서울시 중구 소파로 131 [남산동 3가 34-5]
페이스북 www.facebook.com/dongasiabooks
전자우편 dongasiabook@naver.com
블로그 blog.naver.com/dongasiabook
인스타그램 www.instagram.com/dongasiabook
전화 02) 757-9724, 5
팩스 02) 757-9726

ISBN 978-89-6262-207-2 03470

이 도서의 국립중앙도서관 출판예정도서목록(CIP)은
서지정보유통지원시스템 홈페이지(http://seoji.nl.go.kr)와
국가자료공동목록시스템(http://www.nl.go.kr/kolisnet)에서
이용하실 수 있습니다.(CIP제어번호: CIP2017027889)